Mitteilungen aus dem Zoologischen Museum in Berlin

Annalen für Ornithologie 10

Band 62
1986
Supplementheft

AKADEMIE-VERLAG · BERLIN

ISSN 0232-5519
Mitt. Zool. Mus., Berlin 62 (1986) Suppl.: Ann. Orn. 10, 1—152

Instructions to Authors

1. The periodical 'Annalen für Ornithologie', annual supplementary issues of the 'Mitteilungen aus dem Zoologischen Museum in Berlin', publishes original articles and synoptic surveys in all fields of scientific ornithology (except papers on qualitative faunistics of Central Europe). Preference will be given to contributions worked out in or utilizing materials of the Zoological Museum, Berlin.

2. Manuscripts which may be written in German, English or French should be submitted in duplicate to the Editor, Mitteilungen aus dem Zoologischen Museum in Berlin, DDR-1040 Berlin, Invalidenstraße 43. The editor cannot assume responsibility for lost manuscripts or parts of manuscripts. The editor reserves himself the right to correct manuscripts which do not correspond to the instructions or, if a revision appears advisable, to return them to the author.

3. The manuscript should be ready for press, i. e., type-written, double spaced throughout, on one side of white A4 paper (210 × 297 mm), with a left hand margin at least 3 cm wide. Capital letters should not be used for titles and subtitles. Paragraphs are to be indicated by an indent. Footnotes are to be numbered separately for every page by superscript arabic numerals, without a parenthesis, and to be typed on the bottom of the page to which they pertain. Corrections in the manuscript (6 per page at best) should be written in the text itself (no proof correcting signs should be used). Tables must be typed on separate sheets together with their headings; their position in the text should be indicated in the left margin. The use of SI units is recommended.

4. The first page of the manuscript should provide a concise title, full first and family names of the author(s), the number of illustrations, an English abstract (maximum 20 lines), and all desirable key words. A table of contents will be accepted in extensive contributions only. — The article should be concluded by a summary in English and German (not recommended for short communications), a list of cited references, the author's present address, and, on separate sheets, the captions of figures and the tables.

5. Marking of the text is recommended in the following way: *Italics*, for all zoological and botanical names from genus level downward, a black or blue waved line; the names of AUTHORS (except for authors of scientific names) in capital letters; s p a c e d t y p e either by a dotted line underneath or by spacing out the word itself. Passages to be printed in small type should be marked by a vertical red line in the left margin.

6. Citations in the text are to be by author's surname and year of publication (in parentheses). The list of cited references, arranged in alphabetical order of authors' surnames, should conform the following examples:

APSTEIN, C. & K. WASIKOWSKI (1938): Periodica Zoologica. — Leipzig.
KÉLER, ST. VON (1960): Bibliographie der Mallophagen. — Mitt. Zool. Mus. Berl. **36**, 145—403.

7. Figures (line drawings, graphs, or glossy photos of good contrast) will be printed in the smallest size consistent with clarity and compatible with column format of 13 × 19 cm; author's original should be prepared accordingly. After reduction, thickness of lines should be at least 0.1 mm, and lettering 2—2.5 mm high. Inscriptions for photographs are to be placed on a transparent cover.

8. The authors will receive two sets of page proofs only, already in definite arrangement, for corrections. Changes introduced at this stage should not alter the line extent. If several authors are involved, please state who is in charge of checking the proofs.

9. Fifty (50) reprints are supplied free of charge. Additional reprints are available against payment in lots of 25, provided the order is received with the corrected proof.

Mitteilungen aus dem Zoologischen Museum in Berlin

Band 62
1986
Supplementheft

Annalen für Ornithologie 10

Redaktion:
Dr. G. Mauersberger
Dr. B. Stephan

Herausgegeben vom
Zoologischen Museum
Museum für Naturkunde
der Humboldt-Universität
zu Berlin

Chefredaktion:
Dr. G. Hartwich

THEORIA CUM PRAXI

AKADEMIE-VERLAG · BERLIN

Inhalt/Contents

Mitt. Zool. Mus. Berl. 62 (1986) Suppl.: Ann. Orn. 10, 3—23 8. 8. 1986

Zur Frage eines Wandels in der Habitatbindung mitteleuropäischer Rohrammern, *Emberiza schoeniclus* (L.)

On a Possible Change in the Habitat Preference of Central European Reed Buntings, *Emberiza schoeniclus* (L.)

GERD DIESSELHORST

Mit 4 Abbildungen im Text und 2 auf Tafel I

Abstract. In Britain and Central Europe, Reed Buntings (*Emberiza schoeniclus*) have recently been found nesting in untypically dry habitats that are usually inhabited by the Yellowhammer (*E. citrinella*). These data raised the question for the essential niche characteristics of the two species and for a possible shift in the niche of the Reed Bunting.

Key words: *Emberiza schoeniclus*, habitat shift, syntopy with *Emberiza citrinella*, niche differences.

1. Einleitung[1]

1.1. Vorbemerkungen

Viele Tiere begegnen heute in den Kulturlandschaften der Erde beträchtlich anderen Bedingungen als sie vor deren Schaffung herrschten. Die Veränderungen erstrecken sich großräumig über die Kontinente. Evolution und Adaptation der Spezies haben nicht unter diesen Bedingungen stattgefunden. Im Zeitmaß der Evolution gesehen sind die Veränderungen durch den Menschen in dramatischem, sich noch heute steigerndem Tempo vor sich gegangen. Das kann nicht nur Änderungen im Verteilungsmuster von Arten zur Folge haben, wie sie so zahlreich offenkundig sind, es muß auch tiefergehende Wirkungen in die Wege leiten. Arten werden einem harten Selektionsdruck ausgesetzt, entweder sich den neuen Bedingungen anzupassen oder in eine Situation zu geraten, die zum bedrohlichen Rückgang oder zum Aussterben führt. Welche Änderungen der geänderte Selektionsdruck auszulösen vermag, entzieht sich in der Regel der Beobachtung.

In den jüngstvergangenen Jahrzehnten ist in England wiederholt darüber berichtet worden, daß die Rohrammer in Lebensräume eindringt, die sie früher nachweislich nicht besiedelt hat. In diesem höchst interessanten Fall besteht theoretisch die Möglichkeit, zu verfolgen, ob und wie die Änderung einer „Adaptationsnorm" in der Natur vor unseren Augen abläuft. Allein diese Chance rechtfertigt es bereits, die Situation genauer zu erörtern.

[1] Diese Arbeit wurde vor 15 Jahren geschrieben. Vor einiger Zeit zeigte ich das unveröffentlichte Manuskript dem über Ammern arbeitenden W. DORNBERGER (Triesdorf), der dringend riet, es noch zu publizieren. Daraufhin habe ich es unter Einbezug einiger neuerer Arbeiten, auf die Herr DORNBERGER mich hinwies, leicht umgeschrieben, ohne am Inhalt zu ändern.

1.2. Die Befunde in England

Wohl als erster warf KENT (1964) die Frage auf, ob die Rohrammer neuerdings in das Habitat der Goldammer (*Emberiza citrinella*) eindringe. Seine Analyse der Daten aus einer Umfrage in Nottinghamshire ergab, daß in einigen Arealen sowohl Gold- als auch Rohrammer in verhältnismäßig hoher Dichte brüteten. KENT meinte, bei wirksamer Trennung der Lebensräume müßte (im Durchschnitt) hoher Dichte der einen geringe Dichte der anderen Art entsprechen. Das war jedoch nicht so. Eine namhafte Zahl von Rohrammerpaaren brütete in „typischem" Goldammerhabitat. KENT glaubte, in neuerer Zeit habe wohl eine gewisse ökologische Expansion aus den *schoeniclus* eigenen feuchten in die trockenen typischen *citrinella*-Habitate stattgefunden.

Diese Mitteilung griffen zunächst WILLIAMSON (1968) und SUMMERS-SMITH (1968) auf. Sie berichteten nach eigener Erfahrung in landwirtschaftlich genutztem Gelände über das Eindringen der Rohrammer in trockene (Goldammer-) Habitate und sogar in solche der Grauammer (*E. calandra*) in Gerstenfeldern, doch lassen beide Mitteilungen nicht genau erkennen, ob es sich nach den aufgestellten Nischen-Charakteristika wirklich um ein „Überwechseln in eine andere ökologische Nische" handelt oder nur um Grenzsituationen, die den Anforderungen von *schoeniclus* eben noch genügen. WILLIAMSON (1968) zeigt eine Planskizze mit sich völlig überschneidenden Rohr- und Goldammer-Territorien auf trockenen Äckern und Wiesen mit etwas Buschwerk. Die Kartierung ist das Ergebnis von Standardmethoden zur Feststellung der Siedlungsdichte. Im Gebiet waren die Reste eines Sumpfes schon vor mehr als 50 Jahren ausgetrocknet; trotzdem hatte sich dort ein relativ dichter Rohrammerbestand erhalten, vielleicht sogar ausgebreitet.

Seither haben BELL (1969) und GORDON (1972) die Frage an neuem Material aufgegriffen; die Einzelheiten sind im Original nachzulesen. Nach fast einhelliger Ansicht haben Populationsdruck und Verknappung normaler Bruthabitate das Eindringen der Rohrammer in Trockenräume hervorgerufen.

1.3. Die Verhältnisse in Mitteleuropa in historischer Sicht

Sieht man ältere deutsche Handbücher und Regionalfaunen durch, so ergibt sich die gleiche Situation wie KENT sie auch für England vor der neuen Entwicklung schilderte, nämlich der Eindruck, die Habitate beider Arten seien erheblich verschieden, Überlappungen örtlicher Vorkommen danach also kaum zu erwarten; nur wenige Äußerungen weisen auf solche Möglichkeit hin.

NAUMANN (1824) beschrieb die „typischen" Lebensräume der beiden Arten genau, ohne etwas von gemeinsamen Vorkommen zu erwähnen. Auch eine neuere Darstellung, die ausgezeichnete von GLUTZ (1962) für die Schweiz, beschränkt sich auf knappe Charakterisierung des typischen Habitats, wobei für *citrinella* ein Optimum in Gebieten mit extensiver Landwirtschaft und viel „Randzone" liegt, während Monokultur und Kahlflächenwirtschaft die Art an die Waldränder zurückdrängen. Für *schoeniclus* werden die bezeichnenden wassernahen Habitate genannt, gemischte Randvegetation der Gewässer und Initialstadien von Auenwald; hervorgehoben ist das Meiden einförmiger Rohrgürtel über Wasser. Auch hier ergibt sich also der Eindruck einer säuberlichen Trennung der Habitate. BEZZEL (1976) nennt, wohl schon unter dem Eindruck der andauernden Zerstörung von Feuchtbiotopen, die Rohrammer als Indikator für Reste von Feuchtflächen, die von intensiver Nutzung ausgeschlossen sind.

Ein ganz ähnliches Bild wie NAUMANN liefert eine Reihe von älteren deutschen Lokalfaunen (BORCHERT 1927, BRINKMANN 1933, DIETRICH 1928, GENGLER 1925, HAGEN 1913, HEYDER 1952, KOLLIBAY 1906, KUHK 1939, LANDOIS 1886, NEUBAUR 1957, SCHALOW 1919), soweit sich überhaupt Informationen daraus entnehmen lassen.

PRYS-JONES (1974) fand in einem Gebiet in der Schweiz beide Arten im selben Biotop brütend, aber mit gegenseitigem Ausschluß der Territorien. Andeutungen von Syntopie finden sich auch bei TISCHLER (1941) für den Drausensee (= Drużno) und bei HÖLSCHER et al. (1959) für den Dümmer. Nach GEBHARDT & SUNKEL (1954) bewohnte *schoeniclus* in Hessen mitunter auch trockene Binsenstellen weitab vom Wasser. Nur PEITZMEIER (1969) bringt ein paar Daten, die den neuen Entwicklungen in England nahekommen; alle beschriebenen Situationen fallen aber unter die Grenzformen des artgemäßen Habitats. PEITZMEIER erwähnte übrigens schon 1925 gelegentliches Brüten von Rohrammern in Getreidefeldern mit sumpfiger Umgebung. Ähnliche Beobachtungen aus dem Rheinland teilte HEGGER (1979) mit, nämlich von Rohr- und Grauammer beisammen in Getreidefeldern. Auch in Unterfranken machte sich ab 1972 eine zunehmende Tendenz zum Brüten in Getreidefeldern in der Umgebung von Gewässern bemerkbar (BANDORF & LAUBANDER 1982), und im Juni 1974 sang im Raume Karlstadt ein Rohrammer-♂ ca. 700 m von der Wern entfernt intensiv in einer Feldhecke an einem Trockenrasenhang in nächster Nachbarschaft von Goldammer und Neuntöter (*Lanius collurio*).

KENT (1964) meinte, sicherlich zu Recht, es sei töricht anzunehmen, die ausgezeichneten älteren Beobachter hätten die nunmehr vielerorts anzutreffende Habitat-Überlappung nicht bemerkt, und folgert daraus, offenbar habe es diesen Zustand früher nicht gegeben. Für die Situation in Teilen Mitteleuropas, die nach den hier gegebenen Zitaten ganz ähnlich aussieht, möchte ich aber doch annehmen, daß den Verfassern vieler faunistischer Arbeiten wahrscheinlich in erster Linie daran lag, den (wie sie meinten) typischen Fall darzustellen und die Unterschiede zwischen beiden Arten hervorzuheben, nicht aber alle Sonderfälle zu erwähnen und das ökologische Spektrum in ganzer Breite aufzuzeigen. Gelegentliche Habitat-Überschneidung (TISCHLER 1941, HÖLSCHER et al. 1959 und andere), die es vermutlich schon lange gegeben hat, wird bei solcher Darstellung verschleiert. Zumindest manche der zitierten Befunde, nicht nur in England (vgl. HEGGER 1979, BANDORF & LAUBENDER 1982), scheinen hingegen „neu" zu sein. Sind sie aber als sich anbahnender Nischenwandel zu deuten?

2. Analyse neuerer Befunde in Mitteleuropa

2.1. Zur Terminologie

Um eine begründete Aussage über die Bedingungen des gemeinsamen Auftretens beider Arten machen zu können, ist es unerläßlich, ihre speziellen Anforderungen an das Habitat, ihre Nische überhaupt, so deutlich wie möglich zu charakterisieren.

Da einige der hier benutzten Termini im Schrifttum immer wieder verschwommen verwendet werden, ist es nicht zu vermeiden, sie hier knapp zu skizzieren.

Der Biotop ist ein — meist von der pflanzlichen Fazies und von geologischen und geographischen Parametern her — bestimmter Lebensraum, der von vielen Tier- und

Pflanzenarten bewohnt werden kann, also ein in der Natur unmittelbar anzutreffender Bereich, nämlich der Lebensraum einer Biozönose.

Das Habitat bezeichnet den Lebensraum einer bestimmten Art und ist damit nicht einfach identisch mit irgendeinem Biotop, sondern muß von den Ansprüchen eben dieser betreffenden Art her definiert werden. Auch das Habitat ist eine reale natürliche Formation. Die Grenzen des Biotop-Begriffes können nach willkürlich gesetzten Merkmalen enger oder weiter gezogen werden (vgl. auch „Ökosystem"!). Die Grenzen des Habitats ergeben sich aus der spezifischen Definition.

Der etwas schwierigere Begriff Nische deckt sich dagegen nicht mit einer realen Formation in der Umwelt; er ist ein Abstraktum, dessen Name immer wieder zu unterschiedlichen Auslegungen und damit zu Verwechslungen Anlaß gab (vgl. dazu MAUERSBERGER 1978a, p. 61–68). Der Nischenbegriff schließt die Wechselwirkungen einer Art mit dem von ihr bewohnten Raum ein, aus den realen Habitaten also nur zu den für die Art bedeutsamen Strukturen und Ressourcen, während andere im Habitat vorhandene Elemente für den Träger der Nische bedeutungslos bleiben. Eine treffende Kurzdefinition hat MAYR (1963, p. 78) gegeben: "The niche of a species is the outward projection of its needs". Nach Angabe von Beispielen fährt er fort: "In all these cases careful distinction must be made between habitat and niche". Weil dieser Satz den Kern des hier behandelten Problems berührt und weil auch heute noch ständig gegen ihn verstoßen wird, kann nicht darauf verzichtet werden, ihn anzuführen. Im übrigen verweise ich auf die Darlegungen MAUERSBERGERS (1970, 1978a).

Der Begriff Lebensraum ist dann frei für mehr neutralen, nicht streng definierten Gebrauch.

2.2. Die Nischen von Gold- und Rohrammer

Um einige Charakteristika der Nischen dieser Arten darzulegen, stütze ich mich auf jahrelange intensive eigene Untersuchungen an einer farbig beringten Goldammerpopulation und die von HERMANN (1954, 1982–83) gleichzeitig und in engem Kontakt mit mir im selben Gebiet vorgenommenen Studien an farbberingten Rohrammern, daneben auf die Auswertung einiger im Schrifttum mitgeteilter oder mir in Korrespondenz bekannt gewordener Fälle.

In Kurzfassung könnte man sagen: die Goldammer benötigt im Brutrevier hochgelegene Singwarten, freie Sicht, Nestplätze, Deckung, dazu Nahrung, Wasser und Schlafplätze in erreichbarer Entfernung (diese drei Faktoren müssen nicht innerhalb des Territoriums verfügbar sein); die Rohrammer braucht tiefere Singwarten, etwas freie Sicht, Nestplätze, Deckung im Territorium, auch Wasser und Schlafplätze möglichst innerhalb, Nahrung in erreichbarer Entfernung.

Auf eine so einfache Formel gebracht, scheinen die Ansprüche beinahe identisch zu sein, doch ist der Raster zu grob, um wesentliche Unterschiede in der ökologischen Einpassung erkennen zu lassen. Der folgende Versuch einer Analyse der genannten Nischenfaktoren beruht auf sehr genauer Kenntnis beider Arten.

Singwarte

Die Goldammer begnügt sich bei der Wahl des Territoriums im Minimum beinahe mit einer einzigen Singwarte, zieht jedoch Territorien mit mehreren verteilten Warten vor.

Die Höhe der Tagessingwarten über dem Boden reicht von niedrig über der Bodenvegetation bis zu den Baumspitzen; die untere Grenze liegt um 1 m, die obere übersteigt 20 m bei einem optimalen Bereich ungefähr zwischen 3 und 15 m. Nach möglichst vielen Richtungen freie Sicht bietende Warten werden bevorzugt, und wenigstens ein Teil der Warten muß solchen Ausblick gewähren. Die Anforderungen „Ausblick" und „Singwarte" sind nicht zu trennen, da von den Aussichtspunkten stets auch gesungen wird.

Die Singwarten der Rohrammer liegen im Durchschnitt tiefer, aber mit breiter Überschneidung des Bereichs, der von Plätzen dicht über dem Boden, noch innerhalb der Bodenvegetation, bis zu mäßig darüber erhöhten Stellen reicht. Nach HERMANN (1954) werden Stellen über 7 m gemieden.

Charakteristisch für die Rohrammer ist, daß sie während des Singens nicht immer still auf einem Zweig sitzt wie die Goldammer, die allenfalls einmal den Platz wechselt, sondern daß sie es liebt, am Singzweig hinaufzusteigen. Dementsprechend bevorzugt *schoeniclus* in steilem Winkel aufwärts strebende Halme und Zweige, während *citrinella* mehr waagerechte Singplätze wählt (Abb. 1). Die Ansprüche der Rohrammer an freie Sicht scheinen weniger ausgeprägt zu sein. Möglicherweise rührt das daher, daß die Goldammer häufig weite Nahrungsflüge aus dem Brutrevier hinaus unternimmt, während der normale Aktionsradius der Rohrammer wesentlich kleiner ist und ihre Aktivitäten sich mehr auf die engere Umgebung des Brutreviers beschränken.

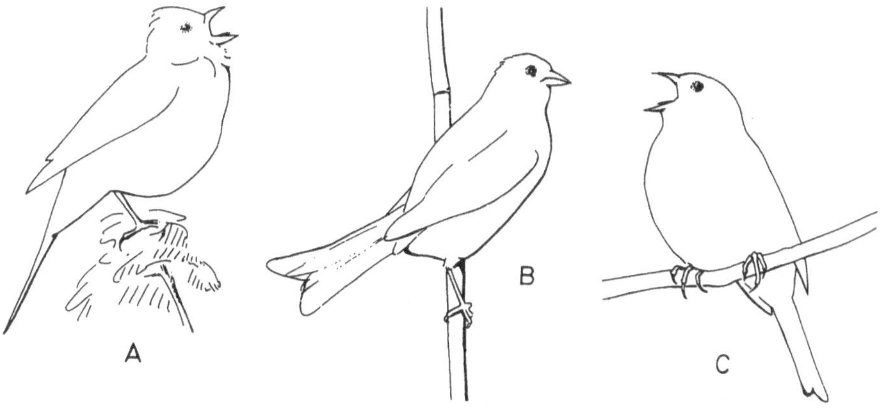

Abb. 1. Singstellungen von *E. schoeniclus* und *E. citrinella*: A) Rohrammer auf Rohrrispe (nach einem Foto von E. HOSKING), B) Aufsteigen am Halm (nach einem Foto von G. HOFFMANN); C) singende Goldammer auf Zweig (nach einem Foto von A. CHRISTIANSEN).

Neststandort

Die Nestplätze der Goldammer liegen je nach den örtlichen und jahreszeitlichen Gegebenheiten am Boden oder in der niederen Strauchschicht, nur ausnahmsweise in sumpfigem Gelände. Die Nester der Rohrammer stehen fast immer in der Bodenvegetation am oder dicht über dem Boden, mit Vorliebe in sumpfigem Gelände. In vielen typischen Goldammerhabitaten würde die Rohrammer keine normalen Nestplätze finden.

Deckung

Das Territorium jeder der beiden Arten muß einige Stellen enthalten, an denen der Vogel verborgen sitzen, und auch Stellen, an denen er sich notfalls verkriechen kann. Die Rohrammer braucht solche Stellen in der Bodenvegetation.

Nahrung

Sowohl in der Art der Nahrung als auch hinsichtlich ihres Erwerbs bestehen zwischen beiden Arten erhebliche Unterschiede. Beide sind in der Brutperiode fast reine Insekten- und Wirbellosenfresser, außerhalb aber vorwiegend Samenfresser. Qualitativ unterscheidet sich die Insektennahrung der Rohr- von der der Goldammer vor allem durch den hohen Anteil von Gruppen, deren Entwicklung im Wasser abläuft: Plecopteren, Ephemeropteren, Odonaten. Diese Gruppen fehlen in der Regel bei der Goldammer ganz, ebenso die zahlreichen Dipteren, von denen Rohrammern viele gern nehmen. Solche Unterschiede sind keinesfalls nur eine Frage des Angebots, sondern es bestehen offenbar bestimmte Vorlieben und Abneigungen wie bei anderen Tieren auch. Die Nutzung überschneidet sich bei Raupen, Kleinkäfern, Heuschrecken und bei Spinnen, die von beiden Arten zeitweilig stark ausgebeutet werden; für mögliche quantitative Unterschiede in der Nutzung dieser Gruppen fehlen die Unterlagen.

Auch beim vegetabilischen Nahrungsanteil machen sich deutliche Divergenzen bemerkbar. Charakteristisch für beide ist die vorwiegende Nutzung der hauptsächlich kohlenhydrathaltigen Samen von Gräsern im weitesten Sinne und das Meiden stark ölhaltiger Sämereien. Das Schwergewicht liegt bei der Rohrammer auf Sumpfpflanzen, vielfach solchen mit sehr kleinen Samen wie *Phragmites, Typha, Carex, Scirpus, Juncus* und verschiedenen Poaceen; bei der Goldammer liegt es auf Gräsern der trockeneren Gebiete mit meist größeren Samen (mit einer Vorliebe für Hafer).

Nach Beobachtungen Hermanns (1954) an Käfigvögeln kann eine Rohrammer ein Hanfkorn nicht mit dem Schnabel aufknacken, was eine Goldammer mühelos zustande bringt (obwohl beide Hanf nicht gern nehmen). Auch das ist ein Hinweis auf die durchschnittlich feinere Nahrung der (mitteleuropäischen) Rohrammern.

Vor allem aber sind die Nahrungsräume beider Arten nicht identisch. Die Rohrammer sucht einen erheblichen Teil ihrer Nahrung nach Möglichkeit in der Uferzone von Gewässern, im Schwemmgut, auf Kiesbänken, zwischen der Sumpfvegetation, und sie erbeutet größere Insekten (Libellen, Plecopteren) auch vom Ansitz aus im Fluge. Die Goldammer sucht ihre Nahrung in erster Linie auf Wiesen und Äckern mit kurzer Vegetation auf trockenem, jedenfalls nicht nassem Grunde. Eine gewisse Überschneidung der Nahrungsplätze findet auf feuchten und sumpfigen Wiesen statt, daneben in der Strauchschicht, während Goldammern zusätzlich in geringem Umfang auch die Kronenschicht von Bäumen nutzen.

Wasser

Die (notwendige) Bedeutung für die Goldammer liegt ausschließlich in der Befriedigung des Trink- und Badebedürfnisses, für die Rohrammer aber außerdem in der Bereitstellung eines wesentlichen Teiles der normalen animalischen und vegetabilischen Nahrung.

Schlafplätze

Die Nächtigungsplätze der Goldammer können auch in der Brutzeit häufig außerhalb der Territorien liegen, bei der Rohrammer aber lagen sie nach HERMANNS Befunden (1954, 1982—83) im Sommer stets innerhalb der Brutreviere. Wie die Singwarten von *schoeniclus* niedriger liegen und ihr ganzes Deckungsbedürfnis hauptsächlich in der untersten Vegetationsschicht befriedigt wird, so wählt sie auch ihre Schlafplätze im Durchschnitt tiefer als *citrinella*, die lieber mehrere Meter über dem Boden, gern in Koniferen, übernachtet.

2.3. Folgerungen

Wesentliche Unterschiede in den Ansprüchen an das Habitat bestehen also in Höhe und Struktur der Singwarten und beim Nahrungskomplex im Einschluß des Wasserangebotes, geringere in den Faktoren Deckung, Nestplatz und Schlafplatz. Die skizzierten Nischenfaktoren bedingen erhebliche Verschiedenheiten im optimalen Habitat der beiden Arten, schließen aber Überschneidungen bei weitem nicht aus. Die genannten Bedingungen treten in verschiedenen natürlichen Landschaftsformen auf. Rohrammern können im Extrem, zumal in ihren europäischen dickschnäbligen Unterarten (MAKATSCH 1950), Gelände mit ausschließlich entwickelter Krautschicht und fehlender Strauchschicht bewohnen. Die Goldammer bedarf mindestens einer schwach entwickelten Strauchschicht, bewohnt andererseits aber noch Gelände mit stark ausgeprägter Baumschicht, das von der Rohrammer völlig gemieden wird, so die Randzone geschlossener Hochwälder. Ihr Optimum findet *citrinella* in Landschaften mit sehr wechselnder Bedeckung, in denen die Strauchschicht mit Beimischung von Bäumen gut ausgebildet und gleichzeitig bei guter Wasserversorgung viel freier Raum vorhanden ist (vgl. Abb. 6, Taf. I). Sie meidet großflächig gleichförmige Vegetationsdecken, nicht nur geschlossenen Hochwald, sondern ebenso geschlossene Gebüschformationen und strauchlose Steppen und Wiesen.

Die Anforderungen der Rohrammer an das Habitat werden dagegen durchaus befriedigt von Sumpf- und Uferlandschaften mit ziemlich einförmiger Krautvegetation (Seggen, Rohr, Binsen etwa) bis zu den Initialstadien des Auenwaldes, der sich in solchen Zonen entwickelt. Eine zu dicht werdende Strauch- und Baumdecke setzt der Rohrammer eine Grenze. Die offenen Stellen des Habitats müssen wenigstens teilweise eine grob-starre Halmstruktur aufweisen, wie sie besonders das Schilf (*Phragmites*) ideal abgibt (s. Abb. 5, Taf. I). Getreidehalme scheinen diese Struktur eben noch zu bieten, wie das wiederholte Brüten in Getreidefeldern beweist. Wiesengräser sind viel zu fein. Hingegen befriedigen auch die senkrecht aufschießenden Triebe des initialen Auenwaldes (besonders von *Salix*) offensichtlich das Bedürfnis von *schoeniclus* nach grober Halmstruktur. Für *citrinella* ist dieses Strukturelement völlig bedeutungslos; es bleibt unbenutzt.

Hier tritt eine wesentliche Verschiedenheit der beiden Ammern zutage, die zweifellos ein genetisches Fundament besitzt und nicht nur auf änderbarer Gewohnheit beruhen kann. Man erkennt das eindrucksvoll genug, bereits wenn man beide Vögel nebeneinander im Käfig sieht (natürlich eingewöhnt): die Goldammer ist ruhig, um nicht zu sagen träge, sitzt viel still, wie sie sich auch draußen im Gezweig nicht dauernd hin und her bewegt; die Rohrammer wirkt weit rastloser im Sinne größerer Bewegungsaktivität. Auch in dem von Rohrammern häufiger ausgeübten Fang fliegender Insekten offenbaren sich ihre höhere Geschicklichkeit und Beweglichkeit. Von Goldammern sah ich solche Flugjagd in vielen Jahren intensiver Beobachtung nie. Diese unmittelbar in die Qualität ökologischer Aktivität (wie Habitatwahl, Jagdmethoden, Zugang zu bestimmtem Nahrungsobjekten) eingreifende Verschiedenheit von „Temperament" und Bewegungstyp deutet ohne Frage darauf hin, daß die beiden Ammern als Ökotypen so stark divergieren, daß eine scharfe Konkurrenz in den verschiedenen ökologischen Bedürfnissen selbst dann normalerweise nicht mehr eintreten wird, wenn beide denselben Lebensraum bewohnen. Die diskutierten Besonderheiten aber finden sich nur selten in einem Habitat vereint.

2.4. Siedlungsdichte

Es ist in diesem Zusammenhang notwendig, eine Vorstellung von der oberen Grenze der Siedlungsdichte beider Arten im günstigen Habitat zu gewinnen. Für die Siedlungsdichte über sehr große Flächen, die auch weite nicht besiedelbare Anteile enthalten, können Karten aus Finnland (MERIKALLIO 1958) zu Rate gezogen werden. Danach ist die höchste Dichte von *citrinella* im jeweils günstigsten Landesteil 6,3 Paare pro 100 ha, die von *schoeniclus* 1 Paar pro 100 ha. In den einzelnen Gebieten ergaben sich Variationen von 0,1 bis 6,3 (*citrinella*) und 0,1 bis 1,0 (*schoeniclus*). Diese Zahlen hängen in hohem Grade von Beschaffenheit und Verteilung besiedelbarer Flächen im Großraum ab.

BEZZEL & LECHNER (1978) fanden in einem annähernd naturbelassenen Großbiotop in Bayern mit viel natürlichem Rohrammer-Habitat (Murnauer Moos: 41,9 km^2) eine Dichte der Goldammer von 0,48 auf 100 ha und der Rohrammer von 3,46, also gemessen an den finnischen Befunden über weit größere Räume eine sehr geringe Dichte von *citrinella* und eine merklich höhere von *schoeniclus*.

Ganz andere Zahlen erhält man bei Populationsstudien auf kleinem Raum, besonders wenn nur als Habitat geeignete Flächen berücksichtigt werden. Hier können die Verhältnisse zugrunde gelegt werden,' wie sie (ehemals) in den Amper-Auen bei Fürstenfeldbruck (Oberbayern) herrschten. Dort haben wir eine Goldammerpopulation mehr als 6 Jahre lang und im selben Raum eine Rohrammerpopulation während dreier Brutperioden kontrolliert. Das 75 ha große Gebiet war für Goldammern in ganzer Ausdehnung als Habitat nutzbar, teils als Brutterritorium, teils nur als Nahrungsraum. Die darin ansässigen Brutpaare nutzten jedoch einen weit größeren Raum zur Nahrungssuche aus; er dürfte das Doppelte der Fläche des Untersuchungsgebietes nicht überschritten haben (150 ha). Auf der anderen Seite gab es auf den kontrollierten 75 ha keine theoretisch maximale Dichte von Goldammerpaaren, da das Gebiet dafür nicht optimal in strauch-baum-bewachsene und freie Flächen, wovon es zu viele gab, gegliedert war. Hier lag in den sechs Jahren, in denen die Zahl der Paare genau bekannt war, die untere Grenze der Besiedlung bei 60, die obere bei 75 Paaren auf 100 ha, zehnmal so hoch wie die obere Grenze für ein sehr großes Gebiet in Finnland! Ich vermute, daß als maximale theoretische Dichte auf kleinen optimal gegliederten Flächen (bis 100 ha) etwa 150 Paare auf 100 ha zu setzen sind, aber wohl nur, wenn angrenzend zusätzlich freie Nahrungsflächen gegeben sind und (dies ist heute hinzuzufügen) wenn die natürliche Nahrungsbasis nicht durch massiven Einsatz von Chemikalien zerstört wurde. Die genannten Zahlen sind als Schätzung der maximal möglichen Dichte innerhalb eines als Brutraum voll nutzbaren Gebietes zu verstehen. Wie groß die zusätzlichen Nahrungsräume für eine solche Zahl von Paaren sein müssen, kann nicht abgeschätzt werden, da keine Zahlen über die Produktion an nutzbarer Nahrung vorliegen (die zudem von Gebiet zu Gebiet verschieden wären).

Für die Rohrammer waren nur geringe Teile der Amperauen als Bruträume geeignet. Auf diesen sehr kleinen Flächen fand HERMANN (1954, 1982—83) eine extrapolierte Dichte von 100 Brutpaaren pro 100 ha und schätzte die obere mögliche Siedlungsdichte im oben genannten Sinne auf etwa 200 Paare je 100 ha.

Die sich aus KENTS (1964) Probeflächen von etwa 80—100 ha Größe ergebenden Zahlen liegen für die Goldammer zwischen 0,75 und 25 Paaren und für die Rohrammer zwischen 0,5 und 50 Paaren auf 100 ha. Sie dürften also für beide Arten merklich unter der in optimalen Gebieten erreichbaren Dichte liegen. Die aus Siedlungsdichte-Untersuchungen gewonnenen Schätzwerte ändern sich von Gegend zu Gegend (vgl. BEZZEL & LECHNER 1978, BLÜMEL 1982, HASSE 1963, KLAFS & STÜBS 1977, PEITZMEIER 1969).

Wenn wir die in Populationsstudien in Bayern gewonnenen Erkenntnisse über Siedlungsdichte und Habitat zugrunde legen, so ergeben sich folgende Schlüsse:

> Die Goldammer erreicht(e) eine tatsächliche Dichte von 60—75 Paaren auf 100 ha nur in einem Habitat, das von der Rohrammer so gut wie überhaupt nicht besiedelt wird. Die Rohrammer erreicht eine tatsächliche Dichte von 100 Paaren auf 100 ha nur in einem Habitat, in dem die Dichte der Goldammer wesentlich geringer ist (auf einer kleinen Probefläche 2—3 Paare *citrinella* auf 7—8 Paare *schoeniclus*). Auf größeren gleichartigen Flächen dürfte sich dieses Verhältnis erheblich zugunsten der Rohrammer ändern.

Bedingt bestätigen das nachträglich Ergebnisse von BEZZEL & LECHNER (1978). Auf unseren Kleinflächen war das Verhältnis Gold- zu Rohrammer = 1 : 1, auf dem rund 42 km² großen Murnauer Moos aber wie 1 : 7. Größere zusammenhängende Flächen, auf denen *schoeniclus* eine theoretische Maximaldichte erreichen könnte, dürften für *citrinella* als Habitat vollständig ausfallen. Eine solche Fazies mag so aussehen: nicht zu dicht stehende Weidenbüsche gut verteilt auf locker mit *Phragmites* und *Carex* bewachsenen Rohrwiesen mit sumpfigem und stellenweise trockenem Boden. Zweifellos gilt (oder galt) für weite Räume in Mitteleuropa, daß beide Arten ihre größte Dichte in Biotopen erreichen, die für die jeweils andere Art bestenfalls niedrige Dichtewerte zulassen.

2.5. Populationsdynamik

Auch der historische Aspekt der Populationsdynamik beider Arten ist zu berücksichtigen. In geschichtlicher Zeit vollzogen sich gewaltige Veränderungen der Landschaften, die das Angebot geeigneter Habitate für beide Arten stark beeinflußten. Für die Goldammer schufen viele Jahrhunderte lang die Rodungen weiter Gebiete zusätzlichen Lebensraum — solange die Landwirtschaft extensiv blieb und eine gut entwickelte Strauchschicht mit zahlreichen Bäumen zwischen den Fluren geduldet wurde. Erst die moderne Bewirtschaftung mit zunehmender Gewanngröße und dem Verlust an Kleinstrukturen engt den Lebensraum wieder drastisch ein.

Für die Rohrammer sind diese Entwicklungen schwerer zu beurteilen. Zweifellos aber hat die ständig fortschreitende Bodenkultur, die Entwässerung der meisten sumpfigen Landschaften in den letzten 200 Jahren den ursprünglichen Lebensraum erheblich beschnitten. Daher dürfte der Gesamtbestand in großen Teilen Europas heute weit geringer sein als vor 100 oder 200 Jahren, zumal da sich der Trend zur Zerstörung der ursprünglichen Habitate bis jetzt noch verstärkt hat. Die Lage ist ohne Zweifel so, daß für lokale Rohrammerpopulationen immer wieder einmal ein plötzlicher Mangel an Wohnraum eintritt. Das kann dann anderenorts als Populationsdruck erscheinen. Der Rückgang der Gesamtpopulation durch den Ausfall von Lebensraum ist offensichtlich und braucht nicht im einzelnen dokumentiert zu werden (vgl. aber Bandorf & Laubender 1982). Gebhardt & Sunkel (1954) z. B. belegen den Vorgang plötzlich eintretenden Wohnraummangels für Hessen: „Zunächst sucht sie unter den veränderten Bedingungen die alten Brutstellen noch zu halten, ist aber schließlich doch zum Verzicht und Abzug gezwungen. An den 1937 trockengelegten Fischteichen bei Tann-Rhön stellte sie sich noch jahrelang ein." Das Festhalten an einem ehemals optimalen Habitat nach dessen Austrocknung zeigte sich auch im Erdinger Moos (Oberbayern). Solche Bedingungen, wie sie an vielen Stellen des Areals immer wieder eintreten, zwingen die Rohrammer möglicherweise öfters, ganz oder vorübergehend in Flächen auszuweichen, die ihrem Ökoschema vielleicht nicht voll entsprechen. Dabei kommt es begreiflicherweise besonders leicht zur Syntopie beider Arten. Darüber hinaus hat es aber an vielen Orten höchstwahrscheinlich seit langem ein unmittelbares Aneinandergrenzen, teilweise auch Überlappung der Bruträume gegeben, so an Seerändern, deren Ufervegetation allmählich in gebüschbestandene Trockenflächen ausläuft, in Flußauen und in Moorlandschaften.

2.6. Das Zusammenbrüten von Rohr- und Goldammer[1]

Das Untersuchungsgebiet in Oberbayern ist ein ausgesprochener Überlappungsraum (Abb. 2). In seiner ganzen Ausdehnung war das Gelände typisches Habitat der Goldammer, die hier in sechs Kontrolljahren neben Dorngrasmücke (*Sylvia communis*) und Fitis (*Phylloscopus trochilus*) häufigster Brutvogel war. Entlang dem das Gebiet begrenzenden kleinen Fluß mit seinen Altwassern, Inseln und sumpfigen Uferstreifen gab es eine Reihe unzusammenhängender Kleinparzellen, die als Rohrammerhabitat geeignet waren. Gerade dadurch, daß diese Parzellen klein waren und überall mit Goldammerhabitat ineinandergriffen, ergab sich die Voraussetzung für das Überlappen (Abb. 3 und 4). Die Kartenskizzen verdeutlichen solche Fälle. Beide Arten nutzten hier zur Gründung von Brutterritorien gelegentlich selbst kleinste Flächen, die ihren Ansprüchen entgegenkamen. Auf einer etwa 3 km langen Flußstrecke lagen allein auf einem Ufer 7—8 solcher kleinen und kleinsten Rohrammerhabitate, alle von einem bis zu acht Paaren besiedelt. In all diesen Parzellen brüteten gleichzeitig auch Goldammern, bei mehr oder weniger ausgeprägter Überlappung oder unmittelbarer Nachbarschaft der Reviere beider Arten. Größe und Grenzen jedes einzelnen Territoriums waren genau bekannt. Aber selbst hier machte es sich auf Flächen von weniger als 10 ha bemerkbar, daß im Gebiet größter Konzentration von *schoeniclus* die Dichte von *citrinella* gering war.

[1] Vgl. hierzu den Anhang (p. 20), in dem belegende Einzelfälle zusammengestellt sind.

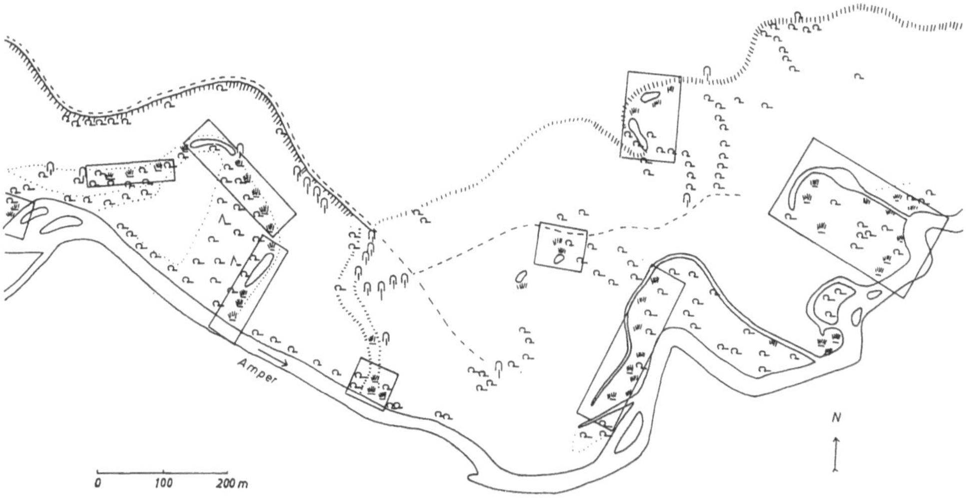

Abb. 2. Ausschnitt des Beobachtungsgebietes bei Fürstenfeldbruck (Oberbayern). Die rechteckig abgegrenzten Areale enthalten Rohrammerhabitat für je ein oder mehrere Paare. Alle diese Areale sind auch regelmäßig Brutplätze von Goldammern (also Gebiete der Habitat-Verzahnung). Brutgelände für Goldammern geben außerdem alle Flächen mit Signaturen für Busch- und Baumbestand ab. Im dargestellten Gelände nördlich der Amper brüteten in mehreren Jahren 12—16 Paare Rohr- und um 30 Paare Goldammern.

Ganz ähnliche Verhältnisse, wie sie hier aus mehrjähriger genauer Kenntnis geschildert werden, fanden sich vielerorts im weiteren Verlauf der Amper und an vielen anderen bayrischen Flüssen in entsprechender Landschaft. Sie sind, oder waren, in gleicher Weise auch in anderen Gegenden Mitteleuropas gegeben, nicht allzu selten auch an den Ufern von Seen und Teichen. Wahrscheinlich ist ein sehr großer Teil solcher Gebiete heute von Touristen überschwemmt oder mit Wassergrundstücken durchsetzt und damit ausgefallen.

Das Charakteristische all dieser Überlappungen der Bruträume und zum Teil der individuellen Territorien beider Arten besteht in der engen Verzahnung von Parzellen mit den Nischenmerkmalen je einer der Arten, nicht aber in der Ansiedlung einer Art in untypischem Habitat.

Wenn zum „klassischen" Rohrammerhabitat *Phragmites* zusammen mit anderer Sumpfvegetation gehört, dann sind die am wenigsten typischen Habitatformen der hier in Rede stehenden Gebiete die Areale des initialen Auwaldes, in denen Röhricht ganz oder fast fehlen kann. Solche Geländestreifen finden sich öfters auf Kiesinseln und Ufern bei Verlagerung des (damals nicht kanalisierten) Flußbettes. Nach der Kanalisierung treten Auwaldstadien kaum mehr auf.

Etwas andere, aber in wesentlichen Eigenschaften einem Rohrammerhabitat vergleichbare Pflanzengesellschaften, die teilweise auch von *schoeniclus* besiedelt werden, beschreibt KALBE (1958/59) als „Kahlschlaggesellschaft" von den Tagebauseen stillgelegter Braunkohlengruben. Die Stadien initialen Auwaldes sind häufig für beide Arten als Habitat anziehend, da sie die Nischenforderungen beider erfüllen können. Nach KENTS Beschreibung (1964, p. 125) seiner Probeflächen in Nottinghamshire, auf denen beide Arten in hoher Dichte vorkamen, scheint es mir, daß diese Flächen

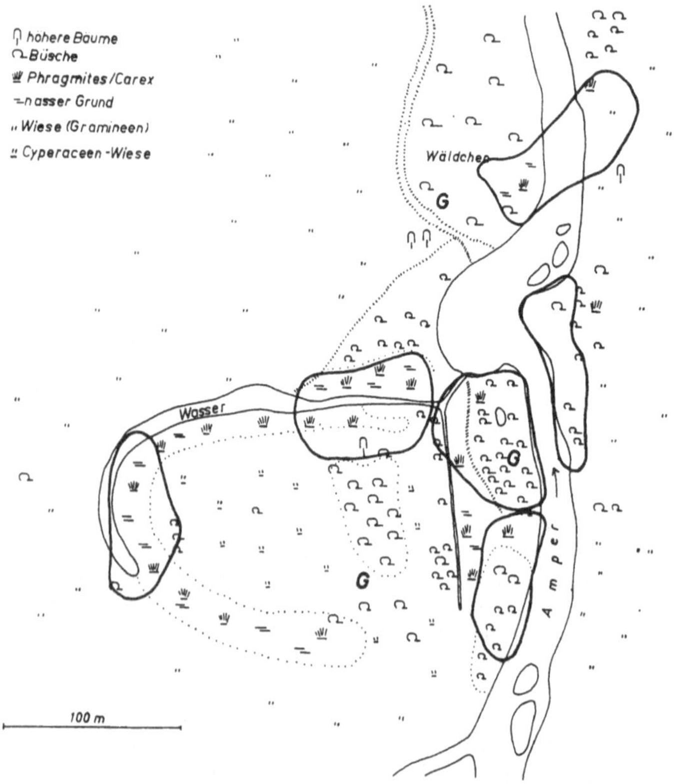

Abb. 3. Verzahnung der Habitate von Gold- und Rohrammer (Ausschnitt aus Abb. 2). In diesem Areal siedelten 1952 7 und 1953 6 Rohrammer- und je 2—3 Goldammerpaare mit partieller (interspezifischer) Überdeckung der Reviere. Eingezeichnet sind die Rohrammerterritorien für 1953. Reviergrenzen der Goldammerpaare (G) lassen sich nicht genau angeben. Fürstenfeldbruck (nach HERMANN 1954 und 1982/83, verändert).

solchen Stadien weitgehend ähneln, vielleicht mit Ausnahme seines Areals 6 (hohes gemischtes Buschwerk auf schwerem Lehmboden abseits vom Wasser).

In einem weiten, jetzt entwässerten und denaturierenden Wiesenmoor am Nordende des Ammersees findet sich typisches Rohrammerhabitat auf größeren Flächen zu beiden Seiten des aus dem See tretenden Flusses: Streuwiesen mit lockerem *Phragmites-Carex*-Bewuchs auf zeitweilig sumpfigem Boden, durchsetzt mit wenig Weidengebüsch. Nach den trockenen Rändern zu ging dieses Gelände auf größere Strecken (jetzt nur noch bedingt) in Goldammerhabitat über: Waldränder, Mähwiesen mit Buschwerk und einzelnen Bäumen. Zahlen über die Siedlungsdichte beider Arten liegen von dort nicht vor, doch kenne ich das Gebiet von vielen Exkursionen her gut genug, um mit Sicherheit sagen zu können, daß dort die Habitate beider Arten weit deutlicher getrennt sind als in den verzahnten Parzellen bei Fürstenfeldbruck. Dort dehnt sich relativ dicht besiedeltes Rohrammerhabitat über viele Hektar aus; von der Goldammer wird es fast ganz gemieden. Sie wurde erst in den andersartigen Randbezirken häufiger.

Bruten der Rohrammer wirklich außerhalb ihres typischen Habitats sind aus Mitteleuropa kaum bekannt. So teilte mir R. BERNDT (brfl. 1965) mit, daß er und zahlreiche

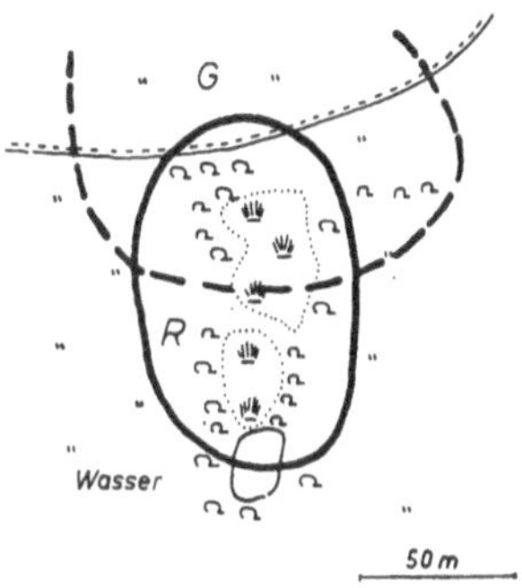

Abb. 4. Von Wiesen umgebene Kleinparzelle, in der viele Jahre ein Rohrammerpaar sein Revier (= R: ——) hatte, teilweise überlagert vom Territorium eines Goldammerpaares (= G: – – –); Reviergrenzen schematisch. Fürstenfeldbruck (nach HERMANN 1954 und 1982/83, verändert).

Mitarbeiter in der Umgebung von Braunschweig nur normale Bruthabitate kennten, zumal kein Zusammenbrüten mit der Goldammer. WASSENICH (1965), der aus Luxemburg 14 Territorien beschrieb, verzeichnete kein atypisches Habitat, obwohl die Rohrammern seines Gebietes fast alle auf Kleinstparzellen siedelten, da ein größeres zusammenhängendes Habitat fehlte.

Nur JUNG (1956) fand das Nest eines einzelnen Rohrammerpaares 1952 auf einer überwucherten umfangreichen Trümmeraufschüttung bei Hildesheim (Niedersachsen) 250 m vom kleinen Fluß Innerste entfernt. Dies ist wohl der einzige in der deutschen Literatur bis etwa 1970 veröffentlichte Brutfall in einem von der Norm erheblich abweichenden Gelände. Ein weiterer Fall wurde von K. POPP (brfl.) in einem verwilderten Kleingartengelände bei Memmingen (Allgäu) beobachtet. Anzuschließen ist ein Fall, den KALBE (1958/59 und brfl.) erwähnt und mir freundlicherweise näher erläutert hat. Im Gelände stillgelegter Braunkohlengruben bei Leipzig brütete ein Rohrammerpaar in einer trockenen Schonung in der Nähe eines kleinen, völlig schilffreien Gewässers — also in einer zweifellos untypischen Parzelle, aber doch innerhalb eines Teichgeländes, das mit seinen offenen Uferflächen als Ganzes für die Rohrammer attraktiv war. Dagegen kann ein von HOLLERBACH (1962) beschriebener Fall nach der hier (2.2., 2.3., 2.6.) gegebenen Habitatanalyse nicht als Brut in stark abweichendem Habitat gewertet werden. Er illustriert vielmehr an einem der unteren Grenze des Möglichen nahekommenden Habitat die minimalen Anforderungen der Art.

Eine Sichtung des bis etwa 1970 verfügbaren Materials vor allem vom Gebiet beider deutscher Staaten zusammen mit der Analyse der Nischen von Gold- und Rohrammer ergibt zusammenfassend, daß hier, im Gegensatz zu den Verhältnissen in England, von einem Überwechseln der Rohrammer in atypische Habitate nicht gesprochen werden kann. Von nicht relevanten Ausnahmen abgesehen lassen sich alle Fälle von Bruten außerhalb der als typisch betrachteten Habitatformen entweder als Grenzfälle oder mit Habitatverzahnung erklären (vgl. den Anhang III).

Die neueren aus Westdeutschland mitgeteilten Fälle vom Brüten der Rohrammer in Getreidefeldern (HEGGER 1979, BANDORF & LAUBENDER 1982) habe ich nicht analysiert. Deshalb sei dahingestellt, ob sich hier Gleiches anbahnt, wie es in England beobachtet wurde.

3. Diskussion

Gegenstand dieser Untersuchung ist die Frage, ob das zuerst in England und nun anscheinend zunehmend auch in Mitteleuropa zu beobachtende Nisten von *E. schoeniclus* in trockenen Biotopen außerhalb der ursprünglich ausschließlich bewohnten Feuchtbiotope als eine sich anbahnende Verlagerung der „Adaptationsnorm" gedeutet werden kann. Es wäre von höchstem Interesse, einen solchen Vorgang in der Natur sorgsam verfolgen zu können. Setzen wir einmal voraus, es könnte sich um eine derartige Erscheinung handeln, so ist nach den gängigen theoretischen Vorstellungen von der Evolution nicht zu erwarten, ein solches Phänomen könnte in kurzer Zeit, selbst in der Dauer einer Menschengeneration ablaufen; wir müßten vielmehr annehmen, es würde bis zu seinem Abschluß sehr lange dauern — wie lange, wissen wir nicht. Die Alternative wäre, daß es sich schlicht um das Ausweichen in eine ökologische Randsituation handelt; auch dies wäre präziser Registrierung wert.

Vom Standpunkt der Wahrscheinlichkeit aus scheint bei der Frage, was wohl geschieht, wenn eine spezialisierte Art durch sehr weitgehende Zerstörung ihres Lebensraumes aus den ursprünglichen Habitaten verdrängt wird, die zweite Annahme erheblich näher zu liegen. Da die Zerstörung allmählich abläuft, gelangt die Art immer wieder mit einer wechselnden Zahl von Individuen in das ökologische Pejus und endlich in das Pessimum, mit allen negativen Folgen. Das ist bei der Aussiedlung und Umsiedlung der Rohrammer ganz sicher im Spiel (vgl. hierzu unter 2.5. das Zitat aus GEBHARDT & SUNKEL 1954 und viele derartige Beobachtungen). Aber wir können nicht mit Sicherheit behaupten, es handele sich nur darum.

Um die Bedeutung der zuerst genannten Möglichkeit voll zu verstehen (Verlagerung der adaptiven Norm), ist eine evolutionstheoretische Überlegung anzustellen. Weit verbreitete Arten setzen sich aus einem mehr oder minder miteinander in Kontakt stehenden Kontinuum von Populationen zusammen. Die Art ist an beschreibbare natürliche Habitatbedingungen angepaßt, und dort nimmt sie eine definierbare spezifische Nische ein. Die Populationen sind es, die bestimmten Umweltwirkungen ausgesetzt sind; sie reagieren mittels ihrer genetisch varianten Individuen auf die beständigen Oszillationen der Umwelt (Wetter, Nahrungsangebot, Feinddruck u. a. Faktoren), indem sie solche Schwankungen auspendeln und/oder plastisch (vgl. MAUERSBERGER 1978b) auffangen.

Man nimmt allgemein an, keine zwei Arten, zumal keine sympatrischen, besäßen identische Nischen (GAUSEsches Prinzip); wohl aber können sich die Nischen auch sympatrischer Arten teilweise überlagern. Das theoretisch wohlbegründete Prinzip von GAUSE macht das Bestehen so vieler Spezialisierungen verständlich. Spezialisierte Arten, also solche mit (in unseren Augen!) relativ enger Nische, haben den Vorteil, sich durch eine sicher oft komplizierte genetische Verankerung ihrer Adaptation beständig der Kompetition der Ähnlichen zu entziehen, wie das der hier analysierte Fall der beiden *Emberiza*-Arten deutlich zeigt. Ein „Eindringen in die Nische der Goldammer" wäre ein theoretisch absolut unwahrscheinlicher Vorgang, denn die Rohrammer — genauer: Anteile einiger ihrer Populationen — müßte sich $\pm$ weit „entspezialisieren" und in Bereichen verschärfter Kompetition gegen die voll adaptierte Goldammer ankämpfen.

Denkbar — wie wenig wahrscheinlich auch immer — wäre nur, daß die Rohrammer im Habitat der Goldammer oder allgemein in trockenen Habitatformen im Gegensatz zu ihren ursprünglichen feuchten eine ökologische Lücke fände, in der sie nicht der vollen Kompetition einer anderen Art ausgesetzt wäre. Darüber, welcher Art diese Lücke in der vielfach verarmten heutigen Umwelt sein könnte, aus welchen nutzbaren Elementen sie also bestünde, geben die hier diskutierten Befunde keinerlei Auskunft.

Sicherlich würde eine durch starken Selektionsdruck (Zerstörung der ursprünglichen Habitate und Auswanderung von Populationsteilen) erzwungene Verlagerung der (ja genetisch manifestierten) ökologischen Norm auf dem Wege über das Ausweichen in Randsituationen vor sich gehen: einige Individuen würden das erfolgreiche Ausgangsmaterial zur sich verlagernden Adaptation liefern, andere unproduktiv bleiben oder überhaupt zugrunde gehen.

Die vorgefundene Situation kann also folgendermaßen umrissen werden. Gold- und Rohrammer sind verschieden adaptiert, bilden somit merklich differierende Nischen, deren Bedingungen sich optimal in jeweils verschiedenen Habitaten realisieren. Diese Bedingungen können aber auch im selben Habitat zusammentreffen, was dann zu partieller Überlagerung der Lebensräume führt. Die Besiedlung von Kontaktzonen (2.6.) durch beide Arten findet sich in Mitteleuropa öfters, wahrscheinlich seit langer Zeit. Daneben besetzt die Rohrammer vereinzelt Habitate in der strukturellen Grenzzone zum Pessimum. Solche Ansiedlungen sind oft nicht von Dauer, vielleicht ein Zeichen dafür, daß sie von Individuen getragen werden, die aus einem zerstörten Habitat auswandern mußten. Beide Formen der Siedlung — in Kontaktzonen mit Goldammerhabitat und in Grenzsituationen — bedeuten noch keine Änderung der spezifischen Nische der Rohrammer.

Die Feststellungen in England aber und vielleicht auch einige neuere Mitteilungen aus Westdeutschland lassen es nicht als unmöglich erscheinen, daß sich dort eine Verschiebung in der Adaptation von *Emberiza schoeniclus* anbahnen könnte, wie wenig wahrscheinlich das auch sein mag. Alle derartigen Erscheinungen sollten von Feldbeobachtern mit großer Sorgfalt registriert und nach den hier aufgezeigten Linien geprüft werden. Beispielsweise wäre es interessant zu wissen, wie sich die Rohrammer im neuen Habitat mit ihrer Präferenz für feinere Nahrungsteile verhält und wie sie mit ihrer Vorliebe für das Klammern an vertikale Zweige etwa in einem Habitat aus Weißdornhecken zurechtkommt. Sollten sich Ansiedlungen in trockenem (Goldammer-) Habitat auf die Dauer festigen — und nicht doch nur zum schließlichen Erlöschen verurteiltes Ausweichen in ökologisches Pessimum sein —, dann wäre die Frage mit besserer, quantitativer Methodik weiter zu untersuchen als es bisher geschehen konnte. Arbeiten wie die von HESPENHEIDE (1971) über die Habitatwahl nordamerikanischer Tyrannen und von LEISLER (1981) über Rohrsänger können Anregungen in dieser Richtung geben. Alle etwa zu entwickelnden Modellvorstellungen müßten von einer Analyse der Nischenstruktur ausgehen, wie sie hier versucht worden ist.

Sehr herzlicher Dank gebührt Herrn W. DORNBERGER für seine außergewöhnlichen Bemühungen um das Manuskript. Für Auskünfte und die freundliche Überlassung von Beobachtungsmaterial danke ich den Herren Dr. R. BERNDT, K. JUNG, K. POPP† und Dr. K. WARNCKE. Herr Prof. Dr. H. BRUNS hat freundlicherweise Fotos für Abbildungsvorlagen zur Verfügung gestellt. Ganz besonders aber danke ich Herrn Dr. G. MAUERSBERGER für die sorgfältige Vorbereitung des Manuskripts zum Druck, für Ratschläge und die Formulierung einiger Textstellen.

Zusammenfassung

1. Rohrammern (*Emberiza schoeniclus*) siedeln sich seit einigen Jahren in England in untypischen trockenen Biotopen an, wie sie von Goldammern (*E. citrinella*) — und teilweise auch von Grauammern (*E. calandra*) — bewohnt werden.

2. Um zu prüfen, ob derartige Fälle auch in Mitteleuropa vorkommen, wurden die Nischenstrukturen vergleichend untersucht. *E. schoeniclus* und *E. citrinella* sind gut differenzierte Adaptationsformen mit deutlich verschiedenen Nischen; die wesentlichen Unterschiede bestehen in andersartiger Bewegungsweise, Ernährung, Nahrungsräumen und, zum Teil daraus resultierend, verschiedenartigen Ansprüchen an das Habitat.

3. Die Rohrammer erscheint als die spezialisiertere Art. Das äußert sich auch in wesentlich geringerer Dichte auf sehr großen Flächen, während im optimalen Habitat die Dichte mindestens ebenso groß werden kann wie bei der Goldammer. Beide Arten erreichen ihre größte Dichte in Biotopen, die für die andere Art unbesiedelbar sind oder nur geringe Dichtewerte zulassen.

4. Die Rohrammer und in neuester Zeit auch die Goldammer stehen in Mitteleuropa unter dem Druck schnell schrumpfenden optimalen Lebensraumes. Ansiedlungen unter Pejusbedingungen, oft von nur kurzer Dauer, werden deshalb häufig beobachtet.

5. Wahrscheinlich hat es in Mitteleuropa in Uferlandschaften schon seit langem die Besiedlung von Räumen durch beide Arten gegeben. Die Analyse ihrer Beziehungen zum Habitat in einem Untersuchungsgebiet bei Fürstenfeldbruck (Oberbayern) ergab, daß es sich hier lediglich um Formen der Habitatverzahnung im selben Biotop handelt, nicht um Ansiedlung einer Art in untypischem Habitat. Fast alle bis etwa 1970 aus Mitteleuropa bekannten Fälle, in denen Rohrammern in ungewöhnlichen Habitaten oder zusammen mit Goldammern im selben Biotop brüteten, lassen sich mit Grenzformen des Habitates oder als Habitatüberlappung erklären.

6. Ansiedlung von Rohrammern in völlig untypischem Habitat wie in England, die an die Möglichkeit einer „Verlagerung" der ökologischen Nische denken läßt, ist aus Mitteleuropa nicht bekannt. Solche Entwicklungen sollten jedoch mit größter Aufmerksamkeit verfolgt werden.

Summary

1. In recent years, Reed Buntings (*Emberiza schoeniclus*) in Britain have been observed to settle in untypically dry habitats like those of Yellowhammer (*E. citrinella*) and even Corn Bunting (*E. calandra*).

2. In order to examine if similar cases might have occurred in Germany, this paper reviews the niche structures of both species. They form two well differentiated adaptational types with clearly different niches, the main differences being mode of locomotion, food, foraging sites and, partly due to this, different habitat requirements.

3. The Reed Bunting appears to be more specialized. This is also illustrated by its much lower densities over very large areas. In optimal habitats, the density may be at least as high as that of the Yellowhammer. Either species reaches maximum densities in biotopes avoided by the other species (or inhabited in low density only).

4. Recently, the Reed Bunting, and presumably also the Yellowhammer, are under severe pressure of destruction of their favourite habitats in Central Europe. Settlements of but short duration under unfavourable conditions were frequently stated.

5. In Central Europe, colonization of river bank and lake shore areas by both species probably occurs since a long time. Analysis of relations of such areas to the habitats of either species (in a study area in Bavaria) shows that common breeding in the same locality merely results from tight interlocking of the habitats of both in one biotope. Among the cases analyzed, there was no significant settling of Reed Buntings in a really untypical habitat. Nearly all cases of their breeding in unusual places, and of common breeding with the Yellowhammer in the same place (in Germany, as known to the author until about 1970) can be explained as border-line cases of habitat selection or interlocking of specific habitats.

6. Breeding of *E. schoeniclus* in entirely untypical habitats as observed in Britain, and possibly in recent years in western Germany should be carefully recorded. It is discussed if such developments might lead to a shift of the specific niche of (European) Reed Buntings.

Anhang

I. Grenzformen des Habitats von *Emberiza schoeniclus*

Mitteleuropäische Rohrammern besiedeln nicht so selten ein Habitat mit völlig fehlender Strauchschicht, wenn nur eine entsprechend grobe Halmstruktur in der Krautschicht die notwendige senkrechte Komponente bereitstellt. Solche Vegetation kann auf nassem oder auf trockenem Grunde stehen, doch bildet trockener Grund bereits eine nicht mehr optimale Situation. Nach der nassen Seite wird die Grenzsituation erreicht, wenn die Halme ohne am Boden ausgebreitete alte Bruchschicht, die den Wasserspiegel flächenweise verdeckt, direkt aus dem freien Wasser hervorwachsen. Erst dann werden Rohr oder Binsenfelder überhaupt nicht mehr besiedelt, da die Nestplätze fehlen. In größerem Umfang wird eine derartige Grenzfazies nach der nassen Seite beispielsweise in der Rohrzone des Neusiedler Sees besiedelt (ZIMMERMANN 1944). Das Bewohnen solcher Rohrfelder erscheint nach der allgemeinen Erfahrung noch keineswegs als atypisch; wahrscheinlich aber kommen Habitatformen mit mäßig entwickelter Strauchschicht den Optimalbedingungen näher. Sobald die senkrechte Komponente der Vegetation nur noch durch in Wiesen eingesprengte Kleinparzellen mit spärlichen Rohr- und Binsenstengeln dargestellt wird, zumal auf trockenem Grunde, dann erscheint ein solches Habitat dem Feldornithologen bereits als außergewöhnlich. Ein Beispiel bildet die Mitteilung von HOLLERBACH (1962), der aus Baden-Württemberg einmaliges Brüten eines Paares auf einem kleinen, in regenreichen Jahren versumpften Wiesenstück (ca. 700 m²) mit einer Vegetation aus *Carex*, Binsen und Wiesengräsern ohne Beimischung von *Phragmites* oder Weiden in einer Umgebung von Mähwiesen beschreibt. Einen fast gleichen Fall erzählte mir K. WARNCKE aus der Gegend von Braunschweig: ein Paar brütete (Nestfund) in einer schwach sumpfigen kleinen Wiesensenke mit Binsen inmitten von Mähwiesen; *Phragmites* fehlte, einzelne Büsche gab es in einiger Entfernung.

WASSENICH (1965) gibt eine Beschreibung von 14 Rohrammerterritorien in Luxemburg. Zehn davon lagen in Habitaten von weniger als 1 ha Größe. In der Struktur wiesen die meisten annähernd normale Verhältnisse auf. Manche dieser kleinflächigen Habitate wurden nicht alljährlich besiedelt. Ein Paar bewohnte (nicht in jedem Jahr) eine rechteckige Parzelle von 1000 m² am Fuße eines sanft abfallenden Ackers, an den vier Seiten umgeben von Bahndamm, bebauten Äckern und Viehweiden, die mit Binsen, Sauergräsern und etlichen Horsten niedrigen Schilfrohrs sowie drei Weidenbüschen bestanden waren.

Solche im Prinzip den Anforderungen der Rohrammer noch entsprechenden Kleinparzellen, die sich vielerorts als Randzonen kultivierten Geländes erhalten, werden tatsächlich nur ausnahmsweise von Rohrammern bewohnt, am wenigsten, wenn sie an Wald grenzen.

II. Abweichende Habitate von *Emberiza schoeniclus*

1. Eine 10 m hohe Aufschüttung von Bautrümmern (Bombenschutt) über eine große Fläche (oben ebene Halde mit steilen Rändern), dicht bewachsen mit Holunder (*Sambucus*), Königskerze (*Verbascum*), Beifuß (*Artemisia*), Brennessel (*Urtica*), Hohlzahn (*Galeopsis*) und anderen Arten; das nächste Wasser (der Fluß Innerste) ist 250 m

entfernt. Ein Brutpaar (Nestfund Mai 1952). In diesem Habitat brüteten *Oenanthe oenanthe, Saxicola torquata, Sylvia communis, Carduelis cannabina* und *Emberiza citrinella*. Ob der Platz auch in späteren Jahren noch von Rohrammern besetzt war, konnte nicht festgestellt werden (K. JUNG 1956 und brfl.).

2. Drei Jahre zuvor aufgelassene, inzwischen verwilderte Kleingärten am Stadtrand mit reicher Vegetation (*Sambucus, Urtica*, verschiedene Unkräuter) auf trockenem Grunde (nächstes Wasser, ein Bach, 100 m entfernt). 1963 unternahm ein Paar einen gestörten Brutversuch (Nestbau), 1964 kein Paar. In diesem Habitat brüteten auch *Sylvia communis* und *Emberiza citrinella*. — Memmingen, Allgäu (K. POPP brfl.).

3. Trockene, ca. 5 ha große Schonung mit spärlicher *Calamagrostis*-Entwicklung. 1957 brütete ein Paar über 50 m vom Ufer eines kleinen, völlig schilffreien Gewässers in Brombeergestrüpp (*Rubus*). — Aufgelassener Braunkohlentagebau bei Großzössen nahe Leipzig (KALBE 1958/59 und brfl.).

4. Parzelle in trockenen Mähwiesen, mit einzelnen Weidenbüschen, stengelbildenden Wiesenstauden, Brennesseln (im Winter stehenbleibend), Bodenbewuchs aus Gräsern. Der Grund war seit mindestens 15 Jahren völlig trocken (in unmittelbarer Nähe kein Wasser!). Seit Jahren regelmäßig ein Brutpaar (Nestfunde). — Eisenburg, Memmingen im Allgäu (K. POPP brfl. 1964).

III. Habitate, in denen *E. schoeniclus* und *E. citrinella* regelmäßig zusammen brüten

1. Ein solches Habitat fanden WARNCKE und auch ich im Erdinger Moos. Hier wuchsen auf völlig ausgetrocknetem Boden in der Nachbarschaft von Birken-, Weiden- und Erlengebüsch sehr locker stehende einzelne Rohrhalme (*Phragmites*) aus einer Bodenvegetation von *Carex* und Gräsern. Beide Arten brüteten eng benachbart. Es handelt sich keineswegs um ein „reines" Goldammerhabitat, wie es bei oberflächlicher Betrachtung scheinen könnte, denn auch der Rohrammer sagen die Bedingungen noch zu. Vor 200 Jahren war dieses ganze Gelände ein nasses Flachmoor mit ausgedehnten typischen Rohrammerhabitaten, und noch heute liegen solche in nicht zu weiter Entfernung.

2. In den Amperauen bei Fürstenfeldbruck liegen die Überlappungszonen der Habitate in der Umgebung von Altwassern, an Inseln, an sumpfigen Uferzonen, überall wo sich auf engem Raum typisches Rohrammerhabitat mit *Phragmites, Solidago, Carex*, Sumpfvegetation und initialem Auwald gebildet hat. Hier treten die von Goldammern bewohnten Busch-Baum-Komplexe des trockenen oder feuchten Wiesengeländes unmittelbar an diese Stellen heran und greifen in sie ein (vgl. Abb. 6, Taf. I). Die Flächen mit Rohrammerhabitat sind fast immer zu klein, als daß die Goldammer sie ganz meiden könnte. Wo solche Flächen in größerer Ausdehnung rein auftreten, wie am Austritt der Amper aus dem Ammersee, wird sogleich auch die Scheidung in von der einen oder der anderen Art bewohnte Räume deutlicher.

a. Flußauen (etwa 4 ha), vorwiegend offen, wechselnder Bewuchs von *Phragmites, Typha, Carex* an Altwasser- und Flußufer, trockene bis nasse Wiesen mit Poaceen und Cyperaceen; einzelne bis 2 m hohe Büsche, bis 7 m hohe Buschgruppen, Wasser. Angrenzend Mähwiesen und Auwäldchen. 1952 7, 1953 6 Paare Rohr-, 1952 2, 1953 3 Paare Goldammer. — HERMANN (1954) und eigene Beobachtungen.
Typische Habitat-Verzahnung.

b. Flußaue (1 ha), Buschreihe zwischen Mähwiesen, Altwasserbereich. Hauptsächlich bis 7 m hohe randständige Büsche (*Salix, Alnus, Prunus padus, Cornus, Viburnum, Rubus* usw.), einzelne 10—12 m hohe Bäume auf trockenem Boden. 1947—1953 meist 3 Paare Gold-, ein Paar Rohrammer. Überlappung der Reviere. Wasser teilweise angrenzend, überall weniger als 100 m entfernt. — Eigene Beobachtungen.
Habitat-Durchdringung; Goldammerhabitat vorwiegend.

c. Flußauen (3 ha) im Altwasserbereich. Stark wechselnde Vegetation: dichtes Auenwäldchen, offenes Parkland mit bis zu 7 m hohen Büschen und einzelnen bis 15 m hohen Bäumen, Mähwiese (Poaceen), feuchte Cyperaceen-Wiese, Rohrfelder; Wasser angrenzend und innerhalb. 1947—1953 meist um drei Paare Rohr-, 4—5 Paare Goldammern. Überlappung der Reviere beider Arten. Boden vorwiegend trocken, teils feucht, stellenweise naß. — HERMANN (1954) und eigene Beobachtungen.
Habitat-Durchdringung; 30—40% Rohrammerhabitat.

d. Flußaue, 200 m Böschung, davon 100 m Buschreihe mit einzelnen Bäumen, 100 m freie Böschung (Gras) mit einzelnen Büschen; unmittelbar am Rande der Buschreihe eine ca. 300 m² große Parzelle mit *Phragmites, Carex, Urtica*; Umgebung Mähwiesen und Felder, Wasser (Fluß) 120 m entfernt, Boden des Rohrstreifens bei regnerischem Wetter feucht bis naß. 1947—1953 2—3 Paare Gold-, keine Rohrammern. — Eigene Beobachtungen.
Beispiel für zu geringe Größe des für *E. schoeniclus* nutzbaren Anteils am Habitat.

3. See-Uferzone (über 7 ha) mit dicht wuchernder Vegetation aus *Phragmites, Urtica, Epilobium* und anderen hohen Stauden, durchsetzt mit *Sambucus*-Büschen, Weiden- und Erlengebüsch, außen umgeben von Viehweiden. Die Rohrammer brütet in hoher, die Goldammer in geringer Dichte. Sommer 1937, Drausensee (= jez. Drużno, VR Polen; HAAS 1939).
Der Beschreibung nach bietet dieser Biotop nahezu optimales Rohrammerhabitat und stellenweise noch suboptimales Goldammerhabitat; der Fall verdeutlicht normales Zusammenwohnen der beiden Arten.

4. Ehemaliges Niedermoor (3 ha Sumpf in feuchten Niederungswiesen), weniger als 10% mit einzelnen und Gruppen von 3 m hohen Weidenbüschen, sonst offen, hauptsächlich feuchte bis nasse Wiesen, ca. 2000 m² trockene Mähwiese, 2000 m² *Phragmites, Typha*, Binsen, sechs alte Torfstiche (Wasserlöcher) von 60—300 m² mit Sumpfvegetation. Über 15 Jahre fast jährlich je 4—5 Paare Gold- und Rohrammern, mit partieller Überlappung der individuellen Territorien. — Memmingen, Allgäu (K. POPP brfl. und eigene Kenntnis).
Völlige Habitat-Durchdringung. Die Goldammern nutzen als Nahrungsraum großenteils außerhalb liegendes Gebiet, die Rohrammern kaum.

5. Verwilderte Futterwiese an Bahngleis mit Gräsern, Wiesenstauden und *Urtica*, etwa 200 m² Weidengebüsch, einzelne *Phragmites*-Halme; Grund trocken, nächstes Wasser 400 m. 1953, als die Weidenbüsche erst 0,5—1 m hoch waren, ein Paar Rohrammern, seit 1960 regelmäßig ein Paar (Nestfunde). In diesem Habitat brüteten regelmäßig auch 1 oder 2 Goldammerpaare. — Memmingen, Allgäu (K. POPP brfl. und eigene Kenntnis).
Habitat-Durchdringung.

Literatur

BANDORF, H. & H. LAUBENDER (1982): Die Vogelwelt zwischen Steigerwald und Rhön. – Landesbund für Vogelschutz. Hilpoltstein.

BELL, B. D. (1969): Some thoughts on the apparent ecological expansion of the Reed Bunting. – Brit. Birds **62**, 209–218.

BEZZEL, E. (1976): Vögel als Bewertungskriterien für Schutzgebiete – einige einfache Beispiele aus der Planungspraxis. – Natur und Landschaft **51**, 73–78.

– & F. LECHNER (1978): Die Vögel des Werdenfelser Landes. – Vogelkdl. Bibliothek Bd. 8. Greven.

BLÜMEL, H. (1982): Die Rohrammer *Emberiza schoeniclus*. – Neue Brehm-Bücherei **544**. Wittenberg Lutherstadt.

BORCHERT, W. (1927): Die Vogelwelt des Harzes, seines nordöstlichen Vorlandes und der Altmark. – Magdeburg.

BRINKMANN, M. (1933): Die Vogelwelt Nordwestdeutschlands. – Hildesheim.

DIESSELHORST, G. (1949): Frühjahrsbeobachtungen an bunt beringten Goldammern (*Emberiza c. citrinella*). – Orn. Ber. **2**, 1–31.

– (1950): Erkennen des Geschlechts und Paarbildung bei der Goldammer (*Emberiza c. citrinella*). – Ibid. **3**, 69–112.

DIETRICH, F. (1928): Hamburgs Vogelwelt. – Hamburg.

GEBHARDT, L. & W. SUNKEL (1954): Die Vögel Hessens. – Frankfurt/M.

GENGLER, J. (1925): Die Vogelwelt Mittelfrankens. – Verh. Orn. Ges. Bayern **16**, 1–388.

GLUTZ VON BLOTZHEIM, U. (1962): Die Brutvögel der Schweiz. – Aarau.

GORDON, M. (1972): Reed Buntings on an Oxfordshire Farm. – Bird Study **19**, 81–90.

HAAS, G. (1939): Beiträge zum Vorkommen und zur Fortpflanzungsbiologie des Karmingimpels am Drausensee. – Beitr. Fortpfl.-biol. Vögel **15**, 52–62.

HAGEN, W. (1913): Die Vögel des Freistaates und Fürstentums Lübeck. – Berlin.

HASSE, H. (1963): Die Goldammer *Emberiza citrinella*. – Neue Brehm-Bücherei **316**. Wittenberg Lutherstadt.

HEGGER, H. L. (1979): Zum Vorkommen der Rohrammer (*Emberiza schoeniclus*) in Getreidefeldern. – Charadrius **15**, 131–133.

HERMANN, H. (1954): Ökologie und Verhalten der Rohrammer (*Emberiza s. schoeniclus*). – Dissertation (München).

– (1982/83): Ökologie und Verhalten der Rohrammer *Emberiza schoeniclus* in den Amperauen bei Emmering. – Verh. Orn. Ges. Bayern **23**, 459–477.

HESPENHEIDE, H. A. (1971): Flycatcher Habitat Selection in the Eastern Deciduous Forest. – Auk **88**, 61–74.

HEYDER, R. (1952): Die Vögel des Landes Sachsen. – Leipzig.

HOLLERBACH, W. (1962): Bemerkenswerte Brutvorkommen in Nordostbaden. – Orn. Mitt. **14**, 1–4.

HÖLSCHER, R., G. B. K. MÜLLER & B. PETERSEN (1959): Die Vogelwelt des Dümmer-Gebietes. – Biol. Abh. **18–21**.

JUNG, K. (1956): Rohrammerbrut auf einer Trümmerkippe. – Vogelwelt **77**, 87.

KALBE, L. (1958/59): Zur Verbreitung und Ökologie der Wirbeltiere an stillgelegten Braunkohlengruben im Süden Leipzigs. – Wiss. Z. Karl-Marx-Univ. Leipzig (math.-nat.) **8**, 431–462.

KENT, A. K. (1964): The breeding habitats of the Reed Bunting and Yellowhammer in Nottinghamshire. – Bird Study **11**, 123–127.

KLAFS, G. & J. STÜBS (Hrsgb.; 1977): Die Vogelwelt Mecklenburgs. – Jena.

KOLLIBAY, P. (1906): Die Vögel der Preußischen Provinz Schlesien. – Breslau.

KUHK, R. (1939): Die Vögel Mecklenburgs. – Güstrow.

LANDOIS, H. (1896): Westfalens Tierleben. Die Vögel. – Paderborn und Münster.

LEISLER, B. (1981): Die ökologische Einnischung der mitteleuropäischen Rohrsänger (*Acrocephalus*, Sylviinae). I. Habitattrennung. – Vogelwarte **31**, 45–74.

MAKATSCH, W. (1950): Die Vogelwelt Mazedoniens. – Leipzig.

MAUERSBERGER, G. (1970): Biotop, Habitat und Nische. – Beitr. Vogelkd. **16**, 260–266.

MAUERSBERGER, G. (1978a): Über das ökologische Wirkungsgefüge der Art und die Begriffe Nische und Ökon. — Ann. Orn. **2**, 57—104.

— (1978b): Über Umfang, Modalitäten und Bedeutung des ökologischen Plastizitätsbereiches. — Ibid. **2**, 105—132.

MAYR, E. (1963): Animal Species and Evolution. — Cambridge Mass.

MERIKALLIO, E. (1958): Finnish Birds, Their Numbers and Distribution. — Helsinki.

NAUMANN, J. F. (1824): Naturgeschichte der Vögel Deutschlands. Bd. 4. — Leipzig.

NEUBAUR, F. (1957): Beiträge zur Vogelfauna der ehemaligen Rheinprovinz. — Decheniana **110**, 1—278.

PEITZMEIER, J. (1969): Avifauna von Westfalen. — Abh. Landesmus. Naturkd. Münster **31**, Heft 3.

PRYS-JONES, O. E. (1974): Der Brutvogelbestand im Reservat Wauwilermoos. — Orn. Beob. **71**, 153—166.

SCHALOW, H. (1919): Beiträge zur Vogelfauna der Mark Brandenburg. — Berlin.

SUMMERS-SMITH, D. (1968): Buntings on a Yorkshire farm. — Bird Study **15**, 209—210.

TISCHLER, F. (1941): Die Vögel Ostpreußens. — Königsberg.

WASSENICH, V. (1965): Biotop und Bestand der Rohrammer, *Emberiza schoeniclus* (L.), in der Bettemburger Gegend. — Regulus **8**, 138—145.

WILLIAMSON, K. (1968): Buntings on a barley farm. — Bird Study **15**, 34—37.

ZIMMERMANN, R. (1944): Beiträge zur Kenntnis der Vogelwelt des Neusiedler Seegebietes. — Ann. Naturhist. Mus. Wien, **54**/1.

Anschrift des Verfassers: Dr. GERD DIESSELHORST, Klenzestr. 19, D-8132 Tutzing

Mitt. Zool. Mus. Berl. **62** (1986) Suppl.: Ann. Orn. **10**, 25–68 8. 8. 1986

Die Evolutionstheorie und der taxonomische Status des Italiensperlings

Evolutionary Theory and the Taxonomic Position of the Italian Sparrow

Burkhard Stephan

Mit 4 Abbildungen im Text

Abstract. The taxonomic status of the Italian Sparrow is controversial. Consent is missing between the propositions from evolutionary theory, demands resulting from the species concept, and practical taxonomic procedure. After stating the history of the problem, theoretical questions are discussed, especially the relationship between continuity and discontinuity in speciation. A review of hybridization in the genus *Passer* is given and supplemented by the author's findings on individual variability in *P. italiae*. The own data together with other sources suggest that *italiae* is not a subspecies of *domesticus*, but rather a species of its own and that *tingitanus* is neither of hybrid origin between *P. domesticus* and *P. hispaniolensis*, but an *italiae*-like form. On the base of certain characters, a reconstruction of the phylogeny of the species belonging to the genus *Passer* is attempted. *P. italiae* is closely related to *P. hispaniolensis*, *P. domesticus* is a member of another group of relatives.

Key words: *Passer italiae*, history of problem, hybridization, individual variability, speciation, evolution, systematics.

Inhalt

1. Einleitung

Die Beurteilung des taxonomischen Status des Italiensperlings und die Stellung dieses Taxons im System ist ein eindrucksvolles Beispiel dafür, in welchem Maße die Evolutionstheorie in die systematische Praxis Eingang gefunden hat und durch sie verifiziert bzw. falsifiziert wird oder präzisiert werden muß. Sicherlich bedarf auch die Praxis der Systematiker gewisser Änderungen, um sie auf das Niveau ihrer theoretischen Grundlage zu heben. Wie schon zu Beginn unseres Jahrhunderts kann auch heute noch ein Taxonom, ohne Anhänger der Evolutionstheorie zu sein, Wesentliches zur Kenntnis der geographischen Variabilität der Arten leisten. Die Tatsache geographischer Variabilität ist unbestreitbar, das Entstehen der geographischen Unterschiede aber läßt sich verschieden deuten, nämlich einerseits als Ergebnis der Evolution und andererseits als regionale Ausprägung bestimmter Merkmale innerhalb des von Anfang an gegebenen Artrahmens. Die Entstehung neuer geographischer Formen durch Hybridisation ist von beiden Standpunkten aus zu akzeptieren, und so konnte die Vorstellung, der Italiensperling sei das Kreuzungsprodukt zweier Arten, und damit die Begründung des taxonomischen Status dieser Form als Unterart des Haussperlings (*Passer domesticus italiae*) sowohl von Anhängern als auch von Gegnern der Evolutionstheorie anerkannt werden.

Seit HARTERT & STEINBACHER (1932) sich entschieden, den Italiensperling als Unterart des Haussperlings anzusehen, und MEISE (1936) eine Begründung hierfür geliefert hat, schienen der Status dieses Taxons und seine Stellung innerhalb der Gattung *Passer* eindeutig. Ungeachtet der Entwicklung der synthetischen Theorie der Evolution wurde daran kaum gezweifelt. Aber allein die Frage, ob denn das Kreuzungsprodukt zweier Arten als Unterart einer der beiden Ausgangsarten betrachtet werden kann, ist Anlaß genug, sich dem Italiensperling erneut zuzuwenden. MEISE (1936) ging davon aus, daß sich *P. d. domesticus* und *P. h. hispaniolensis* in Italien vermischten. Was bewog ihn zu dieser Annahme? Es ist interessant, die Ideen- und Problemgeschichte hierzu zu verfolgen.

Eigene Untersuchungen führten zu einem von den bisherigen Vorstellungen abweichenden Ergebnis. Es war erforderlich, alle Arten der Gattung *Passer* in die Betrachtung einzubeziehen, da sich die Fragen allein anhand von *P. domesticus* und *P. hispaniolensis* nicht klären lassen. Diese Fragen betreffen nicht nur die Taxonomie, sondern auch die Evolutionsbiologie. Und so müssen neben den taxonomischen auch die theoretischen und methodologischen Aspekte betrachtet werden.

Die Anerkennung der Evolutionstheorie ist mit der Anwendung typologischer Methoden unvereinbar. Bisher wurde die Frage, in welcher Weise sich ein bestimmtes Zeichnungs- und Färbungsmuster herausbildete, was sich woraus entwickeln konnte, nicht gestellt. Die phylogenetische Betrachtungsweise verlangt jedoch diesen Versuch der Rekonstruktion möglicher evolutiver Wandlungen.

So werden nach einem Überblick über die Problemgeschichte die theoretischen Grundlagen der Methodologie diskutiert, die eigenen Untersuchungsergebnisse dargestellt und von der rekonstruierten Phylogenese der Arten der Gattung *Passer* die Stellung von *italiae* abgeleitet. Die Studie dient vor allem der Klärung des taxonomischen Status von *P. italiae* und ist zugleich ein Beitrag zur Arttheorie und ihrer Geschichte.

2. Material und Methode, Danksagung

2.1. Material

Für vorliegende Studie konnten Balgserien folgender Museen und Einrichtungen untersucht werden:

Berlin: Bereich Zoologisches Museum des Museums für Naturkunde der Humboldt-Universität

Bonn: Zoologisches Forschungsinstitut und Museum Alexander Koenig
Dresden: Staatliches Museum für Tierkunde
Frankfurt/Main: Forschungsinstitut Senckenberg
Halle: Wissenschaftsbereich Zoologie der Sektion Biowissenschaften der Martin-Luther-Universität Halle—Wittenberg
Hamburg: Zoologisches Museum der Universität
Leiden: Rijksmuseum van Natuurlijke Historie
Tring: British Museum (Natural History)

Insgesamt lagen mir vor
169 *P. italiae* aus Italien, von Kreta, Korsika, Sizilien
20 *tingitanus* aus Marokko, Algerien, Tunesien
15 „*flückigeri*" aus Algerien
47 *tingitanus* × *hispaniolensis* aus Marokko und Algerien
2 *tingitanus* × *domesticus*
1 *italiae* × *domesticus*
3 *hispaniolensis* × *domesticus* aus Volierenzucht
2 *domesticus* × *montanus*
1 *domesticus* × *castanopterus*
1 *domesticus* mit rotem Scheitel
ferner 100 *hispaniolensis* zusätzlich zu den bereits früher untersuchten Serien aus Alma-Ata, Berlin, Dresden, Leningrad und Moskau (vgl. STEPHAN 1982, 1984).

2.2. Methode

Da die vergleichende Methode für die Klärung der gestellten Fragen nicht ausreicht, mußte die Wertung der herangezogenen Merkmale unter phylogenetischen Gesichtspunkten in ancestrale und abgeleitete vorgenommen werden. Um hierbei Subjektivität möglichst auszuschließen, wurde die Gattung *Passer* mit anderen Gattungen der Familie Ploceidae verglichen und zu klären versucht, welche Ausprägung eines gegebenen Merkmals aus welcher Ursprungsform entstanden sein kann, und danach die Lesrichtung von ancestral nach abgeleitet für jedes benutzte Merkmal bestimmt. Da die Merkmale während der Stammesgeschichte nicht in gleicher Intensität und Richtung abwandeln, entstanden auch im vorliegenden Falle verschiedene Kombinationen ancestraler und abgeleiteter Merkmale. Ausgehend von einem Modell der Stammart der Gattung *Passer* lassen sich auf diese Weise Entwicklungsrichtungen erkennen. Ferner zeigen die einzelnen Merkmale im Vergleich zwischen den rezenten Arten graduelle Unterschiede, so daß diese Ausprägung der Merkmale Modellcharakter für die jeweilige Entwicklungsrichtung gewinnt. Jede rezente Art mit ihrem speziellen Merkmalsgefüge wurde mit der hypothetischen Stammform der Gattung in Beziehung gesetzt und mit den anderen Arten verglichen. Die mit dieser Methode erhaltenen Gruppierungen können als verwandtschaftliche Einheiten betrachtet werden.

Im Text wird gegebenenfalls an den entsprechenden Stellen noch näher auf die Methoden eingegangen. Hier seien nur die Grundzüge festgehalten. Auszugehen war von der Evolutionstheorie, d. h., das historische Herangehen erforderte das modellhafte Nachvollziehen der unterschiedlichen Evolutionsschritte und -wege innerhalb der Gattung *Passer*. Zu unterscheiden waren die gattungstypischen von den arttypischen Merkmalen, und unter Beachtung der individuellen Variabilität waren diese Merkmale nach objektiven Kriterien in ancestrale und abgeleitete zu differenzieren. Der Status des Italiensperlings läßt sich nur im Gesamtrahmen der Gattung *Passer* klären. Deshalb geschah die Analyse stets unter Berücksichtigung der zu erreichenden Synthese, nämlich der Klärung verwandtschaftlicher Beziehungen innerhalb der Gattung *Passer*, aus der sich u. a. auch die taxonomische Stellung von *P. italiae* ableiten läßt.

Es ist die bewußte Anwendung der Synthetischen Theorie der Evolution bei der Klärung eines speziellen Problems. Hieraus ergibt sich, daß beim Vergleich der Arten — und das ist speziell beim Vergleich von *P. domesticus*, *P. italiae* und *P. hispaniolensis* ganz besonders wichtig — nicht von bestimmten Typen ausgegangen werden durfte, sondern die gesamte Breite individueller Variabilität zu berücksichtigen war.

Die Problemgeschichte zeigt die Entstehung, Weiterentwicklung und Wandlung der Auffassungen, die als Erklärung der Phänomene angeboten wurden. Am Beispiel des Italiensperlings wird recht gut sichtbar, wie Zeitströmungen hierauf ihren Einfluß ausüben.

2.3. Danksagung

Material für diese Studie liehen mir Dr. P. R. COLSTON, Tring, S. ECK, Dresden, Dr. H. HOERSCHELMANN, Hamburg, Dr. G. F. MEES, Leiden, Dr. S. PETERS, Frankfurt/Main, Dr. R. PIECHOCKI, Halle, Dr. G. RHEINWALD, Bonn. Mit den Kollegen Dr. W. BAUMGART, Berlin, S. ECK, Dresden, und Dr. L. S. STEPANJAN, Moskau, habe ich Aspekte des Problems diskutieren können und weitere Anregungen erhalten. Dr. P. R. COLSTON, Dr. M. DORNBUSCH, Steckby, S. ECK sowie Prof. Dr. W. MEISE, Hamburg, unterstützten mich mit Literatur und Literaturhinweisen. Allen Genannten sei für ihre Förderung der Arbeit herzlich gedankt.

3. Problemgeschichte und Evolutionstheorie

Die heute anerkannten Arten der Gattung *Passer* (s. MOREAU & GREENWAY 1962, WOLTERS 1979) wurden zwischen 1758 (*P. domesticus, P. montanus*) und 1872 (*P. ammodendri*) beschrieben, also in einer Zeit, als es die Konzeption der polytypischen Art noch nicht gab.

Diese Konzeption setzte sich bekanntlich erst während des Erscheinens von HARTERTS Werk über die Vögel der paläarktischen Fauna (1. Lieferung 1904) durch. Die Unterarten wurden aber auch später wie im vorigen Jahrhundert festgelegt. Die Bemerkung von HARTERT & STEINBACHER (1932) zu *P. montanus*, daß die vielen Subspezies, in die die Art zerteilt worden ist, auf ungenügendem Material und anhand nur geringer Unterschiede vorgenommen wurde, gilt auch für andere Arten. Sogar HARTERT selbst mußte sich hinsichtlich *P. italiae senckenbergianus* korrigieren.

Italiensperling und Weidensperling wurden seinerzeit als Arten beschrieben: *Fringilla italiae* Vieillot, 1817 und *Fringilla hispaniolensis* Temminck, 1820. Um die Jahrhundertwende setzte dann der nachfolgend kurz umrissene Prozeß ein, der in der Arbeit von MEISE (1936a) seinen Höhepunkt und vorläufigen Abschluß fand.

WHITAKER (1898), der das Vordringen des Haussperlings nach Osten in Nordafrika mit dem Gleisbau in Verbindung brachte, deutete nämlich einige Sperlinge aus diesem Gebiet als Hybriden zwischen *P. domesticus* und *P. hispaniolensis*. ERLANGER (1899) hielt das für einen Irrtum. Bereits damals spielte bei der Beurteilung der Hybridisation die ökologische Isolation der Ausgangsformen eine Rolle. So traf ERLANGER (1899) *P. domesticus* in Tunesien nur einmal in einer Ruine aus der Römerzeit. Hier brüteten einige Paare zusammen mit *P. hispaniolensis* (bei ihm *P. italiae hispaniolensis*) an der Ruine. *P. hispaniolensis* ist er überall begegnet. Er fand dessen Nester auf Palmen in Oasen südlich der Atlaskette und in Ritzen alter Mauern und steil abfallenden Flußwänden. S. 478 schreibt er: „Wir sehen, daß die häufig in der Literatur über *Passer hispaniolensis* vertretene Ansicht, daß er die menschlichen Wohnungen zur Nestanlage meidet, für die Atlasländer keineswegs stimmt. Er hat hier ganz dieselben Gewohnheiten wie unser Haussperling, welcher ja auch sowohl in Häusern als auf Bäumen (England) nistet. Meiner Meinung nach ist man nicht dazu berechtigt, ihn von *Passer domesticus* zu trennen und als alleinstehende Art zu betrachten, während man *P. italiae* als einen südlichen Vertreter von *P. domesticus* ansieht. Alle drei haben dieselben Gewohnheiten". Er verweist auch noch auf *P. montanus*, der in Indien die Rollen mit *P. domesticus* vertauscht habe und in Gebäuden, *domesticus* im Freien lebe, zwei Arten, „welche gewiss nichts mit einander zu thun haben". Er ist dafür, den grauköpfigen vom rotköpfigen Sperling zu trennen. Die rotköpfigen stehen sich dem Äußeren nach aber sehr nahe, weshalb er sie zusammenfaßt: *P. italiae italiae* (Vieill.) und *P. i. hispaniolensis* (Temm.). Als Beweis dafür, daß *hispaniolensis* und *domesticus* nicht konspezifisch sind, führt er an, daß beide gemeinsam in der Oase Biskra vorkommen. Er beruft sich auf WHITAKER (1898, S. 132), der nur *italiae*-ähnliche Stücke, die meist noch zu *hispaniolensis* zu rechnen seien, angetroffen habe.

Auch ZEDLITZ (1909) weist darauf hin, daß *P. hispaniolensis* in Tunesien nicht wählerisch ist. Dieser brütet in unmittelbarer Nähe menschlicher Wohnungen, in Oasen, in der Steppe, in Schluchten der Berge — überall, wo er Nahrung findet. In der Steppe konzentriert er sich um die Getreidefelder, übernachtet an geschützten Stellen in Büschen (Schlafgesellschaften), besonders an bewaldeten Felswänden.

Seinerzeit gab es also schon unterschiedliche Auffassungen darüber, ob sympatrisch lebende nahe verwandte Arten nicht wenigstens ökologisch voneinander getrennt sein müßten, und es wurden bereits einige Individuen als Hybriden zwischen *domesticus* und *hispaniolensis* gedeutet.

HARTERT (1904) betrachtete wie TSCHUSI (1903) den Italiensperling noch als Art: *Passer italiae* (Vieill.), vermerkt aber in einer Fußnote: „Die Frage, ob *italiae* als Subspezies von *domesticus* zu behandeln ist, ist nicht leicht zu entscheiden. In größeren Gebieten kommen sie sicher nicht zusammen vor, doch aber in Süd-Tirol und Süd-Frankreich (anscheinend auch im Inntal im Engadin). Übergänge sind nicht festgestellt, sondern bisher nur vermutet." (S. 152). Vielleicht beeinflußt durch die Publikationen von ZEDLITZ (1913), CHIGI (1914) und GEYR VON SCHWEPPENBURG (1918) heißt es dann im Ergänzungsband (1932, S. 82): „*Passer italiae* muß als Subspezies von *P. d. domesticus* betrachtet werden." In den drei Jahrzehnten, die zwischen diesen beiden Aussagen liegen, ist viel über Hybridisation von Sperlingen geschrieben worden, und es vollzog sich ein Wandel bestimmter Vorstellungen, an dem P. SUSCHKIN, T. PLESKE und E. STRESEMANN Anteil hatten. Für einige *Passer*-Formen war bereits in Erwägung gezogen worden, sie seien durch Hybridisation entstanden. So hatte KLEINSCHMIDT (1904b) diese Frage schon für *Passer flückigeri* gestellt: „eine konstante südliche Form, ob Kreuzungsprodukt?". In der Beschreibung stellte er allerdings noch einen Klin dar: die Färbung nach Süden wird lichter (ähnlich *hispaniolensis*, aber geringere Seitenstreifung; S. 7). Dann war er davon ausgegangen, daß sich *P. domesticus* und *P. hispaniolensis* ebenso vermischen wie Raben- und Nebelkrähe (*Corvus corone* und *C. cornix*), und meinte, daß *P. hispaniolensis* gewissermaßen die wilde Form von *P. domesticus* sei. *P. italiae, domesticus* und *hispaniolensis* seien „Formen einer Art, die nur durch unnatürlichen Einfluß der Kultur nebeneinander vorkommen" könnten (S. 198). Er gab ERLANGER Recht, der *P. italiae* und *P. hispaniolensis* als zum selben Formenkreis gehörend ansah.

ZEDLITZ (1909) hob hervor, daß über den tunesischen Weidensperling schon so manche Ansicht geäußert worden ist. Zweifellos seien bei ihm Farbvarianten häufig, so daß einzelne Stücke bald mehr dem spanischen *P. hispaniolensis hispaniolensis*, andere dem italienischen *Passer italiae italiae* ähnelten. Hierin würden ziemlich alle Autoren übereinstimmen, nur zögen sie verschiedene Schlüsse daraus.

Der Ansicht von ERLANGER (1899), den Weidensperling als *P. italiae hispaniolensis* zu führen, ist u. a. von TSCHUSI (1903) und HARTERT (1904) widersprochen worden; nach ZEDLITZ war die Frage aber noch nicht geklärt. Die nordafrikanischen Weidensperlinge sind nach ZEDLITZ (1909) typische *hispaniolensis hispaniolensis*; er läßt aber evtl. für Ägypten *P. h. washingtoni* gelten und KLEINSCHMIDT (1904) *P. h. flückigeri* für Südalgerien. Die Form *flückigeri* nähert sich merklich *italiae* und ähnelt derjenigen, die WHITAKER als Hybriden bezeichnete. TSCHUSI und HARTERT bestreiten ein Vorkommen von *italiae* in Nordafrika und damit die Möglichkeit der Hybridisation. ZEDLITZ schließt sich dem nicht an und hält für Tunesien gelegentliche Verbastardierung für wahrscheinlich. ZEDLITZ (1909), der sich mit den Vorstellungen von ERLANGER (1899), KLEINSCHMIDT (1904b) und HARTERT (1904) hinsichtlich der tunesischen Sperlinge auseinandersetzt, betont, daß er wohl wisse, daß er sich mit dem Versuch, *P. italiae* für Nordafrika nachzuweisen, in Gegensatz zu den namhaften Forschern befinde, so z. B. zu ERLANGER, TSCHUSI und HARTERT; *bergeri* unterscheide sich biologisch scharf von *hispaniolensis hispaniolensis* und komme neben echten *hispaniolensis* vor; deshalb könne es sich nicht um eine Unterart von *hispaniolensis* handeln. Er habe jedoch nichts dagegen, wenn jemand diese Form als Bastard beider Artenkreise ansähe, doch müsse der Betreffende dann zugeben, daß *italiae* in Nordafrika vorkomme.

Zedlitz (1909) nahm die Entstehung von *italiae bergeri* (Tunesien) aus *hispaniolensis* und *italiae* an. So wie Zedlitz (1913) sah Chigi (1914) in *italiae* ein Vermischungsprodukt von *domesticus* und *hispaniolensis*. Und Geyr von Schweppenburg (1918) vermutete die Entstehung von *P. italiae senckenbergianus* durch Hybridisation. Bannerman (1927) versuchte die Zuordnung nordafrikanischer Sperlinge nach typologischen Gesichtspunkten. Von ihm wurde *tingitanus* als Unterart von *domesticus* und *flückigeri* als Unterart von *hispaniolensis* aufgeführt. Er hielt *bergeri* auf keinen Fall für eine Unterart von *italiae*, denn diese Sperlinge seien von bestimmten *flückigeri* nicht zu unterscheiden.

Die weitere Diskussion dieser Problematik wurde durch einen Beitrag von Pleske stark beeinflußt. Pleske (1912) war der von Suschkin 1910 aufgeworfenen Frage nachgegangen, ob *Cyanistes pleskei* tatsächlich eine selbständige Art oder nicht doch ein Bastard zwischen Blau- und Lasurmeise (*Parus caeruleus* und *P. cyanus*) sei. Er konnte sich dabei auf in Gefangenschaft erhaltene Bastarde dieser beiden Arten sowie auf umfangreiches Balgmaterial stützen und bestätigen, daß die Merkmale eine „außergewöhnliche Variabilität und Inkonstanz" zeigen, „wobei diese Kennzeichen in bezug auf die Stammformen einen Übergangscharakter tragen". Dies finde durch Hybridisation eine befriedigende Erklärung. Daraus resultiere auch die Berechtigung, „bei solchen Bastarden das Auftreten der Kennzeichen der Stammeltern in den verschiedensten Kombinationen oder das Vorherrschen der Kennzeichen der einen Stammform vorauszusetzen" (S. 101—102). Das Verschwinden bestimmter Gefiederfarben in Gefangenschaft (S. 97) sei jedoch immer zu berücksichtigen.

Pleske vertritt die Ansicht, daß ein Teil der Bastarde über mehrere Generationen hinweg von der Ausgangsform wieder resorbiert wird und damit verschwindet, daß aber aus einer Bastardform auch eine neue Art hervorgehen kann, wenn sich die Bastarde unter bestimmten Bedingungen miteinander verpaaren. Die Richtigkeit dieser Theorie müsse selbstverständlich durch langjährige Beobachtungen erst nachgewiesen werden, die Frage sei aber von so großer Bedeutung für die gesamte Biologie, daß sie die vollste Aufmerksamkeit verdiene.

Stresemann (1919) geht von diesem Beitrag Pleskes aus, betont dessen große theoretische Bedeutung und führt weitere Beispiele an, u. a. *Passer domesticus* und *Passer italiae*, die in Norditalien, sowie *P. d. tingitanus* und *P. hispaniolensis*, die in Nordalgerien Bastarde bilden. Sie sind ihm Grundlage für den Satz: „Morphologisch gut unterschiedene Arten können sich physiologisch so nahe stehen, dass die sexuelle Affinität zwischen den Individuen der gleichen Spezies nicht größer ist als zwischen den Angehörigen der vikariierenden Arten. Derart nahe verwandte Spezies können sich also nur rein erhalten, wenn ihre Wohngebiete getrennt bleiben" (S. 28). Betrachtet wird also die Hybridisation von Arten. Nachdem Stresemann eine Reihe von Zwillingsarten aufgezählt hat, die sich trotz äußerlicher Ähnlichkeit nicht mischen, diskutiert er die Frage, wie die Systematik, die „den Verwandtschaftsgrad der Formen mit dem Hilfsmittel der Nomenklatur auszudrücken" bemüht ist, diesen Tatsachen gerecht werden kann. Er entscheidet sich dafür, die „physiologische Verwandtschaft" als ausschlaggebend zu betrachten, d. h. die Formen, die keine Bastarde bilden, als Arten, und Formen, die sich hinsichtlich der sexuellen Affinität nicht unterscheiden, als Unterarten derselben Formengruppe zu führen. Nur so könne Verwandtschaft vikariierender Formen gekennzeichnet werden. Diese Ansicht entspricht der Definition der Art, wie sie heute durch die Synthetische Theorie der Evolution gegeben wird.

Stresemann führt Beispiele an, die zeigen, daß Hartert dieses Prinzip nicht konsequent beachtet hat. Dann wendet sich Stresemann der Frage zu, „wodurch sich Mischformen — wie sie jedesmal entstehen müssen, wenn zwei morphologisch gut unterschiedene Formen der gleichen Gruppe zusammentreffen — von (reinblütigen) geographischen Übergangsformen unterscheiden" (S. 30) und schreibt: „Das Kriterium für eine Mischform ist ihre Variabilität, welche viel höher ist als diejenige der reinblütigen Stammformen" (S. 30). Er nennt mehrere Beispiele hierfür wie auch für geographische Übergangsformen, die nicht stärker als die benachbarten Stammformen variieren. Auf die Mischformen wendet er die Mendelschen Regeln an. Er bezweifelt, daß aus einer Mischform eine neue Art hervorgehen könne, da deren Merkmale — nach den damaligen Vorstellungen — mehr oder weniger konstant sein müßten. Die Mischform könne aber „auf Kosten der Stammform ein sehr großes Gebiet erobern". Es sei auch nicht zu erwarten, daß die Bastarde sich untereinander mehr verpaaren als mit Individuen der Elternformen, weil — wie die Mischung der Elternformen zeige — die Färbungsunterschiede bei der Partnerwahl keine Rolle spielen.

In den zitierten Beiträgen von PLESKE und STRESEMANN kommen Auswirkungen der Evolutionstheorie auf die Systematik zum Ausdruck, und es galt, Theorie und Praxis in Übereinstimmung zu bringen. Das theoretische Konzept für das Herausfinden von Hybridformen lag nun vor, das wie folgt zusammengefaßt werden kann:

— Die individuelle Variabilität der Hybridformen ist größer als die der Ausgangsformen, ihr Ausmaß gilt als Erkennungszeichen dafür, ob Hybridisation vorliegt oder nicht.
— Mischformen können unter bestimmten Bedingungen zu neuen Arten werden (PLESKE) bzw. nicht zu neuen Arten werden, da sie von einer Elterform wieder resorbiert werden (PLESKE) oder die Stabilität von Merkmalen nicht erreicht wird (STRESEMANN).
— Mischformen können ein großes Territorium im Areal einer ihrer Ausgangsformen erobern.

Diesem Konzept folgend, wurde es üblich, Exemplare, die aus Gebieten zwischen dem Territorium zweier Unterarten stammten, als Bastarde dieser Unterarten anzusehen, obwohl sich die Beschreibung neuer Unterarten mehr oder weniger zufällig ergab und Material aus den Zwischengebieten fehlte. Vorausgesetzt wurde hierbei übrigens, daß die Art von vornherein das gesamte Areal inne hatte, also eine Erweiterung des Areals nach Entstehung der Art nicht erfolgte.

Bereits in den 20er Jahren wurden spezielle Studien zur Hybridisation von Vögeln veröffentlicht. Wir wollen uns hier auf den Italiensperling beschränken, müssen aber noch folgende Überlegungen berücksichtigen, die zum festen Bestandteil der weiteren Diskussion zum Thema Italiensperling wurden.

Um die Aussagen KLEINSCHMIDTS gegen die Theorie DARWINS entkräften zu können, glaubte man noch in den 20er Jahren, Übergänge zwischen den Arten auffinden zu müssen. „Der Beweis, daß solche vorkommen, könnte nur in folgender Form erbracht werden: es müßte gelingen zu zeigen, daß die Glieder zweier Formenketten sich an deren einem Ende wie geographische Vertreter verhalten, am anderen dagegen wie zwei verschiedene Spezies — am einen Ende müßten sie sich (noch) im Grenzgebiet wahllos miteinander paaren, am anderen (bereits) sexuelle Aversion bekunden. Mir ist nur ein einziges Beispiel bekannt, das in diesem Sinne gegen die Formenkreislehre ins Feld geführt werden kann: die Sperlinge *Passer domesticus* und *Passer hispaniolensis.*", schreibt STRESEMANN (1927, S. 7). Nach dieser Vorstellung gehören also *P. domesticus* und *P. hispaniolensis* ein und demselben Formenkreis an. Diesen Formenkreis unter Berücksichtigung der Hybridisation zwischen *P. domesticus* und *P. hispaniolensis* zu analysieren, blieb MEISE (1936) vorbehalten.

STRESEMANN (1927) hatte *P. domesticus* und *P. hispaniolensis* gegen die Formenkreislehre ins Feld geführt (s. oben). Und auch MEISE (1936a) kommt — obwohl er den lückenlosen Übergang zwischen *domesticus — italiae — hispaniolensis — domesticus* mit seiner Methode durch Zahlen belegt hat — zu dem Schluß, daß kein einwandfreier Formenkreis vorliege, weil in Marokko, auch in Spanien, Portugal, auf dem Balkan, in Vorderasien *hispaniolensis* in reiner Form brütet und es dort keine regelmäßige Hybridisation gibt. Er wendet sich damit gegen CHIGI (1904—1916) und MARTORELLI (1906), die alle drei Formen als zu einer Art gehörend betrachteten (zit. nach MEISE 1936a). Da in Nordafrika nicht Rassen, sondern Arten hybridisieren, handele es sich also um ein Artenmischgebiet — das einzige Artenmischgebiet bei Vögeln. „Notgedrungen wird dadurch auch das süditalienische Mischgebiet zu einem Artenmischgebiet, obwohl auf beiden Seiten desselben nur eine einzige Form lebt (nicht beide nebeneinander) und es deshalb unter die Definition des Rassenmischgebietes fällt" (S. 657). — Dem kann man jedoch nicht zustimmen, da es in diesem Falle davon abhängt, ob die Formen, die zusammentreffen, als Unterarten oder Arten betrachtet werden.

MEISE verweist auf die unterschiedlichen Auffassungen sowohl über den Italiensperling als auch über den Weidensperling, denn dieser wurde von einigen Autoren ebenfalls als Unterart des Haussperlings angesehen. Er geht von der Verbreitung dieser Sperlinge aus und schreibt: „... [diese] nötigt uns zu einer geschichtlichen Frage und schließlich zu einer genetischen, deren Erörterung zwangsläufig zum Problem der Entstehung neuer Rassen (und Arten) durch Bastardierung führt" (S. 632). Damit war die Konzeption für die Untersuchung und die Deutung der Merkmale gegeben.

Meise fand einen „lückenlosen morphologischen und geographischen Übergang von *P. domesticus* über *italiae* zu *hispaniolensis* und von diesem wieder zu *domesticus* (*tingitanus*)" (S. 668). Dennoch sei, so meint er, ihre Vereinigung in einen Formenkreis nicht möglich, weil Haus- und Weidensperling im Mittelmeergebiet sympatrisch vorkommen, und führte den Schnitt formal mitten durch *italiae*.

Das Ergebnis, zu dem Meise gelangte, ist in seiner Ausgangskonzeption bereits enthalten: *italiae* — er führt ihn als *P. domesticus italiae* — ist aus der Vermischung von *domesticus* und *hispaniolensis* hervorgegangen. — Es bleiben theoretische und taxonomische Fragen offen.

Meise diskutiert zunächst den Formenkreis Silbermöwe und Heringsmöwe (*Larus argentatus* und *L. fuscus*), äußert seine Einwände hinsichtlich nomenklatorischer Konsequenzen und zieht dann Schlüsse für die Sperlinge: *hispaniolensis* und *domesticus* seien zu trennen. Er meint aber, daß *italiae* morphologisch ebenso zu *domesticus* wie zu *hispaniolensis* gehöre; *italiae* sei *P. h. hispaniolensis* × *P. d. domesticus*. Die Sperlinge aus Algerien, soweit sie Hybriden sind, müßten *P. d. tingitanus* × *P. h. hispaniolensis* heißen. So hatte es auch Tschusi (1913) in einer Besprechung über die Arbeit von Rothschild und Hartert von 1912 (Orn. Jahrbuch 24 [1—2]: 65—66) gesehen, der zugleich überzeugt war, daß die als *P. domesticus ahasver*, *flückigeri* und *bergeri* beschriebenen Formen Bastarde *P. d. tingitanus* × *P. h. hispaniolensis* seien. Meise führt *flückigeri* unter *P. d. tingitanus* an und meint, *P. domesticus* sei hier „durch ein Artenmischgebiet (stellenweise ziemlich reinlebende × *P. flückigeri* Kl.) mit *P. hispaniolensis* verbunden" (S. 667).

Nach Meise (1936b) gibt es folgende Formen von Hybridisation:

— Gelegentliche Bastarde zwischen Arten und Gattungen. — Hierzu zählt er u. a. die Hybridisation zwischen *P. domesticus* und *P. montanus*.
— Bastarde aus verhältnismäßig kleinen Mischgebieten — wenn zwei Subspezies bei Ausbreitung aufeinander treffen und in einer schmalen Übergangszone regelmäßig Hybridisation stattfindet — wie beispielsweise zwischen *Corvus corone corone* und *Corvus corone cornix*. — Hierher zählt er auch die Hybridisation zwischen *P. d. italiae* und *P. d. domesticus* in Oberitalien (obwohl dort reine *domesticus* und *italiae* neben Hybriden vorkommen). Ein solches Gebiet sei auch Westalgerien, wo neben reinen *P. d. tingitanus* und *P. h. hispaniolensis* Hybriden zwischen beiden vorkommen. Diese hätten große Ähnlichkeit mit *italiae*. — Auch *flückigeri* seien Hybriden. In westlichen Oasen kämen ja solche grauköpfigen Sperlinge vor, weiter im Osten neben *hispaniolensis*. Das seien Artbastarde und demzufolge seien Ostalgerien und Westtunesien Artenmischgebiete. Im Westen schlössen sich beide Arten in reiner Form, aber ökologisch getrennt an, im Osten nur *hispaniolensis*. Die Hybridform vererbe sich konstant (S. 595). In Italien (Sizilien, Malta, Calabrien, Apulien) erfolge der Übergang zu einer anderen Art (*P. d. italiae*). Es handele sich um ein Rassenmischgebiet, wenn nicht *domesticus* und *hispaniolensis* wegen ihres sympatrischen Vorkommens in Nordafrika artlich getrennt werden müßten.

Bezüglich *P. d. italiae* meint Meise (1936a), daß deren Herkunft durch Artenmischung sehr wahrscheinlich, aber nicht mehr direkt nachweisbar sei; *P. d. italiae* entspreche in der Färbung bestimmten Mischgebietsbastarden, und zwar vermutlich F_1-Bastarden zwischen *domesticus* und *hispaniolensis* in Algerien sowie Gelegenheitsbastarden aus anderen Bereichen der beiden Arten. Als weitere Gründe für die Hybridnatur von *italiae* führt er an:

— das Auftreten einer nicht unterscheidbaren Population auf Kreta,
— das Fehlen von *domesticus* und *hispaniolensis* an Stellen, wo *italiae* vorkommt,
— das Vorkommen von *hispaniolensis* auf Sardinien, denn es spreche gegen eine ursprüngliche Verbreitung von *italiae* im ganzen Mittelmeergebiet, und
— die Variabilität von *italiae* und die Verschiebung der Varianten im Sinne eines Übergangs zwischen beiden Arten von Nord nach Süd.

Alle genannten Gründe sind nicht ohne weiteres einleuchtend. Die letzte Begründung widerspricht sogar der Behauptung, *italiae* sehe wie eine F_1 aus. Ferner ist diese Erscheinung als klinale Variabilität deutbar (vgl. Johnston 1969).

MEISE meint auch, daß *italiae* früher als *flückigeri* entstanden sei und so einen besonderen Namen verdiene. Aber selbst wenn sich diese Annahme beweisen ließe, dürfte das Alter eines Taxons, so meine ich, für die Anwendung der Nomenklatur keine Begründung sein. Nach MEISE läßt sich *italiae* ohne Mühe als Rasse an *domesticus* anschließen, meiner Meinung nach nicht, und zwar nicht nur, weil der Vorstellung, *italiae* sei ein Hybridisationsprodukt, ein ganz formaler Balgvergleich zugrunde liegt.

Das Vorkommen rotscheiteliger *domesticus* hatte bereits vorher KLEINSCHMIDT (1935) zu folgender Äußerung geführt: ,,... ob endlich nicht *italiae* selbst ein uraltes Kreuzungsprodukt ist (*domesticus* ∞ *hispaniolensis*), ist vorläufig nicht entscheidbar. Daß sich Bastarde wirklich ‚verschiedener' Vogelarten vermehren sollten und daß eine Gruppe von Artbastarden oder Rassenmischlingen sich sogar auf einer Mittellinie ‚rein' fortpflanzen könnte, wie es HARTERT für die südalgerischen, dem echten *flückigeri* entsprechenden Sperlinge annahm (Ergänzungsheft I, p. 83), widerspricht den Vererbungsregeln." (S. 6).

Zum geistigen Vor- und Umfeld der Entwicklung der eben skizzierten Vorstellungen von MEISE gehört die Entwicklung der Genetik, die Wandlung des Artkonzepts und die Erarbeitung der Synthetischen Theorie der Evolution. Diese Synthese wurde erst Ende der 30er, Anfang der 40er Jahre unseres Jahrhunderts vollzogen.

Die Genetik durchlief in den ersten drei Jahrzehnten ds. Jh. ihre ,,klassische" Periode, und es wurde ein Theoriensystem zum Problemkreis der Vererbung, Wandlung und Selektion von Erbanlagen während der Stammesgeschichte der Organismen geschaffen. Es entstanden neue Disziplinen: Populationsgenetik, Zytogenetik, Phänogenetik und Molekulargenetik (vgl. JAHN 1982).

In der Systematik (oder Taxonomie als der Wissenschaft von der Klassifikation) und damit in der gesamten Biologie wandelte sich die Artkonzeption. Die rein typologische, nur auf wenigen Einzelmerkmalen beruhende Artkonzeption berücksichtigte kaum individuelle Variabilität, geographische und zeitliche Aspekte. Ungeachtet des Wandels, der mit der biologischen Artdefinition der Synthetischen Theorie der Evolution seinen vorläufigen Abschluß fand, blieb — und wird bleiben — ein Aspekt dieser alten Artkonzeption erhalten: Arten und Unterarten werden nach wie vor nach einzelnen, als Typen speziell zu kennzeichnenden Individuen beschrieben. Typologisches Denken ist damit aber nicht zwangläufig verbunden, dann nämlich, wenn der Beschreibung Serien zugrunde liegen, die gestatten, das Ausmaß der individuellen Variabilität abzuschätzen. Aber selbst solche erfahrenen Systematiker wie HARTERT und KLEINSCHMIDT haben manche Unterart anhand nur einzelner oder weniger Bälge beschrieben und mußten sich später manchmal korrigieren (s. oben).

Bereits um die Jahrhundertwende begann KLEINSCHMIDT, seine Formenkreislehre zu entwickeln. Er schrieb: ,,Die geographische Karte zeigt uns meist eine Gruppe, einen Kreis, der nicht in einer Linie fort-, sondern überall in sich zurückläuft und so in seiner Gesamtheit ein geschlossenes Ganzes für sich bildet." (1900, S. 136). Er verglich die rezenten Teilgruppen mit Blütendolden alter Arten, erkannte aber nur einen gewissen Wandel innerhalb der Artgrenzen an. Für unsere phylogenetische Betrachtungsweise ist der Vergleich mit einer Dolde sehr anschaulich, die Aufzweigung muß aber nicht notwendigerweise einen Kreis (Formenkreis) ergeben. Damit aber erhält dieses Bild einen anderen Inhalt, nämlich die Aufgliederung von Arten in Unterarten, aus denen unter bestimmten Bedingungen neue Arten hervorgehen können (nicht zwangsläufig müssen, wie das auch angenommen worden ist; vgl. JAHN 1982). Deshalb sei es besser, nicht von Arten, sondern von Formen zu sprechen: ,,Alle Formen, die nur geographische Vertreter ein und desselben Tieres sind, werden am besten als Formenkreise bezeichnet" (1900, S. 139). Seine Vorstellung wurde zur Formenkreislehre (KLEINSCHMIDT 1926). Die Formenkreise nannte er auch Realgattungen.

Die genealogisch-geographischen Aspekte wurden nun auch von Entomologen und Malakologen mehr oder weniger unabhängig von den Ornithologen stärker berücksichtigt (vgl. JAHN 1982). So führten Studien an Mollusken und Vögeln RENSCH (1929) zur Rassenkreislehre. Er forderte, daß die Bezeichnung der Taxa objektiven und eindeutig abzugrenzenden Einheiten entsprechen solle. Ein Rassenkreis ist nach ihm ein Komplex geographischer Rassen, die sich unmittelbar auseinander entwickelt haben, geographisch einander vertreten und von denen jeweils die benachbarten miteinander unbegrenzt fruchtbar sind; innerhalb der Rassenkreise gibt es einen unbegrenzten Genfluß.

HARTERT hatte eine andere Lösung dieses Problems gefunden: Er übernahm die ternäre Nomenklatur zur Bezeichnung der geographischen Formen der Arten. — Die Konzeption der polytypischen Art und die ternäre Nomenklatur zur Kennzeichnung geographischer Variation sind Widerspiegelung objektiver Realität. Über die ternäre Nomenklatur gab es bereits in der ersten Hälfte des vorigen Jahrhunderts Auseinandersetzungen. HERMANN SCHLEGEL hatte sie 1844 (Kritische Übersicht der europäischen Vögel; Leiden) eingeführt. Ihr Inhalt wandelte sich vor allem nach 1859 (s. STRESEMANN 1927, 1951). Das Auseinanderhalten von individueller und geographischer Variabilität hatte damals in der Ornithologie nicht zur Erarbeitung der Evolutionstheorie geführt, und die führenden Systematiker hielten auch nach 1859 am Konzept der Konstanz der Arten fest. In der Einleitung zu seinem Werk über die Vögel der paläarktischen Fauna hebt HARTERT deshalb hervor, daß „die gewaltige Revolution der Evolutionstheorie wenig Einfluß auf die systematischen Arbeiten der Ornithologen" hatte, obwohl die Zunahme der Formenkenntnis und das Anwachsen der Kollektionen „notwendigerweise zu einer Vertiefung des Studiums der Art führen" mußte. Allein die Deszendenztheorie hatte ihren Einfluß auf die Systematik der höheren Taxa ausgeübt. HARTERT mußte damals noch besonders hervorheben, daß die geographische Variabilität die Regel ist. Er gibt (1910) folgende Unterart-Definition: „Subspezies sind die geographisch getrennten Formen eines und desselben Typus, die zusammen eine Spezies ausmachen. Es ist also nicht etwa ein geringes Maß von Unterschieden, das uns bestimmen darf, eine Form als Subspezies aufzufassen, sondern Unterschiede verbunden mit geographischer Trennung, natürlich bei allgemeiner Übereinstimmung in den Grundzügen."

Nach STRESEMANN (1951) war HARTERTS Subspezies-Konzeption in Europa und z. T. in Amerika bereits anerkannt, als die letzte Lieferung seines Werkes 1922 erschien. Der Begriff der polytypischen Art für in geographische Rassen oder Unterarten aufgegliederte Arten und monotypische Art für Arten ohne Unterarten wurde erst von J. HUXLEY 1939 eingeführt.

Der Wandel der Artkonzeption ist engstens mit der Entwicklung der Synthetischen Theorie der Evolution verbunden. Ihre Grundlagen wurden in den 20er und 30er Jahren ds. Jh. erarbeitet (vgl. SENGLAUB 1978, 1982), also gerade zu der Zeit, als sich MEISE mit den Sperlingen befaßte. Die Synthese der Erkenntnisse der Genetik, Populationsforschung, Taxonomie, Ökologie und Biogeographie wurde Ende der 30er, Anfang der 40er Jahre ds. Jh. durch TH. DOBZHANSKY, E. MAYR, N. W. TIMOFEEFF-RESSOWSKY, J. S. HUXLEY, G. G. SIMPSON, B. RENSCH, I. I. SCHMALHAUSEN, G. L. STEBBINS und andere vollzogen (vgl. SENGLAUB 1978, 1982). Es wurde klar, daß die Arten in den Populationen dem evolutiven Wandel unterliegen. Die Arten werden — wie schon von LINNÉ, BUFFON, CUVIER und ILLIGER — als Fortpflanzungsgemeinschaften betrachtet (vgl. SENGLAUB 1982). Diese Fortpflanzungsgemeinschaften sind Gendurchmischungsgemeinschaften, die von anderen solchen Gemeinschaften reproduktiv isoliert sind. Wesentliche Kriterien des biologischen Artbegriffes sind die Gemeinsamkeit des Genpools und die reproduktive Isolation desselben von anderen solchen Fortpflanzungsgemeinschaften. Zu evolutivem Wandel kommt es durch das Wirken von Evolutionsfaktoren wie Veränderung von Genen, Chromosomen (Struktur, Anzahl) und extranukleären Erbträgern, Rekombination, Selektion, Isolation, Hybridisation, Zufallswirkungen, Häufigkeitsschwankungen in den Populationen, Zu- und Abwanderung von Individuen.

Die Artkonzeption der Synthetischen Theorie der Evolution wurde zwar akzeptiert, hinsichtlich des Status von *italiae* änderte sich jedoch nichts, obwohl die Vorstellung, *italiae* sei ein Hybridisationsprodukt, aus einer Zeit stammt, in der die Evolutionstheorie in der Ornithologie noch keinen Eingang gefunden hatte, d. h., die Systematiker am Konzept der Artkonstanz festhielten oder zumindest nach typologischen Gesichtspunkten die Merkmale beurteilten.

In der Legende zur Abbildung 10 des zweiten Bandes der Naturgeschichte der Vögel (MEISE 1962) heißt es zwar zum Italiensperling: „des vermutlichen Mischlings zwischen

Haus- und Weidensperling". Im Text wird aber davon ausgegangen, daß der Italiensperling eine Unterart des Haussperlings sei, der „in beinahe unmerklichem Übergang zum Weidensperling geworden [sei], der also danach zur Art des Haussperlings" gehöre. Beide würden eine Fortpflanzungsgemeinschaft bilden und seien genetisch nicht isoliert. Die Bastarde formierten in bestimmten Gebieten eine konstante Bevölkerung, was bei Vögeln recht selten sei. Da aber Haus- und Weidensperling in anderen Gebieten sympatrisch vorkämen, müßten sie als Arten geführt werden. Die Trennungslinie führt MEISE durch das vermeintliche „Haus- und Weidensperlings-Überlappungsgebiet bei 50% Anteil jeder Art". Das erscheint mir aber mehr als eine Formsache, um der Unterart-Definition gerecht zu werden. MEISE hält Haus- und Weidensperling für Arten, die ursprünglich Unterarten eines „Ur-Haus-Weiden-Sperlings" waren.

Später hat MEISE (1975) seine Vorstellung über *italiae* und die nordafrikanischen Sperlinge in einem allgemeineren Rahmen wiederholt. Er geht zwar von der Synthetischen Theorie der Evolution aus, prüft aber nicht, ob nach dieser Theorie die in den ersten Jahrzehnten dieses Jahrhunderts getroffenen Aussagen zur Hybridisation überhaupt noch gültig sind, heute so wie damals gesehen werden können.

MAYR (1967) hat die Vorstellungen von MEISE übernommen. Für die Begründung des sympatrischen Vorkommens beider Arten in weiten Gebieten unterstreicht er noch mehr die ökologische Trennung von *domesticus* und *hispaniolensis*. Diese ökologische Schranke sei in anderen Gebieten zusammengebrochen und so sei es zur mehr oder weniger uneingeschränkten Bastardierung gekommen. Es habe sich ein intermediärer Bastardtyp stabilisiert und die elterlichen Extremformen seien aus diesen Gebieten verschwunden. Als Stütze für die Annahme, daß beide Formen auf diese Weise hybridisierten, ist das Brüten des Weidensperlings in menschlichen Niederlassungen angeführt.

An anderer Stelle diskutiert MAYR die Stabilisierung von Hybridformen. Daß es in einigen Fällen nicht zur Zunahme der Variabilität bestimmter Merkmale kommt, wird für die Erklärung des Phänotyps von *italiae* und die nordafrikanischen *italiae*-ähnlichen Sperlinge genutzt. Voraussetzung ist Isolation der Hybridpopulation von den Ausgangsarten.

MAYR unterstreicht im Abschnitt „Sympatrische Bastardschwärme": „Natürlich ist eine umfassende Kenntnis der Taxonomie der entsprechenden Gruppen die Vorbedingung für eine brauchbare Analyse derartiger Vorkommnisse." (S. 101). Hinsichtlich der in Rede stehenden Sperlinge wird sie von ihm offenbar vorausgesetzt. Daß dies aber nicht zutrifft, dürfte aus den bisherigen Ausführungen bereits deutlich geworden sein.

Aus der Vermutung, *italiae* könne eine Hybridform sein, wurde ein Postulat. Und darauf bauen alle weiteren Schlußfolgerungen auf:

- Die Stabilisierung der Hybridform, die der F_1 ähnelt. Doch womit wäre zu begründen, daß in einem Gebiet, in denen zwei Arten existieren können und sich mischen, die Hybriden auf einmal lebensfähiger sein sollen als diese Elternarten?
- Die Verdrängung der Elternformen und die Isolation der Hybridpopulation von diesen, obwohl ein Klin in Italien nachgewiesen ist und MEISE sogar einen gleitenden Übergang von *italiae* zu *hispaniolensis* hervorhebt.
- Die scharfe ökologische Trennung zwischen Haus- und Weidensperling in den Gebieten, in denen sie sympatrisch vorkommen, obwohl sie nicht den Tatsachen entspricht.

Diese Form der Hybridisation erscheint dann im Ergebnis neben anderen Hybridisationsformen, und *P. italiae* wird als Beleg angeführt.

PANOV & RADJABLI (1972) belegen, daß es in sympatrischen Gebieten zwischen *domesticus* und *hispaniolensis* keine ökologische, dagegen aber eine ethologische und genetische Isolation gibt. Sie weisen u. a. wesentliche Unterschiede in der Morphologie der Chromosomen der beiden Arten nach. Da sie aber von der Arbeit von MEISE (1936) ausgehen, bleibt für sie völlig unerklärlich, wie die Hybridpopulationen entstehen konnten.

JOHNSTON (1969) hält ebenfalls an den Vorstellungen von MEISE (1936a) fest, nur wertet er *italiae* nicht als Unterart von *domesticus*, sondern als stabilisierte Hybridform, die Artstatus erreicht hat, während andere, so MOREAU & GREENWAY, Jr. (1962) und WOLTERS (1979) wie bereits HARTERT & STEINBACHER (1932) und MEISE (1936a) *italiae* als Unterart von *domesticus* betrachten.

COVA (1977) hält *italiae* für eine gute Art. Während der Eiszeit lebten nach seiner Meinung die Populationen in einem schmalen Steppenstreifen im Gebiet der mittleren Sahara — westlich *tingitanus*, im zentralen Bereich *hispaniolensis*, östlich *italiae*. Dort, wo diese Populationen zusammentrafen, vermischten sie sich. Nach der Eiszeit erweiterten sich die Hybridzonen, und die reinen Hybrid-Populationen, *flückigeri* im Westen sowie *maltae* und *brutius* im Osten, stabilisierten sich. *Italiae* hybridisiert begrenzt mit *domesticus* in Norditalien. Typologisch geordnet ergibt sich ein Klin von Norditalien nach Süditalien: Der Brustlatz ist in immer stärkerem Maße gezackt. Die Flankenfleckung ist bei Sperlingen von Sizilien geringer als bei Sperlingen Südwestitaliens und von Sardinien. *Italiae* kommt demnach auf Korsika und Kreta, in kleinen Bereichen Nordafrikas und in ganz Italien mit Ausnahme des Südwestens vor, in Südwestitalien *brutius*, auf Sizilien *maltae*, *tingitanus* in ganz Nordafrika, *hispaniolensis* auf Sardinien, in Nordafrika und im Nahen Osten.

Einen weiteren Standpunkt vertritt ECK (1985). Er zitiert ausführlich MEISE (1936a) und kritisiert die Rücksichtnahme auf die Nomenklatur als Rücksichtnahme auf die Definition der Unterart, derzufolge zwei Unterarten einer Art nicht sympatrisch vorkommen dürfen, da sie sich (laut Definition der Art) vermischen würden. Da ECK aber wie MEISE eine lückenlose Verbindung zwischen *hispaniolensis* und *domesticus* über Italien und die vorgelagerten Inseln und entgegen MEISE keinen Sinn in einer willkürlichen Trennung der Formen sieht, betrachtet er *hispaniolensis*, *italiae* und *domesticus* als konspezifisch. Aus Gründen der Färbung könne man von zwei Sektoren sprechen — einem grau- und einem rotscheiteligen Sektor.

Meine Zweifel an der Richtigkeit der Vorstellungen von MEISE (1936a) setzten ein, als ich mich im Zusammenhang mit der Ausbreitung des Weidensperlings auf dem Balkan (s. BAUMGART & STEPHAN 1974) näher mit den Sperlingen befaßte. Diese Zweifel verstärkten sich mehr und mehr. Das zusammengetragene Material machte klar, daß sie berechtigt sind. Bevor hierauf eingegangen wird, sind einige Bemerkungen zur Theorie der Art und Unterart erforderlich. Diese Notwendigkeit ergibt sich aus der Problemgeschichte und dem sich auch am Beispiel der *Passer*-Systematik widerspiegelnden gegenwärtigen Stand der Diskussion zur Art- und Unterart-Theorie.

4. Theorie der Art und die Hybridisation von *Passer*-Arten

4.1. Art und Artbildung

Die Termini Semispezies, Paraspezies, Superspezies, Supraspezies, Allospezies, Spezies-Gruppe, Ex-Konspezies, Megakonspezies (vgl. PRIGOGINE 1984) sind zum einen Widerspiegelung komplizierter objektiver Zusammenhänge, zum anderen aber sind sie Ausdruck von Widersprüchen, die aus dem Verhältnis zwischen Evolutionstheorie, Arttheorie und Praxis der Taxonomie erwachsen. Im vorigen Abschnitt sind einige dieser Widersprüche sichtbar geworden. Termini können solche Widersprüche nicht lösen helfen. Es ist vielmehr zu prüfen, ob die Theorie die objektive Realität richtig widerspiegelt und ob sich die Praxis auf dem Niveau der ihr zugrunde liegenden Theorie befindet, wobei zu beachten ist, daß sich die Theorie mit zunehmender Erkenntnis weiterentwickelt. Hier sei nur auf einige dieser Wechselverhältnisse aufmerksam gemacht.

1. So dürften Artbeschreibungen und Diagnosen nicht typologisch sein, sie sollten vielmehr die individuelle Variabilität berücksichtigen, so wie es hinsichtlich Flügel-, Schwanz- und Lauflänge längst praktiziert wird. Bevor Hybridisation oder eine Erscheinung, die man dafür hält, betrachtet wird, ist die Phylogenese des Taxons (meistens wohl der Gattung) zu rekonstruieren. Das gelingt nur, wenn man versucht, ein Modell der Ausgangsart zu rekonstruieren. Dieses Modell hat nichts zu tun mit einer Ur-Art, die alle Merkmale der rezenten Arten der Gattung auf sich vereint, denn dann hätte es nur eine Aufspaltung der Art, aber keine Evolution gegeben. Ferner war diese Art, auf die die rezenten Arten der Gattung zurückgehen, nicht unspezialisiert. Auf das Ausmaß ihrer individuellen Variabilität kann anhand der individuellen Variabilität der rezenten Arten geschlossen werden.

2. Jede sich bisexuell reproduzierende Art hat ihren Genpool. Die zu ihr gehörenden Individuen unterscheiden sich jedoch nicht nur infolge Mutationen und Neukombinationen der Erbanlagen. Die individuelle Variabilität des Phänotyps ist zugleich bedingt durch die Wechselwirkung mit der Umwelt während der Realisierung der individuellen Erbprogramme. Dadurch ist jedes Individuum unersetzbar und bei Verlust für den Genpool der Art unwiederbringlich verloren. Abgesehen von der individuellen Variabilität sind die Individuen monotypischer Arten phänotypisch relativ einheitlich. Die Unterarten polytypischer Arten verfügen nicht über den gesamten Genpool der Art. Dieser kann durch geographische Variabilität von Populationen erweitert werden. Eine solche Erweiterung des Genpools der Art bedeutet nicht zugleich eine Erweiterung des Genpools aller Populationen, da diese nur unter bestimmten geographischen und ökologischen Bedingungen zustande kommt und erhalten bleibt und der Panmixie in großen Arealen gewisse Grenzen gesetzt sind. Die sich fortpflanzenden Individuen tragen zum Weiterbestehen und zugleich zur Veränderung des betreffenden Genpools bei. Evolutiver Wandel ist Anpassung an neue ökologische, geographische, ethologische und andere Bedingungen. Evolutiver Wandel erfolgt auf drei Ebenen — der morphologischen, ethologischen und biosozialen Ebene.

3. Für die Evolution sind sowohl auf der biosozialen wie auf der ethologischen Ebene vielfach besondere morphophysiologische Veränderungen erforderlich. Andererseits gehen Verhaltensänderungen den morphologischen oft voraus, wie die Ethologie nachweisen konnte (O. HEINROTH, K. LORENZ, N. TINBERGEN u. a.; vgl. SENGLAUB 1982).

4. Der Streit, ob neben der allopatrischen auch die sympatrische Artbildung möglich sei, ist insofern überholt, als sich beide im wesentlichen Punkt nicht prinzipiell unterscheiden. In beiden Fällen entsteht eine neue Qualität, und es muß ein qualitativer Sprung, der von der Ausgangsart zur neuen Art, d. h. von einem mehr oder weniger diskreten System mit bestimmten Eigenschaften zu einem von diesem System reproduktiv isolierten anderen diskreten System mit anderen Eigenschaften, vollzogen werden. Ob der allmähliche Wandel geographisch isolierter Populationen die einzige Möglichkeit hierfür ist, ist sehr fraglich. Es gibt auch im Areal der Art unterschiedliche ökologische und andere Bedingungen, isolierte Populationen, Häufigkeitsschwankungen usw.

5. Das Entstehen einer qualitativ neuen Einheit, die Bildung einer neuen Art, bedeutet nicht, daß diese Diskontinuität jegliche Kontinuität unterbricht. Diese Diskontinuität ist nur bei Wahrung der Kontinuität überhaupt möglich, nur durch mikroevolutive Prozesse, nicht durch „große Sprünge", nur in Form einer Anreicherung neuer Eigenschaften innerhalb der alten Art, bis es zum Umschlag unter ganz bestimmten Bedingungen kommt (Kriterien Ort und Zeit). Daß die Kontinuität bis zu einem gewissen Grade erhalten bleibt, beweisen Gattungs- und Familienmerkmale, vergleichende Anatomie, vergleichende Embryologie, Biologie usw., auf denen die Verwandtschaftsforschung aufbaut, und das belegt auch die Tatsache der Hybridisation von Arten. — Es gilt zu erkennen, wann die neue Qualität „neue Art" erreicht ist. Solange die Lebensbedingungen mehr oder weniger gleich bleiben, kann die Lebensweise der betreffenden Arten erhalten bleiben. Ändern sich die Existenzbedingungen oder erweitert die Art ihr Areal und stößt an Ausbreitungsschranken, entstehen Konfliktsituationen, Widersprüche. Nur wenn infolge der individuellen Variabilität Varianten zur gegebenen Zeit am betreffenden Ort vorhanden sind, die unter den neuen Bedingungen existieren bzw. neue Ressourcen nutzen können, ist die Art in der Lage, fortzubestehen bzw. — im zweiten Falle — sich weiter auszubreiten. Ist die Überwindung von Ausbreitungsschranken oder die Nutzung weiterer Ressourcen im bisherigen Artrahmen nicht möglich, wird eine stärkere evolutive Wandlung erforderlich, muß es zu einer neuen Qualität kommen. Als

Beispiele für den ersten Fall wären die Umwandlung von Stand- in Zugvogelpopulationen, das Pendeln der Populationen zwischen Standvogel- und Strichvogelverhalten, der Prozeß der Verstädterung zu nennen. Ein Beispiel für den zweiten Fall wäre die Anpassung an das Leben in Wüsten, weil es neben einem anderen Aussehen (Schutzfarbe) eine völlig andere Physiologie des Organismus voraussetzt. Der Vorstoß in solche neuen Lebensstätten gelingt — sicher über einen Annäherungsprozeß am Rande dieses Ökosystems — offenbar nur wenigen neuen Varianten. Sie bilden die Gründerpopulation. Ein solcher Prozeß ist ein echter qualitativer Sprung, ein Artbildungsprozeß. Dieser Schritt wird in einer Randpopulation vorbereitet. Die neue Qualität reift in der alten heran, das Neue entsteht im Alten. Und dann erfolgt zu gegebener Zeit der Umschlag in die neue Qualität. Dabei lösen sich die geeigneten Individuen von der Population und gründen entfernt von dieser unter Bedingungen, in die die anderen Individuen der Population nicht folgen können, eine neue Population. Und von hier nimmt die neue Art ihren Ausgang. Unter den neuen Existenzbedingungen sind andere, neue Verhaltensweisen erforderlich. Im weiteren fördert die Selektion die Adaptation der neuen Art. Deren Individuenzahl kann nun immer stärker anwachsen, und sie kann sich rasch über ein größeres Gebiet ausbreiten.

6. Die Definition der Arten als Fortpflanzungsgemeinschaften, die von anderen solchen Gemeinschaften reproduktiv isoliert sind, muß mit der Tatsache der Hybridisation in Einklang gebracht werden. Hybridisation war bereits im 18. Jh. als eine der Ursachen für die Variabilität der Individuen erkannt. Bekannt war auch, daß nur eng verwandte Formen fruchtbare Bastarde ergeben. Und auch heute wird Hybridisation als einer der Faktoren angegeben, die evolutiven Wandel verursachen können (vgl. JAHN 1982, SENGLAUB 1982).

Die Schwierigkeiten, die hierbei auftreten, führen uns die Sperlinge vor Augen. In biologischer Hinsicht sind die Organismen offene Systeme. Zugleich sind sie Teilsysteme offener Systeme höheren Grades, nämlich von Ökosystemen. Die Art kann, abgeleitet von der biologischen Artkonzeption, als geschlossenes System betrachtet werden (SENGLAUB 1982). Es kann sich dabei allerdings nur um ein relativ geschlossenes System handeln, worauf die weit verbreitete Hybridisation zwischen Arten hinweist, und was auch aus der Evolutions- und Deszendenztheorie hervorgeht. Bei nahe verwandten Arten, wie es die Arten einer Gattung sind, ist die Diskontinuität bei der Entstehung neuer Arten, beim Umschlag in die neue Qualität deshalb gegenüber der Kontinuität, d. h. beim evolutiven Wandel während der Phylogenese nicht so gravierend, so daß bei Hybridisation offenbar sogar fruchtbare Nachkommen zwischen den Arten nicht ganz auszuschließen sind. Gehen dem morphologischen und physiologischen evolutiven Wandel Verhaltensänderungen voraus (s. oben), so ist ein solch wirksamer Isolationsmechanismus, wie ihn die genetische Isolation darstellt, nicht zu erwarten. Deshalb kann hinsichtlich nahe verwandter Arten Hybridisation nicht ausschlaggebend für die Entscheidung sein, ob Art oder Unterart vorliegt. Hier hat, ausgehend von der Unterart-Definition, das sympatrische Vorkommen mehr Gewicht: Zwei Unterarten ein und derselben Art können nicht im selben Gebiet zusammen vorkommen. Sie würden sich vermischen. Im Falle von *P. domesticus*, *P. hispaniolensis* und *P. italiae* sei darauf verwiesen, daß auch keine ringförmige Verbreitung vorliegt. Die vergleichenden Studien widerlegen ferner die Vorstellung von der nahen Verwandtschaft von *P. domesticus* und *P. italiae* (s. unten). Die Hybridisation zwischen Arten läßt tatsächlich die Frage aufkommen, ob mit der Definition der biologischen Art das Wesen des Systems Art adäquat erfaßt ist. Wäre die Art ein absolut geschlossenes genetisches System, müßte die Kontinuität bei jeder Artbildung völlig unterbrochen werden, die Diskontinuität und Isolation müßten vollkommen sein, und es dürfte keine Hybridisation mehr möglich sein. Eine Verabsolutierung der Diskontinuität beim qualitativen Sprung, d. h. bei der Artbildung, ist zu vermeiden.

7. Sicher ist es erforderlich, die Art als System zu betrachten. Das Wesen eines Systems ist aber gewiß nicht nur durch einen Aspekt zu erfassen. Deshalb kann das Wesen der Art auch nicht nur die Existenz als Fortpflanzungsgemeinschaft sein, die von anderen solchen Fortpflanzungsgemeinschaften reproduktiv isoliert ist. Im Grunde genommen ist hier nur die genetische Ebene erfaßt. Genauer zu definieren ist auch die Fortpflanzungsgemeinschaft selbst, denn sie hat Strukturen (Biosozialstrukturen), ist Teilsystem von Ökosystemen der Biosphäre und besteht aus Individuen, die Form, Struktur, eine spezifische Lebensweise (Fortpflanzungsstrategie, Ernährungsweise, Schutzbedürfnisse) sowie ihre Ontogenese und

Phylogenese haben. In der biologischen Artdefinition fehlt ferner der historische Aspekt völlig, obwohl diese Definition Bestandteil der Evolutionstheorie ist. Es fehlen der physiologische und der morphologisch-anatomische Bezug.

Aus diesen Gründen schlage ich eine präzisierte Artdefinition vor: Bisexuell sich fortpflanzende Arten sind Fortpflanzungsgemeinschaften, die von anderen solchen Gemeinschaften genetisch, physiologisch, morphologisch, ökologisch oder/und ethologisch reproduktiv isoliert sind. Sie sind in biologischer Hinsicht offene, in taxonomischer Hinsicht relativ geschlossene Systeme, die Teilsysteme von Ökosystemen der Biosphäre sind und ihrerseits aus Teilsystemen, den in Populationen lebenden Individuen, bestehen. Die Individuen sind durch die während der Phylogenese evolutiv entstandenen Ontogenese, arteigenen Formen und Strukturen sowie deren Leistungsniveau, infraspezifische Verhältnisse, Lebens- und Verhaltensweisen gekennzeichnet. Individuelle und geographische Variabilität sind der Art inhärent.

Diese Definition ist zwar recht umfangreich, berücksichtigt aber u. a. die Aspekte, die zur Artdiagnose und zur Bestimmung der Arten (Habitus, Morphologie, Anatomie, Verhaltensweisen, Lautäußerungen, individuelle Variabilität) herangezogen werden und ohne die Theorie wie Praxis nicht auskommen. Ferner sind durch die Einbeziehung von Ontogenese und Phylogenese der äußerst wichtige historische Aspekt sowie die verschiedenen Strukturebenen erfaßt. So wie bei der Charakterisierung von Taxa oftmals Ausnahmen zu nennen sind, so bietet die hier zur Diskussion gestellte Art-Definition die Möglichkeit für Ausnahmen von der Regel, z. B. bei Hybridisation zwischen Arten, d. h. bei ungenügender reproduktiver Isolation, wenn der Status der beteiligten Taxa nicht geändert werden kann. Der Hinweis auf das Leistungsniveau der Strukturen ist vor allem für die Leistungssteigerung des Zentralnervensystems und der Sinnesorgane von großer Wichtigkeit, da sich mit ihr das Verhältnis zwischen angeborenem und erlerntem Verhalten ändert, einer Erscheinung, die eigenen Entwicklungsgesetzen während der Ontogenese und der Phylogenese unterliegt, und zwar auf einer anderen Ebene als die evolutiven morphophysiologischen Veränderungen. Die intraspezifischen Verhältnisse, für die zwar jedes Individuum (ererbte) Voraussetzungen mitbringen muß, unterliegen während der Ontogenese und in Abhängigkeit von konkreten örtlichen Bedingungen (mitunter schnellen) Wandlungen (Territorialität, Dominanzverhältnisse u. a.). Es sind die biosozialen Verhältnisse, die Sozialstrukturen, die nicht identisch sind mit dem Sozialverhalten, aber wie jede Fortpflanzungsstrategie und jede Art der Nahrungsgewinnung ein ganz bestimmtes Verhalten erfordern. Die Sozialstrukturen sind das Primäre gegenüber dem Sozialverhalten (Stephan 1984b).

4.2. Unterarten und ihre Entstehung

Die Beschreibung von Unterarten erfolgt wie die Beschreibung von Arten. Man muß ein Exemplar als Typus auswählen, zugleich aber bei der Beschreibung und Diagnose die individuelle Variabilität berücksichtigen. Es bleibt zu prüfen, ob dann die 75%-Regel noch anwendbar ist. Zu prüfen bleibt auch, ob die bisherige Unterartkonzeption nicht doch zu präzisieren ist, damit es nicht zu Formalismus kommt (s. kritische Bemerkung von Eck 1985).

Unterarten sind morphologisch determinierte geographische Vertreter polytypischer Arten (s. oben, S. 34). Sie sind evolutiv entstandene und taxonomisch ausgewiesene

Einheiten. Da die Beschreibung von Unterarten aber nicht auf dieser Basis, sondern oft rein formal erfolgte — zumindest durch die Systematiker, die am Konzept der Artkonstanz festhielten —, kommt es heute zu Diskussionen prinzipieller Art (s. Diskussion „Avian subspecies in the 1980's", Auk **99** [1982] 3: 593—615).

Unterarten können auf verschiedene Weise entstehen. Es gibt wenigstens vier Varianten (STEPHAN 1985): Sobald aus einer Population eine neue Art hervorgegangen ist (s. oben, S. 37), breitet sie sich aktiv aus und gelangt dabei in für die Art neue Existenzbedingungen. Diese können, falls sie den Voraussetzungen seitens der Art nicht voll entsprechen, evolutiven Wandel bedingen.

1. Die Ausbreitung erfolgt allmählich in breiter Front.
1.1. Zu evolutiven Veränderungen kommt es während der Ausbreitung.
1.2. Bei der Ausbreitung stößt die Art auf Ausbreitungsschranken. In diesen Randpopulationen können infolge individueller Variabilität Varianten auftreten, die die Voraussetzungen für die Überwindung der Ausbreitungsschranken besitzen, und damit hat die Art die Möglichkeit, sich weiter auszubreiten.
2. Die Ausbreitung erfolgt schnell über größere Entfernungen, wobei das Tempo der Ausbreitung höher ist, als evolutive Wandlungen möglich wären. Die Populationen oder Teile von ihnen können sich im neuen Gebiet halten und wandeln sich nun im neuen Teil des Areals der Art zu einer neuen Unterart.
3. Die evolutiven Wandlungen sind Folge von Veränderungen der Existenzbedingungen in Abschnitten des Gebietes, das von der Art schon länger bewohnt wird. Entstehen nicht entsprechende Varianten, verschwindet die Art aus dem betreffenden Gebiet, das Areal der Art schrumpft.

In jedem Falle sind zwei Bedingungen zu erfüllen:

1. Es müssen Voraussetzungen seitens der Art vorhanden sein, d. h. wenigstens ein Teil der Individuen muß unter den für die Art neuen Bedingungen existieren können.
2. Die Umwelt selektiert in morphologischer, physiologischer, ökologischer und/oder ethologischer Hinsicht, so daß sich die neuen Populationen schließlich mehr oder weniger stark von den Populationen unterscheiden, aus denen sie hervorgegangen sind.

Sollten Unterarten tatsächlich durch Hybridisation zustande kommen, so nur aus Unterarten ein und derselben Art (und nicht, wie für *italiae* behauptet, aus zwei Arten).

Die Entstehung neuer Unterarten sprengt den Artrahmen nicht. Im Vergleich zur Artbildung (s. 4.1.) ist die Diskontinuität dieses Prozesses viel geringer. Die erreichte neue Qualität unterscheidet sich von der alten nur geringfügig. Die Möglichkeit des Genaustauschs bleibt voll erhalten. Hybriden zwischen Unterarten sind nur dann zu erkennen, wenn sich diese Unterarten z. B. durch Färbung und Zeichnung sichtbar unterscheiden. Nicht erkennbar sind sie bei solchen Arten wie beispielsweise *P. montanus*.

4.3. Hybridisation innerhalb der Gattung *Passer* und Aufspaltung der Merkmale

MEISE (1936a) ging davon aus, daß *italiae* durch Hybridisation zwischen *domesticus* und *hispaniolensis* hervorgegangen sei und die Merkmalsaufspaltung dieser Hybriden etwa in der Mitte zwischen beiden Ausgangsformen liege. Hiervon leitete er seine Methode ab, denn die Berechnungen sind so angelegt, daß die Werte für *italiae* zwischen den Werten für *domesticus* und *hispaniolensis* liegen. Somit ist diese Methode nur scheinbar objektiv, da ja Auswahl und Beurteilung der Merkmale nach den genannten Vorstellungen erfolgten. Bemerkenswert ist in diesem Zusammenhang die Feststellung von J. STEINBACHER (1956), der sich in der Deutung von *italiae* MEISE anschließt, daß er die im Herbst gesammelten Bälge nach der Maßtabelle von MEISE um 30—40 Punkte geringer bewerten würde als die im Frühjahr gesammelten Bälge.

In einer Aufstellung vergleicht MEISE (1936a, S. 633) *P. d. domesticus* und *P. h. hispaniolensis*. Die acht ausgewählten Gefiedermerkmale (Färbung und Zeichnung) erhielten bei *domesticus* den Wert Null, bei *hispaniolensis* als Summe den Wert 100, und zwar so, daß eben für *italiae* der Wert 50 herauskommt. MEISE weist selbst darauf hin, daß gleiche Zahlenwerte bei ihm ganz verschiedenen Inhalt haben können. (Eine Tabelle, die dies an einigen Beispielen aufzeigen würde, wäre sehr eindrucksvoll.) Die Werte benutzte MEISE aber als Beweis für einen lückenlosen Übergang zwischen *domesticus* und *hispaniolensis* über *italiae* sowie zwischen *hispaniolensis* und *tingitanus*.

Aber wie kommt es z. B., daß die Hybridisation zwischen *domesticus* und *hispaniolensis* in Italien *italiae* und in Nordafrika *tingitanus* ergibt? Es gilt zu klären, ob *italiae* überhaupt eine Hybridform ist, denn das ist ja, wie schon betont, eine Annahme aus der Zeit typologischen Denkens und formaler Balgbetrachtung. Die Entscheidung allein unter Berücksichtigung von *domesticus* und *hispaniolensis* ist nicht möglich. Die Analyse der Merkmalsausprägung von Hybriden zwischen anderen *Passer*-Arten kann zu einer Antwort beitragen.

Sperlinge der Gattung *Passer* hybridisieren sogar mit Vertretern anderer Gattungen (GRAY 1958). So ist es auch nicht verwunderlich, wenn Hybridisation nicht nur zwischen sehr nahe miteinander verwandten Arten der Gattung vorkommt, sondern auch zwischen solchen, die sich ferner stehen, wie etwa zwischen *domesticus* und *montanus*. Folgende Hybriden zwischen Arten der Gattung *Passer* sind bekannt geworden:

P. domesticus × *italiae* (GRAY 1958, u. a., s. auch Literatur über Mischgebiet in Oberitalien)
P. domesticus × *hispaniolensis* (GRAY 1958, GAVRILOV & KORELOV 1968, BAUMGART & STEPHAN, 1974, STEPHAN & GAVRILOV 1980, u. a.)
P. domesticus × *indicus* (GAVRILOV 1965, GAVRILOV & KORELOV 1968, RADJABLI & PANOV 1972)
P. domesticus × *melanurus* (GRAY 1958)
P. domesticus × *montanus* (MEISE 1934, ROOKE 1957, RICHARDSON 1957, GRAY 1958, RUPRECHT 1965, NYHOLM 1966)
P. indicus × *domesticus* s. oben
P. indicus × *hispaniolensis* (GRAY 1958, STEPHAN & GAVRILOV 1982)
P. indicus × *montanus* (STEPHAN & GAVRILOV 1982)
P. indicus × *castanopterus* (ASH & COLSTON 1981)
P. italiae × *domesticus* s. oben
P. italiae × *hispaniolensis* (MEISE 1936a, GRAY 1958, s. auch Abschnitte 4.6. und 5.4.)
P. italiae × *montanus* (GRAY 1958)
P. griseus × *melanurus* (GRAY 1958)
P. hispaniolensis × *domesticus* s. oben
P. hispaniolensis × *indicus* s. oben
P. hispaniolensis × *italiae* s. oben
P. melanurus × *domesticus* s. oben
P. melanurus × *griseus* s. oben
P. melanurus × *montanus* (GRAY 1958)
P. montanus × *domesticus* s. oben
P. montanus × *indicus* s. oben
P. montanus × *italiae* s. oben
P. montanus × *melanurus* s. oben

P. montanus × *rutilans* (GRAY 1958)
P. rutilans × *montanus* s. oben
P. castanopterus × *indicus* s. oben

Kennzeichnend für alle diese Hybriden wie für Hybriden überhaupt, ist die unregelmäßige Aufspaltung und das stärkere Variieren der Merkmale, was schon früher als wesentlich hervorgehoben wurde (s. Problemgeschichte). Kein Hybrid gleicht — auch nicht im Groben — dem anderen. Und gerade das trifft für *italiae* nicht zu, denn abgesehen von der klinalen und der bei Sperlingen üblichen individuellen Variabilität stimmen alle *italiae* in Färbung und Zeichnung überein. Nach diesem Kriterium ist *italiae* keine Hybridform, und die Stabilisierung der Hybridform ist ein Postulat, das erforderlich wurde, weil man Hybridisation vorausgesetzt hatte. Somit ergibt sich, daß die Mischgebiete (vgl. MEISE 1936) weder Hybridisationszonen von Unterarten noch Überlappungszonen mit Hybridisation von Semispezies bzw. Überlappungszonen von Allospezies einer Superspezies sind (vgl. SHORT 1969), sondern Gebiete, in denen zwei oder mehrere *Passer*-Arten sympatrisch leben und hin und wieder Hybridisation zwischen diesen Arten vorkommt: zwischen *domesticus* und *italiae* in Norditalien, wo neben reinen *domesticus* und reinen *italiae* auch Hybriden vorkommen (der Haussperling ist in Norditalien nicht nur Brutvogel, sondern vielerorts auch Herbst- und Wintergast, und es ist möglich, daß auch einige von ihnen übersommern), zwischen *hispaniolensis* und *tingitanus* sowie zwischen diesem und *domesticus* in Nordafrika, wo alle drei Arten zusammen vorkommen.

Allerdings ist es nun kaum möglich, die Literaturangaben einzuschätzen, denen die Vorstellung zugrunde liegt, daß es sich um Mischgebiete handelt und die somit Hybridisation voraussetzen. Ferner kann nicht immer ausgeschlossen werden, daß nicht die Säume des Schlichtkleides, die oft recht lange erhalten bleiben, einen grauen Scheitel bei braunköpfigen Sperlingen vorgetäuscht haben. Auch wenn daran festgehalten wird, *italiae* als Hybridform zu betrachten, bleibt die Intensität der Hybridisation zwischen *italiae* und *domesticus* in Norditalien, zwischen *hispaniolensis* und *italiae* in Süditalien und zwischen *hispaniolensis*, *tingitanus* und *domesticus* in Nordafrika genauer zu bestimmen (vgl. z. B. NIETHAMMER 1958, NIETHAMMER & BAUER 1960, SCHÖLL 1960, SCHWEIGER 1959, SCHIFFERLI & SCHIFFERLI 1980, SEITZ 1964, WETTSTEIN 1959 für Norditalien, WETTSTEIN 1938 für die Ägäis, ferner KRAMPITZ 1958 und SUCHANTKE 1960 für Sizilien und Marettino usw.).

Im Zusammenhang mit der Hybridisation seien noch einige Ausführungen über das Wirken von Isolationsmechanismen angeschlossen. Alle *Passer*-Arten zeigen in ihrer Lebensweise Übereinstimmungen, die unter bestimmten örtlichen Bedingungen die ökologische Isolation außer Kraft setzen. [Die Literatur hierüber ist so umfangreich, daß sie in diesem Rahmen nicht im einzelnen angeführt werden kann. Verwiesen sei aber auf die von J. STEINBACHER (1956) geschilderten örtlichen und vor allem jahreszeitlichen ökologischen Unterschiede von *P. hispaniolensis* und auf die Arbeit von RADJABLI & PANOV (1972).] Voraussetzungen für Hybridisation entstanden durch

1. Erweiterung des Areals einer oder mehrerer Arten (z. B. *hispaniolensis* auf dem Balkan und in Kasachstan, *domesticus* in Kasachstan). Dabei kann es vorkommen, daß einzelne Individuen keine arteigenen Partner finden. Es kommt zu einer Art Zwangskreuzung mit freien Partnern der anderen Art.
2. Veränderung der Lebensweise infolge individueller Variabilität oder/und Gewöhnung an neue Existenzbedingungen, z. B. an das Brüten in Greifvogelhorsten, in der Nähe

des Menschen, an Gebäuden usw., so daß dadurch ökologische Barrieren als Isolationsmechanismus in ihrer Wirkung verringert werden. *P. domesticus, P. indicus* und *P. hispaniolensis* sind hierfür Beispiele.

Hinsichtlich Habitat, Nahrung und Fortpflanzungsverhalten von *P. domesticus* und *P. hispaniolensis* gibt es neben gewissen Unterschieden, die MEISE (1936a) und PEUS (1954) hervorheben, auch genügend Übereinstimmungen, so daß es zum gleichzeitigen Brüten in den gleichen Brutkolonien kommen kann (PAYN 1948, PEUS 1954, BAUMGART & STEPHAN 1974). Auch in Kasachstan und in anderen Gebieten können *domesticus* und *hispaniolensis* in ein und derselben Kolonie brüten. Hier kommt noch eine dritte Art, nämlich *P. indicus*, hinzu. Hybridisation ist dennoch selten, was auch ALONSO (1984) hervorhebt. Die Isolationsmechanismen können demnach bei der Gattung *Passer* nicht oder nicht vorwiegend ökologisch sein. Außer in der Färbung der ♂ finden sich Unterschiede vor allem in der Stimme (BAUMGART & STEPHAN 1974) und im Verhalten der ♂ (PANOV & RADJABLI 1972, IVANITSKII 1985).

BAUMGART (1984) rückt in den Mittelpunkt seiner Betrachtung die Nutzung des im Jahresverlauf unterschiedlichen Nahrungsangebotes, was weitgehend identische ökologische Ansprüche der beteiligten Arten bei jahreszeitlich verschiedenen Aktivitätsprogrammen voraussetzt, die durch die reproduktive Isolation aufrechtzuerhalten sind.

Die Prüfung der Zug-, Brut- und Mauserzeiten der drei Arten in Kasachstan ergab, daß der hier als Stand- und Strichvogel lebende *domesticus* die frühesten Bruten hat. Seine zweiten Bruten fallen mit den ersten von *hispaniolensis* und *indicus* zeitlich zusammen, die beide Zugvögel sind. Nach der Fortpflanzungszeit streifen alle drei Arten in Scharen umher. Ihre Mauserzeiten stimmen weitgehend überein (STEPHAN 1982). Auch in Spanien mausern Haus- und Weidensperlinge zur gleichen Zeit; bei den Adulten beider Arten beginnt die Mauser zwischen Anfang Juli und Anfang August und ist Ende September—Anfang Oktober beendet (ALONSO 1984). Die minimalen artlichen Unterschiede in der Dauer der Großgefiedermauser führen sicher nicht zu Beeinträchtigungen bei Hybriden.

Die Tatsache der Hybridisation hat nicht nur Konsequenzen für die Taxonomie (SHORT 1969), sondern auch für die Definition der Art. Die Evolutionstheorie läßt Hybridisation nahe verwandter Arten erwarten. Wenn sich allopatrisch entstandene Arten ausbreiten, treffen sie (unweigerlich) auf ihre nächstverwandten Arten. Ihr Erbmaterial stimmt noch weitgehend überein — im Falle der Gattung in alle Anlagen für die Ausprägung der Gattungsmerkmale und -eigenschaften. Phylogenese bedeutet Wahrung der Kontinuität. Diskontinuität tritt bei der Bildung neuer Arten auf, sie unterbricht aber nur einen kleinen Teil des kontinuierlichen Evolutionsprozesses. Und so bleibt die Möglichkeit der Hybridisation zu einem gewissen Grade erhalten. Deshalb ist eine „endgültige genetische Trennung" (ALONSO 1984) zwischen den Arten einer Gattung gar nicht zu erwarten.

Wenn die für die Brutfürsorge und Brutpflege notwendige Partnerbeziehung individuelles Erkennen und somit individuelle Kennzeichen erfordert, dann muß dem Ansprechen hierauf eine besondere Bedeutung zukommen, vielleicht auch einer Prägung hierauf — zunächst auf Aussehen, Stimme uud Verhalten der fütternden und hudernden Altvögel, dann auf die anderen Artgenossen in der Brutkolonie oder bei der Nahrungssuche und später auf den Geschlechtspartner. Prägung erfolgt sicher auch auf die nähere und weitere Umgebung, ergänzt durch Lernen. Wachsen die Jungsperlinge in einer gemischten Kolonie heran, sind ihnen die Angehörigen der anderen Art(en) von Anfang an vertraut — wie auch die Umgebung und evtl. Nähe des Menschen. Prägung bzw. Geprägtsein erscheint so einerseits als wichtiger Isolationsmechanismus, andererseits aber auch als Schrittmacher neuer Anpassungen (Gewöhnung an andere Arten, die Umgebung des Menschen usw. ist dann möglich). Sicher sind die Jungsperlinge auf ihre Eltern geprägt und suchen sich später solche Partner, die diesem Muster mehr oder weniger entsprechen. Bei Mangel an Geschlechtspartnern und sinkender Reizschwelle erweitert sich offenbar der Rahmen dessen, worauf die Vögel geprägt sind, und sie sind nun nicht mehr ganz so wählerisch. Das trifft sicher auf die Gefangenschaftsbedingungen zu (MACKE 1965, ALONSO 1984), wobei bemerkenswert ist, daß die Zucht gar nicht so ohne weiteres gelingt und über die Fertilität der F_1-Bastarde noch nichts ausgesagt werden kann (ALONSO 1984). Nach JOHNSTON (1960) zeigen die von MACKE in Gefangenschaft erhaltenen F_1-Bastarde eine große Fächerung der Merkmale insofern, als er sie *italiae* aus unterschiedlichen Gebieten zuordnen kann. Unter Berücksichtigung der individuellen Variabilität könnte man sie ohne weiteres für *italiae* von Korsika halten. Noch größer müßte die Fächerung der Merkmale der F_2 sein. Die wesentlichen Unterschiede in der Morphologie der Chromosomen von *domesticus* und *hispaniolensis* lassen den Schluß zu, daß die Hybriden zwischen beiden Arten zwar lebensfähig, aber unfruchtbar sind (PANOV & RADJABLI 1972). Zuchtergebnisse und Chromosomenuntersuchung sprechen gegen die Meinung von MEISE (1936a), *italiae* stelle „gewissermaßen die F_1-Generation" dar (S. 633). MEISE läßt offen, wie die F_2 und die folgenden Generationen aussehen müßten, obwohl der Italiensperling sich nicht ständig nur durch Kreuzung von *domesticus* und *hispaniolensis* rekrutiert. Deshalb wurde ja auch eine Erklärung in der Annahme einer Stabilisierung dieser vermeintlichen F_1-Färbung gesucht.

Die Aufspaltung der Merkmale bei Hybridisation und die Chromosomenuntersuchungen lassen den Schluß zu, daß *italiae* keine Hybridform ist. Geprüft werden soll aber noch, ob sich die individuelle Variabilität der Merkmale bei *italiae* von derjenigen anderer *Passer*-Arten unterscheidet.

4.4. Individuelle Variabilität der Merkmale bei der Gattung *Passer*

MEISE (1936a) macht zwar Angaben zur individuellen Variabilität, nimmt diese aber nicht zur Grundlage des Vergleichs. Er geht vielmehr von bestimmten Typen aus, die er willkürlich in der erwähnten Tabelle festgelegt hat. So stuft er z. B. einen gezackten Rand des Brustlatzes oder schwarze Sprenkelung des Oberkopfes bei *domesticus* als Abweichung ein. So wie MEISE bleiben auch SELANDER & JOHNSTON (1967) beim typologischen Denken, wenn sie das Vorkommen eines gezackten Randes des Brustlatzes nur bei *hispaniolensis* für normal halten.

Gehört nach der Evolutionstheorie die individuelle Variabilität zur Norm der Art, muß die gesamte Variationsbreite der Merkmale die Vergleichsbasis sein. Ausdehnung und Form des Brustlatzes z. B. variieren bei *domesticus* beträchtlich, und auch Sprenkelung des Oberkopfes ist nicht selten (STEPHAN 1984a). Letztere tritt örtlich sogar gehäuft auf, was MEUNIER (1955) zu der Frage veranlaßte, ob die von ihm untersuchte Population von Schleswig-Holstein nicht in Analogie zu *P. d. tingitanus* als Unterart zu gelten habe. Auch die von BODENSTEIN (1953) beschriebene Zeichnung liegt im Rahmen der individuellen Variabilität.

MEISE (1936a) setzt für *italiae* weiße Ohrdecken voraus, ebenso eine seitliche Verbreiterung des Brustlatzes. Aber mit welcher Berechtigung? Eine schwarze Spitze tritt bei grauen und rotbraunen Kopffedern auf — und zwar bei *domesticus* ohne Einfluß von *hispaniolensis* (Hamburg und andere Gebiete) — und ist Ausdruck individueller Variabilität dieser Sperlinge (STEPHAN 1984a). Nach MEISE treten schwarze Federspitzen gehäuft bei Bastarden in Oberitalien zwischen *italiae* und *domesticus* und in Algerien zwischen *hispaniolensis* und *domesticus* auf (weil er diese Vögel als Bastarde betrachtet), sie fehlen jedoch nicht bei reinen *italiae* und *domesticus*. Er schreibt (S. 642) selbst, daß dieses Merkmal in die individuelle Variationsbreite sowohl der Grau- wie auch der Braunkopfsperlinge (*domesticus* und *italiae*) falle und führt, da er *italiae* als Kreuzungsprodukt ansieht, gehäuftes Vorkommen bei *italiae* auf Mendeln wenigstens zweier Merkmalspaare zurück.

Indem MEISE von willkürlich festgelegten Typen ausgeht, berücksichtigt er die individuelle Variabilität nur scheinbar. Er unterscheidet bezüglich der Kopffedern drei Gruppen von Zwischenformen:

1. Grau- und rotspitzige Federn kommen nebeneinander vor.
2. Häufiger ist der graue Saum, der im April noch so breit ist, daß er sicher nicht ganz abgerieben wird und so ein geschecktes Aussehen des Scheitels bewirkt. — Hier ist einzuwenden, daß der rahmfarbene Ton dieser Säume, die sowohl bei *domesticus* als auch bei *hispaniolensis* im frischen Gefieder nach der Herbstmauser ausgebildet sind, dem Grauton des apikalen Federteils bei *domesticus* nicht entspricht und deshalb nicht in die Betrachtung einbezogen werden kann. Punkt 2 entfällt demnach. Es handelt sich bei den Braunkopfsperlingen also weder um einen „grauen *domesticus*-Oberkopf mitten im *italiae*-Gebiet“ noch um eine „graue Trübung des rotbraunen Oberkopfes“ und somit auch nicht um einen „Rückschlag auf die Ausgangsform“, wie das J. STEINBACHER (1956), MEISE folgend, interpretiert.
3. Häufigste Gruppe. Es tritt Schwarz auf, das die ganze Basis von der rotbraunen oder grauen Spitze trennt. Wird der graue oder rote Spitzensaum abgerieben, sind diese Federn im sichtbaren Teil völlig schwarz. — Auch hier ist eine Berichtigung erforderlich. Es handelt sich nicht um den basalen Teil der Federn, sondern um ihren verbreiterten schwarzen Mittelstreifen (s. Abb. 3). Die rotbraunen oder grauen Spitzen werden nicht abgerieben. Abgerieben werden nur die rahmfarbenen Säume des Winterkleides. Es handelt sich um eine solch starke Ausdehnung des ursprünglichen schwarzen Mittelstreifens dieser Federn, daß der schwarze Bereich fast die gesamte Feder einnimmt (s. unten, S. 54).

Diese dritte Variante kommt nach MEISE sehr häufig in Oberitalien und in Algerien vor. Und obwohl er selbst (S. 642) feststellen muß, daß diese Schwarzfärbung in reinen *italiae*- und *domesticus*-Gebieten nicht fehlt, wertet er sie als Hybridmerkmal und nicht als Ausdruck individueller Variabilität von *italiae* und *tingitanus*. Unbeachtet läßt er ferner, daß die Schwarzfleckung des Scheitels bei *domesticus* anders als bei *italiae* und *tingitanus* zustande kommt (s. unten, S. 54), weshalb man sie auch nicht gleichsetzen kann.

So bleibt im Ergebnis von den drei Punkten nur Punkt 1, wobei auch da noch zu berücksichtigen ist, daß MEISE offenbar die Federsäume, die abgerieben werden, nicht vom apikalen grauen Teil der Oberkopffedern von *domesticus* auseinanderhält.

Auf S. 642 weist MEISE darauf hin, daß die schwarze Fleckung oder Sprenkelung des Oberkopfes ein Unterart-Merkmal sei, nämlich von *tingitanus*. Sie könne bei dieser Form aber auch fehlen. Andererseits gehört sie — wie bereits erwähnt — zur individuellen Variabilität der Braun- und Graukopfsperlinge, also von Formen nicht-hybriden Ursprungs.

Zu den von MEISE zugrunde gelegten Voraussetzungen gehört, daß der Brustlatz bei *domesticus* einen glatten Rand habe, während er bei *italiae* aus Mittel- und Süditalien gezackt sei. Den gezackten Rand wertet MEISE als Übergang von *domesticus* zu *hispaniolensis*. Wie aber die Untersuchung der individuellen Variabilität dieser Sperlinge zeigt, kommt 1. ein gezackter Rand auch bei *domesticus* vor und ist 2. in dieser Hinsicht kein Unterschied zwischen *italiae* aus Nord-, Mittel- und Süditalien zu finden (vgl. STEPHAN 1984a, und s. unten).

Die individuelle Variabilität von *P. italiae*

Eigene Untersuchungen ergaben, daß die individuelle Variabilität von *italiae* die für die Gattung typische ist. Es gibt keine regionalen Unterschiede hinsichtlich der Ausprägung von Überaugenstreif und Brustlatz. Die verschiedenen Varianten kommen sowohl in Nord-, Mittel- und Süditalien wie auch auf Korsika, Sizilien und Kreta vor.

Überaugenstreif. Am häufigsten ist der Überaugenstreif stark ausgebildet (etwa 50% der ♂), gleich in der Ausdehnung, aber schmaler bei ca. 30% der ♂. Meistens ist er über dem Auge kurz unterbrochen. Die Unterbrechung über dem Auge kann fehlen (bei ca. 8% der ♂). Nicht so weit nach vorn wie bei der stark ausgeprägten Variante reicht er bei etwa 12% der ♂ (Abb. 1).

Kehlstreif und Brustlatz. Der Kehlstreif variiert wie bei *domesticus* und *hispaniolensis*. Seine Ränder verlaufen parallel, sind convex oder weichen vom Schnabelansatz zum Brustlatz hin auseinander (Abb. 2). Der Brustlatz ist schmal bis sehr breit und nur kurz, oder er reicht weit auf der Brust hinab. Der Rand ist meistens etwas, mitunter — vor allem bei ausgedehntem Latz — stark gezackt (Abb. 2).

Der Vergleich dieser Variabilität von *italiae* mit der von *hispaniolensis*, *domesticus* und *indicus* (STEPHAN 1984a) zeigt, daß ihr Ausmaß bei allen diesen Formen im großen und ganzen übereinstimmt. Beim Vergleich der Arten ist deshalb die gesamte Breite der jeweiligen individuellen Variabilität zu berücksichtigen. Irgendeine Variante als Typus für Vergleichszwecke auszuwählen und die anderen unbeachtet zu lassen oder als Stütze der Vorstellung zu nutzen, *italiae* sei der Hybrid von *domesticus* und *hispaniolensis*, halte ich für unzulässig. Auch die Beurteilung von Hybriden oder vermeintlichen Hybriden sollte die gesamte Breite der individuellen Variabilität der betreffenden Merkmale berücksichtigen. Nur so läßt sich die Aufspaltung der Merkmale richtig einschätzen.

Abb. 1. *Passer italiae*. Varianten der Kopfzeichnung

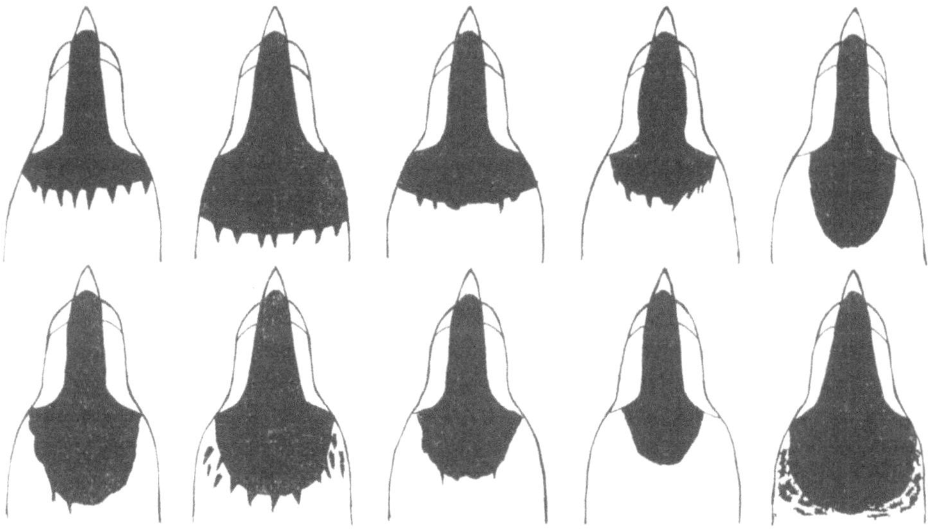

Abb. 2. *Passer italiae*. Varianten des Kehlstreifs und des Brustlatzes

4.5. Zum taxonomischen Status von *italiae*

Zu der Behauptung, daß *italiae* keine Unterart von *domesticus* ist, führt mich allein die Überlegung, daß das Kreuzungsprodukt zweier Arten — falls man es mit einem Namen belegt und nicht einfach als solches ausweist (Art A × Art B) — nicht willkürlich als Unterart einer der beiden Ausgangsarten bestimmt werden kann. Als sich herausstellte, daß *domesticus* und *hispaniolensis* nicht Vertreter ein und desselben Formenkreises sein können und demzufolge beide als gute Arten zu gelten haben, hätte MEISE (1936a) *italiae* nomenklatorisch von *domesticus* trennen müssen.

Die von JOHNSTON (1969) an *italiae* vorgenommene Analyse ergab eine klinale Variabilität der Merkmale von Nord nach Süd. Sie ist nach ihm Ausdruck dafür, daß die Populationen unter den gegenwärtigen Umweltbedingungen phänotypisch stabil seien. Die Isolation und die damit verbundene Einschränkung des Genaustausches spreche dafür, daß der Italiensperling tatsächlich eine Art sei. Die Art bewohne auch Gebiete, in denen *domesticus* und *hispaniolensis* nicht vorkämen. Der Eindruck eines solchen Klins kommt durch Auswahl von „typischen" Vertretern oder häufigeres Auftreten der einen oder anderen Variante in bestimmten Gebieten zustande und steht nicht im Widerspruch zu obiger Aussage hinsichtlich der individuellen Variabilität von *italiae* insgesamt. Ferner führt JOHNSTON an, daß sich *domesticus* und *hispaniolensis* in Marokko und Libyen selten kreuzen und die Hybridisation zwischen *domesticus* und *italiae* in Norditalien in einem nur sehr begrenzten Raum vorkommt. Zur Art *P. italiae* sind nach JOHNSTON ferner alle Populationen zu rechnen, die einen klaren Hybridcharakter haben, nämlich diejenigen von Kreta, Malta, Korsika und aus den nordafrikanischen Oasen. Auch nach dieser Vorstellung ist *italiae* aus der Hybridisation zwischen *domesticus* und *hispaniolensis* hervorgegangen.

Wenn Hybriden zwischen *domesticus* und *hispaniolensis* tatsächlich phänotypisch *italiae* gleichen (MACKE 1965, ALONSO 1984), ist dennoch der Schluß nicht zwingend, *italiae* sei durch Hybridisation beider Arten entstanden. Erinnert sei in diesem Zusammenhang an das Auftreten eines roten Oberkopfes bei *domesticus* (KLEINSCHMIDT 1935, PIECHOCKI 1954) ohne Einfluß von *italiae* oder *hispaniolensis* ferner an einige Bemerkungen von KLEINSCHMIDT (1935, 1941, 1944), der *domesticus* mit fast rotem Scheitel als Aberratio italoides und solche mit schwarzen Seitenstreifen als Aberratio hispaniolensis bezeichnete. Zu dem „fast rotköpfigen Stück Nr. 49" schreibt KLEINSCHMIDT: „Wäre der Vogel in Nordafrika geschossen, so würde man ihn bestimmt für einen Mischling erklären. Er mahnt also zur Vorsicht." (1935, S. 3). Andererseits können graue Scheitelsäume „Mischblut andeuten, aber auch infantile Reste bei jungen *hispaniolensis* sein, da deren Weibchen grauköpfig sind" (1935, S. 6, Fußnote 2). Und 1941 vermerkt er zu einem italoides aus Finnland: „Also nicht Mischblut, sondern Formenkreiserbe". Ein *domesticus* aus Bayern führt ihn schließlich zu der Äußerung, es mahne diese „stark ausgeprägte Aberratio italoides zur Vorsicht in der Deutung des Kretasperlings als Mischling und der auch beim Feldsperling vorkommenden schwarzen Scheitelflecken als Mischlingsmerkmal" (1944, S. 8).

Das *domesticus*-♂ Nr. 53/2 der Coll. Halle mit rotem Scheitel ist eine solche „Aberratio italoides". Diese Färbung gehört zweifellos in den Bereich der individuellen Variabilität von *domesticus* wie auch die Rotfärbung im Brustlatz, die auch bei diesem ♂ z. T. vorhanden ist und bei „normal" grauköpfigen weit stärker ausgeprägt sein kann. Einige Scheitelfedern dieses ♂ zeigen ein schwaches Pfeilmuster, anderen fehlt es, und letzteren fehlt auch das trennende Feld zwischen basalem und apikalem Federabschnitt. Das Muster dieser Federn entspricht demnach nicht *italiae* und *hispaniolensis*, sondern eher *montanus*, ohne daß deswegen an Hybridisation zu denken wäre. Zu klären bleibt, wie es genetisch und physiologisch zu solchen Farbänderungen der Federn kommt.

Es wird immer wieder darauf verwiesen, daß Kreuzung in der Natur selbst zwischen *hispaniolensis* und *domesticus* selten vorkomme. Dennoch hält man daran fest, *italiae* und *flückigeri* als stabilisierte Hybridformen zu betrachten, was intensive Hybridisation vor der angenommenen Stabilisierung der Farbvarianten voraussetzen würde. Die Bewertung der Merkmale erfolgt durch MEISE (1936a), wie auch vor ihm und nach ihm (s. JOHNSTON 1969), nach einer typologischen Methode, wobei *italiae* als Kreuzungsprodukt vorausgesetzt ist. Parallelentwicklung oder Konvergenz (vgl. Doppelgängerarten, wobei im Falle von *italiae*, *domesticus* und *hispaniolensis* die phänotypische Übereinstimmung gar nicht so groß ist) werden überhaupt nicht in Betracht gezogen.

Wie die Analyse der individuellen Variabilität (s. oben, S. 44) ergibt, unterscheidet sich in deren Umfang *italiae* nicht von anderen *Passer*-Arten. Auch bei *italiae* variieren Überaugenstreif, Färbung der Oberkopffedern, Form und Ausdehnung des Brustlatzes individuell. Andererseits stimmen die Individuen von *italiae* unter sich ebenso überein wie die Individuen anderer Arten. Diese relative Einheitlichkeit aller *italiae* steht im Gegensatz zur vielfältigen Aufspaltung der Merkmale bei Hybriden.

Das sind gewichtige Argumente gegen die Auffassung von *italiae* als Unterart von *domesticus*. Vielleicht überzeugen sie noch nicht. Ich habe deshalb nach einer weiteren Objektivierungsmöglichkeit gesucht und fand sie im Muster der Federn des Kleingefieders. Diese Federn haben alle ein und dasselbe Grundmuster; in diesem unterscheiden sich geringfügig *italiae* und *hispaniolensis* und beide stärker von *domesticus* und anderen Arten. Die Ergebnisse dieser Untersuchung werden im Zusammenhang mit der Phylogenese der Gattung *Passer* vorgestellt und diskutiert (s. unten, S. 58).

Aus all dem ergibt sich, daß *italiae* weder eine Unterart von *domesticus* noch eine

Hybridform, sondern wie alle anderen Arten der Gattung *Passer* eine gute Art ist: *Passer italiae* (VIEILLOT 1817).

BAUMGART (1984) gelangt auf der Basis seiner Konzeption der „zeitdifferenten Arten" zur artlichen Trennung von Haus- und Italiensperling. Er neigt allerdings dazu, *italiae* und *hispaniolensis* als konspezifisch zu betrachten.

4.6. Zum Status von *tingitanus* und *flückigeri*

HARTERT (1904, S. 149) führt diese Form als *P. domesticus tingitanus* und schreibt: „... der Name *Tingitanus* [bezieht sich] auf Haussperlinge aus Algier und muß daher für die dortige Form angewandt werden, obwohl LOCHE auch die echten *domestica* vorkommen läßt." „Ähnelt *P. d. domestica* sehr, aber die grauen Oberkopffedern des ♂ in der Mitte (nach der Basis zu) schwarz, ... wodurch im Frühjahr, wenn die Federränder sich abnutzen, ein deutlich schwarz gesprenkelter Oberkopf entsteht" (S. 150). — Diese Aussage belegt, daß es sich bei den Federrändern um die rahmfarbenen Säume dieser Federn des Winterkleides handelt, die ja auch bei *d. domesticus* vorkommen. Deshalb entsprechen die genannten Ränder den Säumen und nicht dem grauen apikalen Teil der Stirn-, Scheitel- und Nackenfedern von *domesticus*. *Tingitanus* ist nämlich kein Graukopf-, sondern ein Braunkopfsperling. Würden alle Säume abgerieben, erschiene der Oberkopf schwarz. Diese Schwarzfärbung kommt phylogenetisch anders zustande als bei *domesticus*, denn bei *tingitanus* ist das Schwarz aus dem intensiver gefärbten verbreiteten schwärzlichen Mittelstreif dieser Federn und nicht aus dem für *domesticus* charakteristischen Pfeilmuster hervorgegangen.

„Aberrante Stücke des echten *P. d. domestica* mit Kopfzeichnung von *tingitanus* kommen ausnahmsweise auch in Deutschland vor (KLEINSCHMIDT's Sammlung)", schreibt HARTERT (1904, S. 150). Damit ist sicher die schwarze Sprenkelung des Oberkopfes gemeint. Diese kommt durch eine Verstärkung des Pfeilmusters zustande (STEPHAN 1984a). Im Ergänzungsband (1932) schreiben HARTERT & STEINBACHER zu *P. d. tingitanus* LOCHE: „Marokko, Algerien, Nordtunesien, Tripolitanien und nördliche Cyrenaika. Vom südlichen Algerien in die Oasen der Sahara reichend, in Tuggurt, El-Qued und Quargla (Wargla) sind Bastarde mit *P. hispaniolensis* häufig, wie auch im ganzen mittleren Algerien, ja in Tuggurt und El-Qued waren sie vorherrschend und fast allein vorkommend, in Südwesttunesien scheinen nur ‚Bastarde', d. h. von Bastarden abstammende Stücke vorzukommen, die *Passer domesticus italiae* so sehr ähneln, daß man sie oft kaum unterscheiden kann. In der Sahara gehen sie südlich bis in In-Salah, aber nur reine Grauköpfe. Man sehe auch S. 2067, 2068. Die schwarze Färbung in der Mitte des Oberkopfes ist nicht immer ausgebildet, aber die Oberflügeldecken sind heller" (S. 79).

Hier ist ausgeführt, daß es sich bei *tingitanus* um einen Braunkopfsperling handelt. Diese Sperlinge werden als Nachkommen von Bastarden betrachtet wie auch *italiae*, mit dem sie phänotypisch weitgehend übereinstimmen. Die schwarze Färbung des Kopfes gehört zur individuellen Variabilität von *tingitanus* ebenso wie von *italiae*. Obwohl er ein Braunkopfsperling ist, wurde er ganz analog zu *italiae* von HARTERT als Unterart zu *domesticus* gestellt. Und obwohl Bemerkungen zur individuellen Variabilität gemacht werden, werden diese Sperlinge wieder in Analogie zu *italiae* einfach als Hybriden zwischen *domesticus* und *hispaniolensis* angesehen. Auf *tingitanus* treffen demzufolge die gleichen Argumente wie auf *italiae* zu (s. oben). *Tingitanus* ist weder eine Hybridform, noch eine Unterart von *domesticus*. Er ist die *italiae* nächstverwandte Form.

Im Zusammenhang mit *tingitanus* ist auch *flückigeri* zu diskutieren. *Flückigeri* wurde von KLEINSCHMIDT als Art beschrieben und ist bei HARTERT (1904, S. 158) als *P. hispaniolensis flückigeri* KLEINSCHMIDT 1904 geführt. HARTERT schreibt: „♂: Ähnlich *P. h. hispaniolensis*, aber mit verschwindender oder ganz ohne Seitenstreifung. Auf dem Rücken mehr braun, fast wie bei *P. d. domestica* ... Süd-Algier ...". KLEINSCHMIDT (1935) vermerkt übrigens, daß die von ROTHSCHILD & HARTERT (1912) auf Tafel XI abgebildeten Sperlingsköpfe mit viel Grau nichts mit *flückigeri* zu tun haben, da *flückigeri* rotköpfig sei.

Der Kopf von *tingitanus* sieht wie der von *italiae* aus und hat — wenn auch nicht immer — ein schwärzliches Mittelfeld. Dieses ist vom dunkel gesprenkelten Scheitel bei *domesticus* zu unterscheiden, *tingitanus* ist ein Braunkopfsperling. *Flückigeri* ist ebenfalls ein Braunkopfsperling. Beachtet man die individuelle Variabilität beider Formen, sind sie nicht voneinander zu unterscheiden.

Daß der Vergleich zwischen *flückigeri* und *italiae* von HARTERT und anderen nicht mehr gezogen wurde, liegt möglicherweise daran, daß *italiae*-ähnliche Stücke aus Nordafrika als *tingitanus* angesehen wurden, und für sie galt als typisch die schwärzliche Kopfmitte, obwohl HARTERT die Einschränkung machen mußte, daß diese Schwarzfärbung nicht bei allen Individuen ausgeprägt ist (s. oben).

Der Name *tingitanus* ist älter als der Name *flückigeri* und hat deshalb Priorität. Er wäre auf alle *italiae*-ähnlichen Sperlinge aus Nordafrika, einschließlich der mit schwarzer Kopfmitte, anzuwenden. Der Name *flückigeri* ist demnach in die Synonymie von *tingitanus* zu stellen.

Da in Nordafrika auch *hispaniolensis* vorkommt, sind Bastarde dort am ehesten zu erwarten, wo die Bedingungen für Hybridisation günstig sind. Ihrem Vorkommen wäre nun nachzugehen, was weitere ökologische und Balgstudien unter den hier vertretenen theoretischen Voraussetzungen erforderlich macht.

Beim Studium von Bälgen habe ich die Säume des Wintergefieders nicht berücksichtigt. Mein Urteil über die Zuordnung dieser Stücke zu den Taxa stimmt nicht immer mit dem Vermerk auf den Etiketten überein. Ich führe die Ex. einzeln an, damit eine Nachprüfung möglich ist.

Museum Alexander Koenig Bonn
2 ♂ aus Marokko: Beim ♂ 70.430 haben die grauen Scheitelfedern (vom 18. IX. 1969 mit breiten bräunlichen Säumen) ein ausgeprägtes Pfeilmuster, das im Brutkleid Strichelung des Scheitels ergibt. Ein Bastard? (s. aber unten, ♂ 75.643). — Das ♂ 75.641 dagegen hat eine schwarze Kopfmitte, die durch Ausdehnung des Mittelfeldes der Federn zustande kommt, also *tingitanus*.
P. hispaniolensis × *tingitanus*, 8 ♂ aus Marokko: Die ♂ Nr. 70.425, 70.426, 70.427, 75.624 und 75.647 halte ich für *hispaniolensis*, ♂ 75.646 für *tingitanus*. ♂ 75.644 hat eine Strichelung des Scheitels infolge intensiver schwärzlicher Färbung des Mittelfeldes der Federn. Die Ausbildung des Überaugenstreifs liegt im Bereich der individuellen Variabilität von *hispaniolensis*. Wie bei ♂ 75.646 fehlt die Flankenfleckung. ♂ 75.643 hat ebenfalls einen grauen Scheitel, aber mit rotbraunen Tupfen. Diese kommen durch einen rotbraunen Fleck im mittleren Bereich des apikalen Teils der Scheitelfedern zustande. Die Stirn ist wie bei manchen *tingitanus* schwärzlich gesprenkelt. Der Überaugenstreif ähnelt *domesticus*. Eine Flankenfleckung ist angedeutet. Muster der Kleingefiederfedern wie *hispaniolensis*. Offenbar liegt bei diesen 3 ♂ *domesticus*-Einfluß vor: *tingitanus* × *domesticus*.

P. d. flückigeri, 13 ♂ aus Ost-Algerien: Da auch bei *hispaniolensis* die Körperseitenfleckung relativ schwach ausgebildet sein kann, rechne ich aus dieser Serie ♂ J.II. 3dεεε mit geringer Flankenfleckung wie die ♂ 54.344, 54.346 und J.II. 3d.r. mit deutlicher Flankenfleckung zu *hispaniolensis*. ♂ 54.35, ♂ J.II. 3.d.ααα, ♂ J.II. 3.βββ, J.II. 3.ηηη, J.II. 3.d.^{3}c, J.II. 3.d.^{3}γ und J.II. 3a'ϑ sind *tingitanus*. — ♂ I.II. 3.a'η hat einen grauen Scheitel, dessen Federn haben das Pfeilmuster, ihr Spitzenteil weist z. T. rotbraunes Pigment auf. Dadurch wirkt der Oberkopf gesprenkelt. Der Überaugenstreif ist so deutlich wie bei *hispaniolensis*, auch das zentrale weiße Feld im basalen Teil der Kleingefiederfedern ist so schmal wie bei *hispaniolensis*. Der Brustlatz ist gezackt, die Flankenfleckung fehlt. ♂ J.II. 3.a'ε hat einen grauen Scheitel, der nicht deutlich gegen das Kopfseitenfeld abgegrenzt ist. Das dunkle Muster der Oberkopffedern entspricht z. T. dem Pfeilmuster von *domesticus* und teilweise dem breiten Band von *tingitanus*. Der Scheitel ist stark gesprenkelt, da die hellen Säume nicht ganz abgerieben sind (22. III. 1913). Der basale Teil der Federn von Kehle und Brust hat ein breites weißes Mittelfeld, das der Bürzelfedern ist relativ schmal. Bei beiden ♂ ist der *domesticus*-Einfluß unverkennbar. Es sind *tingitanus* × *domesticus* (s. oben unter *hispaniolensis* × *tingitanus* aus Marokko).

Staatliches Museum für Tierkunde Dresden
Das als *domesticus tingitanus* × *hispaniolensis* („*ahasver*") gekennzeichnete ♂ Nr. 1504 aus Algier ist ein *tingitanus*. Die ebenfalls aus Algier stammenden ♂ 1502 und 1503 sind *tingitanus* × *domesticus* (gekennzeichnet als *d. ting.* × *hisp.*). — ♂ 1502 hat einen grauen Scheitel mit Sprenkelung und liegt nach diesem Merkmal in der Variationsbreite von *domesticus*. Die Färbung des übrigen Gefieders entspricht aber der von *tingitanus*. — ♂ 1503 hat ein nicht klar abgegrenztes Scheitelfeld. Am Hinterkopf hat es normale *italiae*-Federn, einige Nackenfedern haben ein angedeutetes Pfeilmuster, wobei der Pfeil rot sein kann. Die Stirnfedern vereinen das Pfeilmuster mit dem verbreiterten schwarzen Mittelfeld, auch hier kann der Spitzenteil des Pfeiles rot sein. Links und rechts des Pfeiles sind diese Federn grau. Beide ♂ könnten *tingitanus* × *domesticus* sein.

Forschungsinstitut Senckenberg Frankfurt/Main
Die drei als *P. d. tingitanus* bezeichneten ♂ (2251 aus Tunesien, 2228 und 2229 aus Marokko) haben einen grauen Scheitel, beim ♂ 2251 sind schwarze Sprenkel deutlich. Sie sind *P. d. domesticus*. Andererseits befinden sich unter den als *P. h. hispaniolensis* bezeichneten ♂ sieben, die *tingitanus* sind: ♂ 48146 aus Südtunesien, ♂ 2307, 2321, 2322, 2323, 2325 und 2326 aus Algerien (Touggourt).

Rijksmuseum Leiden
Die ♂ 13605 und 13606 aus Algerien, die als *italiae* bezeichnet sind, wären *tingitanus*. Das ♂ 65163 aus Marokko (24 km entfernt von Sidi-Smail) ist ein *domesticus*.

Museum für Naturkunde Berlin, Bereich Zoologisches Museum
Unter den 23 ♂ aus Biskra sind 13 *hispaniolensis*: B517 No 11, 46.642, 46.643, 46.646, 46.648, 46.650, 46.651, 46.653, 46.654, 46.655, 46.656, 46.657 und 46.658. Die übrigen 10 ♂, wie die meisten der eben angeführten ♂ als Hybriden gekennzeichnet, sind *tingitanus*, die infolge der starken Ausdehnung des schwarzen Mittelstreifens über den ganzen apikalen Teil dieser Federn z. T. einen schwarzen Scheitel haben. Ein Pfeilmuster ist nicht ausgebildet. — Von den als *domesticus tingitanus* × *hispaniolensis* gekennzeichneten 16 ♂ aus Constantine, Bordj Djamaa (südl. Biskra) und Quargla sind die ♂ 46.644 und 46.645 aus Constantine *hispaniolensis*, die anderen *tingitanus*. ♂ B882 No 3 vom 15. III. 1913 aus Constantine wurde ursprünglich als *hispaniolensis* × *domesticus* bezeichnet, ist aber ebenfalls *tingitanus*. Allerdings ist das Rotbraun der Oberkopffedern stark zurückgedrängt, z. T. durch die Verbreiterung des schwarzen Mittelstreifs, z. T. durch den rahmfarbenen Saum, so daß hier nur in der Mitte der Federspitze noch ein roter Fleck verblieben ist. — *flückigeri*. ♂ B581 No 10 aus Algerien hat Flankenfleckung und ist *hispaniolensis*, ♂ No 3 aus Touggourt ist *tingitanus*.

Wir können also festhalten, daß in Nordafrika *tingitanus* vorkommt. Dabei handelt es sich aber nicht, wie Hartert & Steinbacher (1932) meinten, um eine Hybridform (*domesticus* × *hispaniolensis*), sondern um eine *italiae* nahestehende Form. Da *italiae*

50 Jahre vor *tingitanus* beschrieben wurde, hat der Name *italiae* Priorität. Man sollte beide wegen der abweichenden Merkmale — oft starke Schwarzfärbung der Oberkopffedern und relativ schmales weißes Mittelfeld des basalen Teils der Kleingefiederfedern bei *tingitanus* — als Unterarten betrachten, *italiae italiae* für Italien, Korsika, Sizilien und Kreta, *italiae tingitanus* für Nordafrika.

Hybridisation mit *hispaniolensis*, der ebenfalls in Nordafrika vorkommt, ist zu erwarten wie auch mit *domesticus* (*tingitanus* × *domesticus*, *domesticus*-Einfluß bei 3 ♂: Bonn 75.643, 75.644, 70.430; *domesticus*-Einfluß ist auch bei 2 ♂ erkennbar, die als *P. d. flückigeri* gekennzeichnet sind, s. oben). Dieses Ergebnis tangiert u. a. die Mitteilung von Summer-Smith & Vernon (1972). Sie unterscheiden für Nordafrika *P. domesticus*, *P. hispaniolensis* und Hybriden; die letzteren zeigten alle Übergänge zwischen *domesticus* und *hispaniolensis* und eine Tendenz zur Stabilisierung der intermediären Form *flückigeri*. *P. domesticus* und *hispaniolensis* sind nach diesen Angaben in Marokko, Algerien, Tunesien und Nordwestlibyen verbreitet, Hybriden fehlen in Algerien, Tunesien und Nordwestlibyen. Hybridisation zwischen *domesticus* und *hispaniolensis* soll in Nordafrika möglicherweise häufiger vorkommen als in anderen Gegenden. — Die tatsächlichen Hybriden wären aber von *flückigeri* = *tingitanus* zu unterscheiden (s. oben), wobei Hybridisation zwischen *tingitanus* und den beiden anderen Arten wahrscheinlich ist. Schwierig wird die Entscheidung, welche biologischen, ökologischen, ethologischen Literaturangaben zu nordafrikanischen Sperlingen sich nun wirklich auf *domesticus* beziehen und welche auf *tingitanus* bzw. auf echte Hybriden.

5. Phylogenese der Gattung *Passer* — Gattungsmerkmale und ihr evolutiver Wandel

Die systematische Beziehung der *Passer*-Arten untereinander ist noch weitgehend ungeklärt (s. hierzu auch die Bemerkungen von Eck 1985). Eine phylogenetische Interpretation fehlt bisher. Folgendes Modell ist hierfür möglich. Auszugehen wäre von einer Form mit

1. einer urtümlichen Ausprägung des Grundmusters der Federn des Kleingefieders,
2. einer urtümlichen Kopffärbung und Kopfzeichnung und
3. der Fähigkeit, neben Melaninen auch Carotinoide auszubilden (Gelb-, Oliv- und Rotfärbung im Gefieder).

Zu den rezenten Arten ergeben sich auf dieser Grundlage mehrere Entwicklungslinien. Sie bilden die Basis für die phylogenetische Gruppierung der Arten dieser Gattung. Die beiden erstgenannten Merkmalskomplexe — das Muster der Kleingefiederfedern und die Kopffärbung — seien nachfolgend genauer beschrieben.

Die Ausgangsart dürfte eine Kopfzeichnung und -färbung ähnlich *P. moabiticus* gehabt haben: einen mittelgrauen oder olivfarbenen Oberkopf, weit nach vorn und hinten reichenden hellen Überaugenstreif, unterhalb desselben ein gegenüber Scheitel und Wangen etwas dunkleres Feld, einen schwarzen Kehlfleck und einen kurzen und schmalen Brustlatz. Ferner ist anzunehmen, daß im Gefieder gelbe und olivfarbene Töne vorhanden waren, die Federn des Kleingefieders zwischen dem basalen und dem apikalen Teil einen hellen Streifen hatten und der weißliche zentrale Bezirk des basalen Teils dieser Federn schmal war.

5.1. Muster und Färbung der Federn des Kleingefieders

Für das Auffinden der Verwandtschaftsgruppen innerhalb der Gattung *Passer* suchte ich nach einer Objektivierung der Methode. Hierfür bot sich das Grundmuster der Federn des Kleingefieders an. Alle *Passer*-Arten haben dasselbe Grundmuster, das in verschiedene Richtungen abgewandelt sein kann. Abgesehen von einem andersfarbenen (meistens rahmfarbenen) Saum, der bis zur Brutzeit oder während derselben abgerieben wird, lassen sich ein basaler und ein apikaler Federteil unterscheiden. Beide sind stets farblich und oft auch durch einen hellen oder einen dunklen Streifen oder auch durch den unteren Teil eines Pfeilmusters voneinander getrennt: Der Basalteil ist meist grau — hell- bis dunkelgrau —, in einigen Fällen schwarz, sein mittlerer Bereich — manchmal auch nur der Schaft und manchmal bis zu einer beträchtlichen seitlichen Ausdehnung — weißlich bis weiß. Der apikale Teil der Federn kann grau, schwarz, oliv, hell- bis dunkelbraun oder sandfarben bis rot sein. In vielen Fällen sind beide Federabschnitte durch einen hellen Streifen getrennt. Dieser kann infolge verstärkter Melanineinlagerung zum apikalen Teil der Feder hin einen dunklen Saum haben, der dunkler als der apikale Teil der Feder ist. In vielen Fällen ist dieser in der Mitte spitz auslaufende dunkle Streifen besonders deutlich (Pfeilmuster), während der helle Streifen fehlt.

Der Vergleich mit anderen Gattungen der Familie Ploceidae ergab, daß die in Abb. 3 dargestellte Variante 1 weit verbreitet ist, während z. B. das Pfeilmuster nur vereinzelt auftritt. Das gestattet, Variante 1 als ancestral anzusehen und die anderen Varianten hiervon abzuleiten. Es ergeben sich drei Richtungen (Abb. 3):

1. von 1 über 2···5 zu 6 und 7,
2. von 1 über 8 zu 9,
3. von 1 über 10 zu 12.

In der ersten Entwicklungslinie wird zunächst das weißliche Mittelfeld breiter (Variante 2). Dann deutet sich das Pfeilmuster an (Var. 3). Der nächste Schritt führt zu einer weitgehenden Reduktion des hellen Streifens zwischen basalem und apikalem Federteil und einer deutlicheren Ausprägung des Pfeilmusters (Var. 4). Im weiteren verstärkt sich das Pfeilmuster immer mehr, und das weißliche Mittelfeld des Basisteils wird breiter (Var. 5 und 7). Es kann aber auch zu einer Abschwächung des Pfeilmusters kommen (Var. 6).

In der zweiten Entwicklungslinie wird der helle Streifen zwischen basalem und apikalem Federteil reduziert (Var. 8), und das weißliche Feld im basalen Teil wird breiter (Var. 8 und 9).

In der dritten Entwicklungslinie wird ebenfalls der helle Streifen zwischen basalem und apikalem Federteil reduziert, und es bildet sich ein dunkler Streifen (Var. 10), der weiße Streifen fällt ganz weg (Var. 11), und das weißliche Mittelfeld wird breiter (Var. 12). Ein Pfeilmuster wird nicht ausgebildet. Es kann aber durch verstärkte Pigmentablagerung und Ausdehnung des schwärzlichen Streifens fast über die gesamte Fahne vorgetäuscht werden (Var. 12).

Nur bei wenigen Arten ist das ancestrale Muster erhalten — bei *P. simplex*, *P. ammodendri* und *P. melanurus* (wobei Var. 2 nur als geringe Abweichung von Var. 1 bewertet ist). Bei den anderen Arten ist das ancestrale Muster insgesamt und in den einzelnen Gefiederpartien unterschiedlich abgewandelt. Am urtümlichsten ist überall das Muster der Bürzelfedern, am stärksten verändert sind meistens die Scheitelfedern.

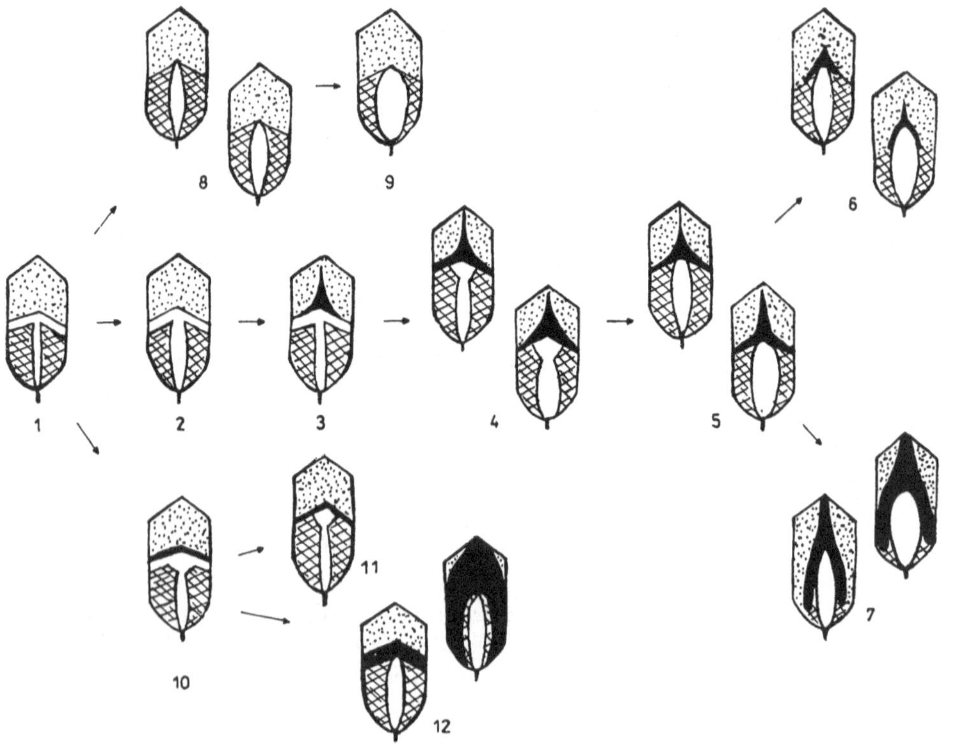

Abb. 3. Gattung *Passer*. Varianten des Grundmusters der Kleingefiederfedern in phylogenetischer Sicht. — **a** Basaler und apikaler Teil der Feder sind im ancestralen Muster durch einen hellen Streifen getrennt (Varianten 1—3). Dieser Streifen wird reduziert (Var. 8 und 9) oder durch ein Pfeilmuster (Var. 3—6 und 7) bzw. einen dunklen Streifen (Var. 10—12) ersetzt. — **b** Das ursprünglich schmale weiße Mittelfeld des basalen Federteils wird breiter. — **c** Das Pfeilmuster kann sich abschwächen (Var. 6) oder verstärken (Var. 5 und 7). — **d** Pfeilmuster und dunkler Mittelstreifen können sich so stark ausdehnen, daß sie einen großen Teil der Feder einnehmen und Sprenkelung oder Schwarzfärbung von Stirn und Scheitel hervorrufen (Var. 7 bei *P. domesticus* und *P. indicus*; Var. 12 bei *P. italiae*).

Die größte Übereinstimmung (Tab. 1) zeigen *P. castanopterus*, *P. rutilans* und *P. montanus*, bei denen die Bürzelfedern das ancestrale Muster haben, während den übrigen Federn der helle Streifen und auch das Pfeilmuster fehlen (Var. 8). Zu dieser Gruppe gehört auch *P. simplex*, da sein Kopfmuster dem von *P. rutilans* entspricht. Seine Linie hat sich sehr früh von der Linie, die zu den drei anderen rezenten Arten führte, abgezweigt, und unter Anpassung an Wüstenhabitate hellte sich das Gefieder auf (2. Entwicklungslinie).

Weitgehende Übereinstimmung und die gleichen Unterschiede zu allen anderen Arten weisen *P. hispaniolensis* und *P. italiae* auf. Sie sind die Vertreter der 3. Entwicklungslinie. *P. hispaniolensis* hat noch Federn mit ancestralem Muster (Var. 1), ferner Federn des Übergangsmusters (Var. 11). Das Pfeilmuster fehlt, und anstelle des hellen Streifens bildete sich ein dunkler aus. Beide Arten stimmen im Muster der Federn des Kleingefieders nicht mit *P. domesticus* überein. Somit unterscheiden sich diese Braunkopfsperlinge ebenso stark von der „*domesticus*"-Gruppe wie die „*rutilans*"-Gruppe. Bei

Tabelle 1
Vorkommen der Varianten des Kleingefiedermusters (Ziffern: Nr. der Varianten)

Nr. der Arten	Arten	Bürzel	Kehlstreif und Brustlatz	Nacken	Scheitel
1.1.1.	*P. moabiticus*	3	6	6	7
1.1.2.	*P. flaveolus*	4	5	5	5
1.1.3.	*P. indicus*	4	5	5	7
1.1.4.	*P. domesticus*	4	5	5	7
1.2.1.	*P. ammodendri*	1	1 + 2	1	1
1.2.2.	*P. melanurus*	1	2	2	2
1.2.3.	*P. iagoensis*	1	2	4	5
1.2.4.	*P. pyrrhonotus*	1	5	7	7
2.1.	*P. hispaniolensis*	11	11	1	1
2.2.	*P. italiae*	12	12	12	12
3.1.	*P. simplex*	1	2	1	1
3.2.	*P. castanopterus*	1	8	8	8
3.3.	*P. rutilans*	1	8	8	8
3.4.	*P. montanus*	1	8	8	8

einigen Individuen von *tingitanus* sind Stirn- und mitunter auch Scheitelfedern so stark pigmentiert, daß ein Pfeilmuster vorgetäuscht wird (Var. 12).

Die übrigen Arten sind Graukopfsperlinge. Eine Gruppe unter ihnen hat noch Federn mit einem ancestralen Muster (Var. 1), die andere Gruppe nicht mehr. Am besten erhalten ist das ancestrale Muster (Var. 1) bei *P. ammodendri*, der in dieser Hinsicht *P. simplex* mehr oder weniger gleicht. Auch bei ihm ist das Gefieder aufgehellt. Die unterschiedliche Kopfzeichnung beider Arten bedingt jedoch die Zuordnung zur jeweiligen Artengruppe. *P. melanurus* ist diesbezüglich *P. ammodendri* recht ähnlich (Var. 1 und 2). Das hell- oder dunkelbraune Kopfseitenfeld ist bei dieser Art weiß. Ein leichter hellbrauner Anflug verrät, daß das Hellbraun ursprünglich intensiver war. Der ehemals graue Scheitel ist dunkel geworden. Bei *P. iagoensis* tritt das Pfeilmuster auf (Var. 4 und 5), bei *P. pyrrhonotus* in noch stärkerem Maße (Var. 5 und 7). Bei beiden Arten haben die Bürzelfedern aber noch das ancestrale Muster. — Dieses Muster ist nicht mehr vorhanden bei *P. moabiticus*, der Art, deren ♂ der Kopfzeichnung nach wohl am urtümlichsten geblieben sind; alle Federn des Kleingefieders haben das Pfeilmuster (Var. 3, 6 und 7). Große Übereinstimmung zeigen *P. flaveolus*, *P. indicus* und *P. domesticus*. Gemeinsam sind die Var. 4 und 5. Von Var. 5 zu Var. 7 ist es nur ein kleiner Schritt. Die Federn von *P. domesticus* unterscheiden sich von denen von *P. indicus* durch ein viel breiteres weißliches Mittelfeld des basalen Teils.

5.2. Kopfzeichnung und Kopffärbung

So wie es ein Grundmuster der Kleingefiederfedern gibt, gibt es bei der Gattung *Passer* ein Grundmuster in der Zeichnung des Kopfes. Man findet es bei ♂ und ♀. Das gestattet, von einem hypothetischen Grundmuster her alle rezenten Färbungstypen bzw. Varianten abzuleiten.

Bei den ♀ (außer bei *P. montanus*) sind Oberkopf, Nacken und Kopfseiten hinter der Ohrgegend gleich gefärbt, Kehle und Bereich unterhalb der Wangen sind relativ hell, im Ton dazwischen liegt die Färbung von Wange und Ohrgegend. Der breite Überaugenstreif hebt sich deutlich ab; er reicht bis weit nach hinten (im Ruhekleid einiger *hispaniolensis*-♂ als weißer statt rahmfarbener Streifen noch erkennbar).

Bei den ♂ dürfte bei der Ausgangsart der Gattung *Passer* die Färbung und Zeichnung des Kopfes im Prinzip ebenso — nur etwas kontrastreicher — gewesen sein, vielleicht ähnlich *P. moabiticus*. Im Erbgut war offenbar die Fähigkeit vorhanden, auch gelbe Farbstoffe auszubilden. Sie ist bei den ♂ einiger rezenter Arten noch erhalten (s. unten). Die ♂ der einzelnen Arten zeigen Abwandlungen unterschiedlichen Grades. Nach den genannten Kriterien geordnet ergeben sich drei Gruppen, die erste mit zwei Untergruppen.

1.1.1. *P. moabiticus* TRISTR., 1864
1.1.2. *P. flaveolus* BLYTH, 1844
1.1.3. *P. indicus* JARDINE & SELBY, 1835
1.1.4. *P. domesticus* (L., 1758).
1.2.1. *P. ammodendri* GOULD, 1872
1.2.2. *P. melanurus* (MÜLL., 1776)
1.2.3. *P. iagoensis* GOULD, 1838)
1.2.4. *P. pyrrhonotus* BLYTH, 1844

2.1. *P. hispaniolensis* (TEMM., 1820)
2.2. *P. italiae* (VIEILLOT, 1817)

3.1. *P. simplex* (LICHT., 1823)
3.2. *P. castanopterus* BLYTH, 1855
3.3. *P. rutilans* (TEMM., 1835)
3.4. *P. montanus* (L., 1758)

Innerhalb dieser Gruppen stehen sich jeweils 1.1.3. und 1.1.4. (*P. indicus* und *P. domesticus*), 2.1. und 2.2. (*P. hispaniolensis* und *P. italiae*) sowie 3.2., 3.3. und 3.4. (*P. castanopterus, P. rutilans* und *P. montanus*) am nächsten. Vom Stamm der „*rutilans*"-Gruppe scheint die zu *P. simplex* führende Linie sehr früh abgezweigt zu sein.

Zunächst sei die Ausprägung der ausgewählten Merkmale genannt. Danach soll versucht werden, die mögliche Phylogenese der rezenten Arten der Gattung *Passer* zu rekonstruieren.

1.1.1. *P. moabiticus*. Gelber Farbstoff vorhanden, bei *P. m. yatii* z. B. im gesamten Gefieder, so daß auch Olivtöne vertreten sind, und bei *P. m. moabiticus* vor allem noch an einem Halsseitenfleck. Scheitel und Nacken sind mittel- bis dunkelgrau. Der Superciliarstreif beginnt bei *m. moabiticus* am Schnabel, bei *m. yatii* oberhalb des Auges, vorn ist er weiß, in seinem hinteren Abschnitt hellbraun. Der Brustlatz ist relativ kurz. Das Kleingefieder zeigt im Muster verschiedene Abstufungen. Die Bürzelfedern haben noch das helle Band, es fehlt den übrigen Federn. Ein schwaches dunkles Pfeilmuster haben außer den Bürzelfedern die Nackenfedern; stark ausgeprägt ist es auf den Scheitelfedern.

1.1.2. *P. flaveolus*. Gelber Farbstoff vorhanden, so daß bei dieser Art neben reinen gelben auch Olivtöne vorkommen (vor allem Scheitel und Körperseiten). Scheitel und Nacken sind olivfarben. Der Superciliarstreif ist vorn gelb und hinter dem Auge hellbraun; er weitet sich zu einem breiten hellbraunen Feld. Der Brustlatz ist kurz und schmaler als bei *moabiticus*, nur wenig breiter als der Kehlstreif. Vom Kleingefieder haben die Bürzelfedern anstelle des hellen Streifens nur ein helles Feld. Das Pfeilmuster ist bei allen Federn vorhanden.

1.1.3. *P. indicus.* Gelber Farbstoff fehlt. Scheitel grau, Nacken grau oder kastanienbraun. Der Superciliarstreif ist vorn stark reduziert, so daß kein Weiß mehr vorhanden ist. Das bei *P. flaveolus* hellbraune Feld hinter dem Auge ist bei *indicus* kastanienbraun. Der Latz reicht relativ weit auf die Brust hinab und ist etwa doppelt so breit wie der Kehlstreif (STEPHAN 1984a). Den Federn des Kleingefieders fehlt der helle Streifen, er ist noch an den Bürzelfedern angedeutet. Das Pfeilmuster ist überall deutlich.

1.1.4. *P. domesticus.* Gelber Farbstoff fehlt. Scheitel grau, Nacken grau oder kastanienbraun. Der Superciliarstreif kann vor dem Auge noch recht deutlich sein, hinter dem Auge ist er meistens als weißer Fleck oder Punkt angedeutet. Darüber und dahinter schließt sich das kastanienbraune Kopfseitenfeld an, das offenbar (s. *P. moabiticus*) aus dem hinteren Abschnitt des Überaugenstreifs hervorgegangen ist. Der Brustlatz ist in Ausdehnung und Form recht variabel (STEPHAN 1984a). Den Federn des Kleingefieders fehlen die hellen Streifen; sie sind nur noch angedeutet als Fleck auf den Bürzelfedern. Das weißliche bis weiße Mittelfeld ist außer bei den Nackenfedern viel breiter als bei *P. indicus.* Das Pfeilmuster ist sehr deutlich; es kann auf dem Scheitel wie bei *indicus* zur Strichelung oder Sprenkelung führen.

1.2.1. *P. ammodendri.* Gelbes Pigment fehlt. Scheitel und Nacken grau, schwarz getupft. Der Superciliarstreif ist auffallend, vorn weiß. Das Weiß gabelt sich oberhalb des Auges und faßt den vorderen Teil des hellbraunen Abschnittes ein. Dieser verbreitert sich stärker auf dem Nacken als an den Kopfseiten. Wie bei *P. iagoensis* haben die Federn das Überaugenstreifs und des Bürzels das helle Feld; an den hinteren Nackenfedern ist es deutlicher als bei *iagoensis.* Das Pfeilmuster der Scheitel- und Nackenfedern ist zu einem breiten schwarzen Feld geworden, wodurch das Muster von Scheitel und Nacken zustande kommt.

1.2.2. *P. melanurus.* Gelb fehlt. Scheitel schwarz, Nacken grau. Der sehr breite Superciliarstreif beginnt oberhalb des Auges und reicht bis weit nach hinten. Der Brustlatz ist sehr breit. An den Bürzelfedern sind die hellen Streifen gut erkennbar.

1.2.3. *P. iagonensis.* Gelb fehlt. Scheitel und Nacken grau, ein hellbraunes Nackenband kann angedeutet sein. Der Superciliarstreif ist deutlich – vor dem Auge weiß, hinter dem Auge oberhalb eines dünnen weißen Strichs hellbraun, in das Kopfseitenfeld, das sich z. T. auf den Nacken ausdehnt, übergehend. Der Brustlatz ist sehr kurz, aber breiter als der Kehlstreif. Die Federn des Superciliarstreifs und des Bürzels haben noch das helle Feld zwischem apikalem und basalem Federabschnitt; ihnen fehlt das bei den anderen Federn des Kleingefieders z. T. sehr gut (Scheitel, hier Strichelung hervorrufend) ausgeprägte Pfeilmuster.

1.2.4. *P. pyrrhonotus.* Gelb fehlt. Scheitel und Nacken grau. Der Superciliarstreif ist vor dem Auge nur angedeutet, hinter dem Auge befindet sich ein weißer Punkt. Das bei dieser Art mittelbraune Kopfseitenfeld verbreitert sich nicht ganz so stark wie bei *P. flaveolus.* Der Brustlatz ist kurz und nicht breiter als der Kehlstreif. Den Federn des Kleingefieders fehlt mit Ausnahme der Bürzelfedern der helle Streifen. Das Pfeilmuster ist mäßig (Bürzelfedern) bis gut (Scheitel- und Nackenfedern) ausgebildet.

2.1. *P. hispaniolensis.* Gelber Farbstoff fehlt. Scheitel und Nacken kastanienrot. Der Superciliarstreif ist deutlich ausgeprägt. Der Brustlatz ist sehr breit (STEPHAN 1984a). Ähnlich wie bei *italiae* sind die beiden Abschnitte der Federn des Kleingefieders durch ein schmales dunkles Band getrennt. Nur die Bürzelfedern haben noch Reste vom hellen Band. Ein Pfeilmuster fehlt.

2.2. *P. italiae.* Gelber Farbstoff fehlt. Scheitel und Nacken kastanienbraun. Der Superciliarstreif ist schwach ausgebildet. Der Brustlatz variiert in Form und Ausdehnung (s. oben, S. 46). Die beiden Abschnitte der Federn des Kleingefieders sind anstelle eines hellen durch ein dunkles Band getrennt. Ein Pfeilmuster fehlt. Das ist ein wichtiger Unterschied zu *P. indicus* und *P. domesticus.* Außerdem ist auch der zentrale weißliche Bezirk des basalen Teiles der Federn viel schmaler als bei *P. domesticus.*

3.1. *P. simplex.* Gelber Farbstoff offenbar in geringer Konzentration vorhanden. Scheitel und Nacken isabellfarben. Kein Superciliarstreif. Brustlatz sehr kurz, etwa doppelt oder dreifach so breit wie der Kehlstreif. Der helle Streifen zwischen basalem und apikalem Teil der Federn ist (außer an den Kehlfedern) vorhanden.

3.2. *P. castanopterus.* Gelber Farbstoff in geringer Konzentration vorhanden (Wange, Brust und Bauch). Scheitel und Nacken rötlichbraun. Ein Superciliarstreif fehlt. Der Brustlatz ist kurz und etwa doppelt so breit wie der relativ breite Kehlstreif. Wie bei *P. rutilans* sind die beiden Federabschnitte nicht durch ein helles oder dunkles Feld getrennt. Das Pfeilmuster fehlt ebenfalls.

3.3. *P. rutilans*. Gelber Farbstoff bei einigen Unterarten vorhanden (*P. r. schaeferi*, stärker bei *P. r. lisarum*). Scheitel und Nacken rötlichbraun. Superciliarstreif ganz schwach vor und über dem Auge angedeutet. Brustlatz kurz und schmal. Bürzelfedern mit hellem Streifen. Bei den übrigen Federn weder ein helles noch ein dunkles Feld zwischen basalem und apikalem Teil, beide aber farblich scharf abgegrenzt. Ein Pfeilmuster fehlt ebenfalls.

3.4. *P. montanus*. Gelb fehlt. Scheitel und Nacken kastanienbraun. Kein Superciliarstreif. Der Brustlatz ist kurz und so schmal wie der Kehlstreif. Wie bei *P. rutilans* sind der apikale und der basale Teil der Kleingefiederfedern nicht durch einen hellen oder dunklen Streifen getrennt. Das Pfeilmuster fehlt ebenfalls; es kann allerdings durch den am Schaft spitz auslaufenden basalen Teil vorgetäuscht werden.

5.3. Rekonstruktion der Phylogenese der Gattung *Passer*

Die Stammesgeschichte der rezenten Arten der Gattung *Passer* läßt sich auf der Grundlage der vorgenommenen Analyse rekonstruieren. Es entstanden drei Gruppen. Zur Gruppe 1 gehören alle Arten mit gegen den Scheitel farblich abgegrenzten Kopfseiten (außer *P. melanurus*), zur Gruppe 2 *P. italiae* und *P. hispaniolensis* und zur Gruppe 3 alle anderen Arten, bei denen Scheitel und Kopfseitenfeld die gleiche Färbung aufweisen (außer *P. moabiticus*).

Gruppe 1. Gelber Farbstoff ist noch bei *P. moabiticus* und *P. flaveolus* vorhanden, bei den anderen Arten nicht mehr. Scheitel und Nacken sind einheitlich grau. Die Färbung der hinteren Kopfseiten dehnt sich aus und führt zur Bildung eines Nackenbandes, das gegen den grauen Scheitel abgesetzt ist. Dunkle Schaftstriche oder Felder auf den Federn führen zu einer Strichelung bzw. Sprenkelung des Scheitels (individuelle Variation, vgl. STEPHAN 1984a). Der Superciliarstreif ist unterschiedlich ausgeprägt. Mit fortschreitender Entwicklung verbreitert er sich an den hinteren Kopfseiten, und an Stelle von Weiß tritt hell- bis dunkelbraun auf. Der Brustlatz ist (im Vergleich zu anderen Gattungen der Familie) urtümlich klein. Seine Ausdehnung nimmt zu. Der helle Streifen zwischen dem apikalen und basalen Teil der Federn des Kleingefieders wird durch einen dunklen Streifen ersetzt, aus dem sich ein pfeilförmiges Muster entwickelt. Die Bürzelfedern weisen meist das urtümliche Muster auf.

Es bildeten sich zwei Gruppen heraus. Eine Entwicklungslinie führte zu *P. moabiticus*, *P. flaveolus*, *P. indicus* und *P. domesticus*, die andere zu *P. ammodendri*, *P. melanurus*, *P. iagoensis* und *P. pyrrhonotus*. *P. moabiticus* hat noch einen urtümlichen Superciliarstreif. In seinem hinteren Abschnitt setzt die Umfärbung von Weiß in Hellbraun ein. Das Pfeilmuster ist bereits gut ausgebildet. Bei *P. flaveolus* ist das Gelb offenbar intensiver geworden. Der Superciliarstreif geht bei dieser Art bereits in ein ausgedehntes (hellbraunes) Feld über. Der Brustlatz ist urtümlicher als bei *P. moabiticus*. Der helle Streifen ist auch an den Bürzelfedern bereits stark reduziert. — Während der Entwicklung zu *P. indicus* und *P. domesticus* fiel der gelbe Farbstoff weg. Das Braun der Kopfseitenfelder wurde dunkler. Der weiße Teil des Superciliarstreifs ist deutlicher erhalten als bei *P. flaveolus*. Bei *P. domesticus* hat der zentrale weißliche Bezirk des basalen Teils der Kleingefiederfedern eine stärkere Ausdehnung als bei *P. indicus*.

Der zweiten Linie dieser Gruppe fehlt wie einem Teil der ersten Linie der gelbe Farbstoff. Es herrscht die Tendenz zur Aufhellung des Gefieders vor. Das Kopfseitenfeld von *P. pyrrhonotus* ist etwas dunkler als das von *P. flaveolus*, aber heller als bei *indicus* und *domesticus*. Der weiße Teil des Superciliarstreifs ist hinter dem Auge nur noch durch einen Punkt repräsentiert. Der Brustlatz ist kurz und nur so schmal wie der Kehlstreif. Nur die Bürzelfedern haben den hellen Streifen. Das Pfeilmuster ist mäßig bis gut (Scheitel und Nacken) ausgebildet. Bei *P. iagoensis* ist das Braun des Kopfseitenfeldes heller als bei *P. pyrrhonotus*, aber dunker als der Ton des Superciliarstreifs von *P. moabiticus*. Vor dem Auge ist der weiße Superciliarstreif deutlich. Der Brustlatz ist ebenfalls kurz, aber breiter als bei *P. pyrrhonotus*. Der helle Streifen zwischen basalem und apikalem Teil ist bei den Federn des Bürzels und des hinteren Abschnittes des Superciliarstreifs deutlich. Ihnen fehlt das Pfeilmuster; Scheitel- und Nackenfedern weisen es auf. Ebenso ist die Verteilung der Muster bei *P. ammodendri*. Diese Art hat ein noch blasseres Gefieder, sie wirkt wie ein heller *P. iagoensis*. Der vordere, weiße Abschnitt des Superciliarstreifs ist noch deutlicher.

Sehr früh muß die Entwicklung zu *P. melanurus* eingesetzt haben. Der gelbe Farbstoff fiel weg. Der vormals graue Scheitel wurde dunkler, schwarz, der graue Nacken etwas dunkler, der Kehlstreif breit und der Brustlatz lang und sehr breit. Der Überaugenstreif fehlt vor dem Auge, hinter dem Auge ist er dafür sehr breit. Diese kontrastreiche Färbung ist sekundär.

G r u p p e 2. Die zweite Entwicklungslinie führte zu *P. italiae* und *P. hispaniolensis*. Bei beiden Arten sind die Abschnitte der Kleingefiederfedern nicht durch ein helles, sondern durch ein dunkles Band getrennt. Ein Pfeilmuster fehlt jedoch (angedeutet nur an den Brustfedern bei *P. hispaniolensis*). Das ist ein wichtiger Unterschied zu *P. domesticus* und *P. indicus*. Auch ist der zentrale weißliche Bezirk des basalen Federteils viel schmaler als bei *P. domesticus*.

Die Ableitung von *P. italiae* und *P. hispaniolensis* gelingt nur von der hypothetischen Ausgangsart der Gattung. In Parallele zu Gruppe 3 blieben Scheitel und Nacken nicht grau, sondern wurden hier kastanienbraun. Im Unterschied zu Gruppe 3 blieb der Überaugenstreif erhalten und ist bei *P. hispaniolensis* recht gut ausgeprägt. Der Brustlatz variiert in Form und Ausdehnung individuell, bei *P. hispaniolensis* ist er sehr breit. Somit ist *P. italiae* hinsichtlich des Brustlatzes und der fehlenden Flankenfleckung urtümlicher als *P. hispaniolensis*. *P. hispaniolensis* ist dagegen hinsichtlich der deutlicheren Ausprägung des Überaugenstreifs, der geringeren Ausdehnung des weißlichen zentralen Bezirks des basalen Teils der Federn sowie der dunklen Trennlinie zwischen basalem und apikalem Teil urtümlicher als *P. italiae*. Das deutet darauf hin, daß ihre getrennte Entwicklung bald nach Abspaltung der Stammform dieser Gruppe einsetzte.

G r u p p e 3. Die dritte Entwicklungslinie führte zu *P. simplex*, *P. castanopterus*, *P. rutilans* und *P. montanus*. Relativ früh muß sich die Linie abgezweigt haben, die zu *P. simplex* führte. Offenbar war sein Vorfahre ähnlich *P. rutilans* kräftig gefärbt. *P. simplex* hat noch in den Scheitel-, Nacken-, Brust- und Bürzelfedern den hellen Streifen, was als relativ urtümliches Merkmal zu werten ist. Bei *P. rutilans* ist wie bei *P. moabiticus* und *P. flaveolus* noch gelbes Pigment vorhanden. Der Überaugenstreif ist fast völlig reduziert, ebenso — bis auf die Bürzelfedern — der helle Streifen, der die beiden Abschnitte der Federn des Kleingefieders trennt. Hinsichtlich dieses Musters stimmen die Verhältnisse mit denen bei *P. montanus* überein. Bei *P. montanus* ist der Überaugenstreif völlig reduziert. Der Brustlatz ist ebenfalls kurz und schmal. Breiter ist er dagegen bei

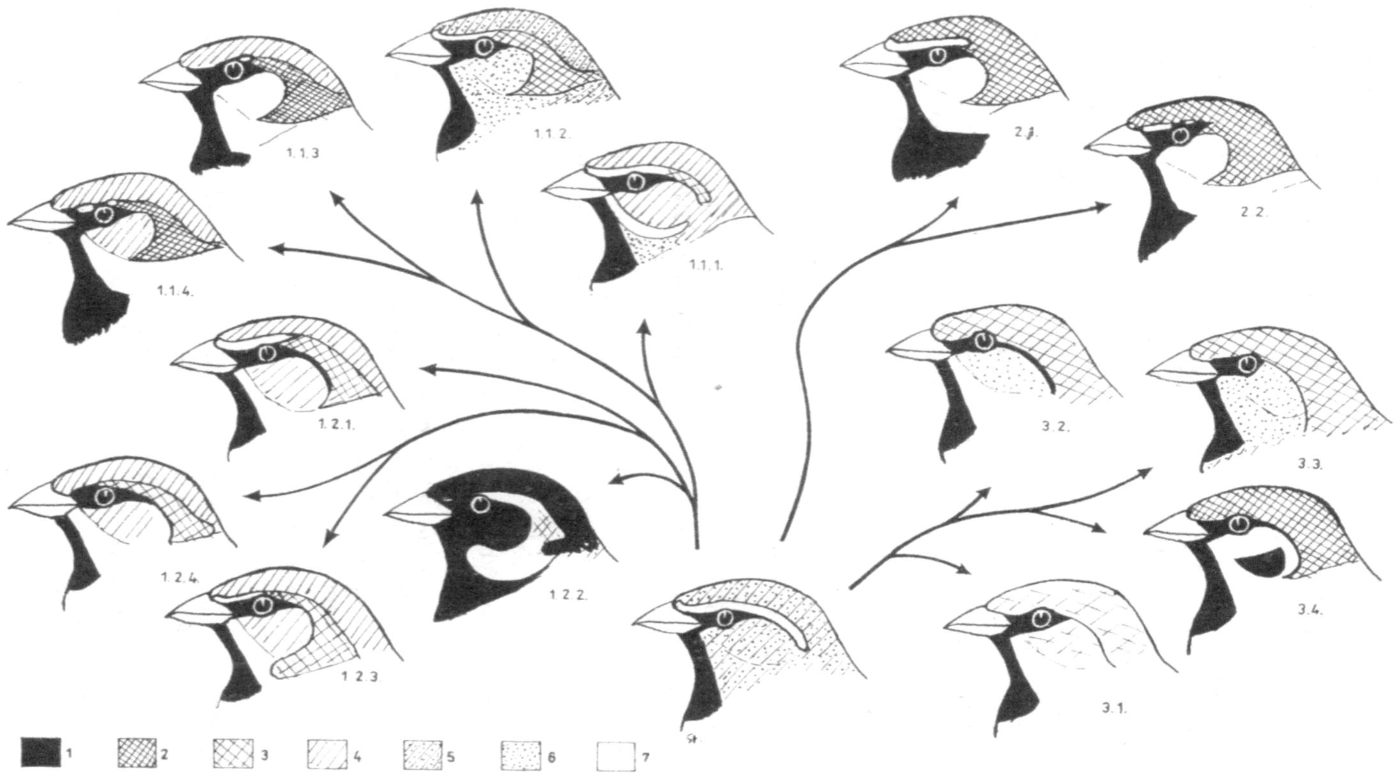

Abb. 4. Gattung *Passer*. Phylogenetische Verwandtschaft der Arten. Begründung s. Text. — 1 schwarz, 2 dunkelbraun bzw. rot, 3 hellbraun, 4 grau, 5 oliv, 6 gelb, 7 weiß.

1.1.1. P. *moabiticus*
1.1.2. *P. flaveolus*
1.1.3. *P. indicus*
1.1.4. *P. domesticus*

1.2.1. *P. ammodendri*
1.2.2. *P. melanurus*
1.2.3. *P. iagoensis*
1.2.4. *P. pyrrhonotus*

2.1. *P. hispaniolensis*
2.2. *P. italiae*

3.1. *P. simplex*
3.2. *P. castanopterus*
3.3. *P. rutilans*
3.4. *P. montanus*

P. castanopterus. Der Überaugenstreif fehlt ebenfalls. Andererseits ist noch etwas gelber Farbstoff vorhanden.

Das Schema (Abb. 4) veranschaulicht die aufgezeigten Entwicklungslinien bzw. die Gruppierung der rezenten Arten zu phylogenetischen Verwandtschaftsgruppen.

Die geschilderten evolutiven Wandlungen des Federmusters sowie der Kopfzeichnung und -färbung innerhalb der Gattung *Passer* (morphologischer Aspekt) steht mit der Verbreitung der Arten (geographischer Aspekt) in Einklang. Es ist anzunehmen, daß die Stammform der Gattung in Nordafrika oder Vorderasien entstand. Linie 1 nahm vermutlich ihren Anfang in Vorderasien, wo heute noch *P. moabiticus* lebt. In Hinterindien bildete sich unter subtropischen Bedingungen *P. flaveolus* heraus, in trockenen Gebieten Vorderasiens dagegen *P. indicus*. *P. domesticus* scheint eher das Ergebnis einer Parallelentwicklung hierzu zu sein; er hat möglicherweise im Nahen Osten seinen Ursprung und sich nach Westen über Europa und Nordafrika sowie in Asien ausgebreitet, wo sich heute das Areal z. T. mit dem vom *P. indicus* überschneidet. Zum Status von *P. indicus* siehe GAVRILOV & KORELOV (1968), YAKOBI (1979), RADJABLI & PANOV (1972) und STEPANJAN (1983).

Auch *P. pyrrhonotus* nahm seinen Anfang in Vorderasien, vielleicht im Gebiet der heutigen Verbreitung (Iran, Pakistan). Zweimal führte die Ausbreitung nach Afrika, wo *P. melanurus* und *P. iagoensis* entstanden. Ein anderer Weg führte nach Zentralasien, wo sich *P. ammodendri* herausbildete.

Linie 2 nahm ihren Anfang möglicherweise in Nordafrika (*tingitanus*-ähnlich), von wo aus Italien (*P. italiae*) sowie der südliche Mittelmeerraum und das Gebiet bis Mittelasien (*P. hispaniolensis*) besiedelt wurde.

Linie 3 hat ihren Ursprung wahrscheinlich ebenfalls in Vorderasien. *P. simplex* ist wahrscheinlich in Zentralasien entstanden und von dort aus auch in die Sahara gelangt. *P. rutilans* entwickelte sich östlich des Ursprungsgebietes der Gruppe in subtropischen Gebieten (satte Farben) und breitete sich sowohl nach Westen als auch weiter nach Osten aus (Afghanistan bis Japan). Wahrscheinlich hat auch *P. montanus* sein Areal von einem subtropischen Gebiet Asiens aus erweitert, heute ganz Eurasien besiedelnd.

5.4. Die taxonomische Stellung von *italiae*

Das Nachvollziehen der Problemgeschichte, die Untersuchung von *Passer*-Hybriden, die Diskussion der Isolationsmechanismen, die Analyse der individuellen Variabilität, der Vergleich aller Arten der Gattung *Passer* sowie die phylogenetische Interpretation bestimmter Feder- und Gefiedermerkmale führten zu dem Ergebnis, daß *italiae* keine Unterart von *domesticus*, sondern eine gute Art ist. Ferner stellte sich heraus, daß auch *tingitanus* keine Unterart von *domesticus* ist, sondern *italiae* sehr nahe steht. Bei Beachtung der individuellen Variabilität ist *flückigeri* von *tingitanus* nicht zu unterscheiden.

Da wahrscheinlich alle *Passer*-Arten miteinander hybridisieren, kann Hybridisation im Falle von *italiae* nicht als Kriterium für die phylogenetische Nähe zu *domesticus* herangezogen werden. Die phylogenetischen Verwandtschaftsbeziehungen aller Arten der Gattung lassen sich aber nur ableiten, wenn von dem Modell einer urtümlichen Art aus die evolutiven Wandlungen der Merkmale betrachtet werden — in vorliegender Studie anhand des Grundmusters der Federn des Kleingefieders sowie der Kopfzeichnung und -färbung versucht. Da diese Merkmale bei den Arten unterschiedlich abwandelten, ist die Übereinstimmung hierin zwischen den Arten der Gattung verschieden. So ergaben sich Artengruppen, die phylogenetisch begründet sind. Es erwies sich, daß sich *italiae* und *hispaniolensis* recht nahe stehen, beide jedoch mit *domesticus* nicht in eine engere Verwandtschaftsgruppe gehören. Das widerspricht nicht allen gegenwärtigen Auffassungen (s. Problemgeschichte). Zu prüfen bleibt, ob auf Sizilien und anderen Inseln *italiae* mit leicht angedeuteter Flankenfleckung lebt, die dann zur individuellen Variation von *italiae* zu rechnen wäre, oder ob es sich tatsächlich um Übergangsformen zwischen *italiae* und *hispaniolensis* handelt — wahrscheinlicher ist ein Klin als eine stabilisierte Hybridfärbung. An die notwendige Prüfung der Merkmalsvariabilität wäre von unterschiedlichen theoretischen Voraussetzungen heranzugehen, d. h., es wäre zu prüfen, ob die Fakten sich unterschiedlich interpretieren und als Stütze verschiedener Vorstellungen nutzen lassen oder nicht.

6. Zusammenfassung

1. Die verschiedenen Meinungen über den taxonomischen Status des Italiensperlings — *Passer domesticus italiae* oder *Passer italiae* — und Zweifel an der Richtigkeit der Vorstellung, er sei das Produkt der Hybridisation zwischen *P. domesticus* und *P. hispaniolensis*, deuten auf Widersprüche zwischen der Synthetischen Theorie der Evolution und der Praxis der Taxonomie hin.

2. Bereits Ende des vorigen Jahrhunderts war es 1. üblich, einige nordafrikanische Sperlinge als Hybriden zwischen *P. hispaniolensis* und *P. domesticus* zu betrachten, galten 2. *P. italiae* und *P. hispaniolensis* als nahe verwandt, wurde 3. ihre Nähe zu *P. domesticus* betont, war man 4. überzeugt, daß das sympatrische Vorkommen von *P. domesticus* und *P. hispaniolensis* ausschließe, beide Arten als konspezifisch zu betrachten, spielten 5. ökologische und ethologische Fragen bei dieser Diskussion eine große Rolle. In den ersten beiden Jahrzehnten dieses Jahrhunderts setzte sich die Konzeption der polytypischen Art durch, und es gewann die Vorstellung von der Hybridisation von Formen breiten Einfluß, was auch zur Festigung der Auffassung führte, *P. italiae* sei eine Unterart von *P. domesticus* und bestimmte nordafrikanische Sperlinge seien Hybriden. Die Fakten (Gefiedermerkmale) wurden sehr verschieden interpretiert. Es wurde darüber gestritten, ob *P. italiae* in Nordafrika vorkomme oder nicht. Der Übergangscharakter und die große individuelle Variabilität der Merkmale bei Hybridisation wurden immer wieder hervorgehoben. Diskutiert wurde auch, ob aus einer Hybridform eine neue Art hervorgehen könne oder nicht. Das führte u. a. zur Beschäftigung mit Zwillingsarten.

3. Hybridisation wurde zum Kriterium für die Einschätzung, ob die betreffenden Taxa zu einer Art gehören oder nicht. Diese Vorstellungen wurden Bestandteil der Theorie der Art in der Synthetischen Theorie der Evolution. Es gab Auseinandersetzungen um Evolutionstheorie und Formenkreislehre. MEISE (1936) versuchte, den taxonomischen Status von *italiae* als Unterart von *P. domesticus* zu begründen. Dabei kam es zu Formalismus in der Anwendung der Theorie. Ferner wandte MEISE eine Methode an, die das gewünschte Ergebnis garantierte.

Zu dieser Zeit wurde die Synthetische Theorie der Evolution erarbeitet. Die Annahme, *italiae* sei ein Hybridisationsprodukt, wurde als „Tatsache" in die Theorie aufgenommen. Für die hiervon abgeleiteten Schlußfolgerungen galt *italiae* als Beispiel.

4. Erst Ende der 60er Jahre und in den 70er Jahren erschienen wieder einzelne Beiträge zum tatus von *italiae*. Gegenwärtig werden fünf Meinungen vertreten:

1. *italiae* ist eine Unterart von *domesticus*, *domesticus* und *hispaniolensis* sind getrennte Arten,
2. *italiae* ist eine Unterart von *domesticus*, *domesticus* und *hispaniolensis* sind konspezifisch,
3. *italiae* ist eine gute Art.

In diesen drei Varianten gilt *italiae* als stabilisierte Hybridform. In den beiden folgenden Varianten ist *italiae* eine Art mit einem Ursprung wie die anderen *Passer*-Arten.
4. *italiae* und *hispaniolensis* sind Unterarten der Art *P. italiae*,
5. *italiae* und *hispaniolensis* sind gute Arten einer engeren Verwandtschaftsgruppe.

5. Neuere Arbeiten bringen Belege dafür, daß in den sympatrischen Gebieten *P. domesticus* und *P. hispaniolensis* ökologisch nicht scharf getrennt sind, daß es aber ethologische und karyologische Unterschiede zwischen beiden gibt. Es gibt Widersprüche zwischen Evolutionstheorie, Theorie der Art und Unterart und der Praxis der Taxonomie. Deshalb werden nach der Problemgeschichte zunächst Aspekte der Theorie erörtert, vor allem die Einheit von Kontinuität und Diskontinuität. Die Definition der Art der Synthetischen Theorie der Evolution erscheint als unzureichend. Deshalb wird eine präzisierte Definition zur Diskussion gestellt.

Hybridisation ist innerhalb der Gattung *Passer* keine Ausnahme — Beispiele sind angeführt — und so kann Hybridisation zwischen *P. domesticus* und *P. hispaniolensis* taxonomisch nicht so hoch bewertet werden. Die relative Einheitlichkeit der Merkmale bei *italiae* steht im Widerspruch zur verstärkten Variabilität bei Hybridisation. Stabilisierung der Hybridform ist in diesem Falle lediglich ein Postulat.

6. Ausgehend von der Evolutionstheorie und vom Populationsdenken sind nicht willkürlich ausgewählte Typen als Grundlage des Vergleichs zu nehmen, sondern die gesamte Variationsbreite. Es wird nachgewiesen, daß Meise (1936) und andere Autoren beim typologischen Denken blieben — ihre theoretischen Voraussetzungen und Methoden sind formal, die individuelle Variabilität ist nur scheinbar berücksichtigt. Die Interpretation der Merkmale erfolgt bei ihnen nach der Vorstellung, *italiae* sei Hybridisationsprodukt.

7. Die Ergebnisse der eigenen Untersuchungen zur individuellen Variabilität von *italiae* werden dargelegt; *italiae* unterscheidet sich in dieser Hinsicht nicht von anderen *Passer*-Arten. Der Grad der individuellen Variabilität, das Vorkommen von Hybriden zwischen vielen *Passer*-Arten, die Zuchten — eine F_2 konnte noch nicht erhalten werden — und die Chromosomenuntersuchungen sprechen dafür, daß *italiae* keine Hybridform, sondern eine gute Art ist. Ganz entsprechend ist auch *tingitanus* keine Hybridform, sondern ein Braunkopfsperling, eine *italiae*-ähnliche Form, die man als Unterart von *italiae* auffassen kann; *flückigeri* ist von *tingitanus* nicht zu unterscheiden.

8. Im weiteren wird die Rekonstruktion der Phylogenese der Gattung *Passer* versucht, und zwar auf der Grundlage der Ausprägung des Grundmusters der Federn des Kleingefieders, des Grundmusters der Kopfzeichnung und der Fähigkeit, Melanine und Carotinoide auszubilden. Es ergeben sich drei Entwicklungsrichtungen und damit drei Verwandtschaftsgruppen innerhalb der Gattung (s. S. 58). *P. italiae* steht *P. hispaniolensis* am nächsten, *P. domesticus* gehört zu einer anderen Verwandtschaftsgruppe. Folglich kann *italiae* nicht als Unterart von *domesticus* geführt werden. Zu analysieren bleibt nun der tatsächliche Hybridisierungsgrad zwischen den *Passer*-Arten vor allem in Nordafrika, auf Malta, in Südwestitalien, im Süden Korsikas und in Norditalien.

ummary

1. Differences of opinion with regard to the taxonomic status of the Italian Sparrow (*P. domesticus italiae* or *P. italiae*) as well as the doubts being expressed whether *italiae* truly is a result of hybridization between *P. domesticus* and *P. hispaniolensis*, may result from differences between the synthetic theory of evolution and practical procedure of taxonomy.

2. Already in the end of the last century, it was common 1. to see in some North African sparrows hybrids between *P. hispaniolensis* and *P. domesticus*, 2. to consider *P. italiae* and *P. hispaniolensis* closely related, 3. to underline their closeness to *P. domesticus*, 4. to deny conspecifity of both species because of their sympatric occurence, and furthermore 5. ecological and ethological questions already played their part. During the first two decades of this century the polytypic species concept gained grounds as well as the idea of hybridization of the forms which in turn reinforced the idea of *P. italiae* being a subspecies of *P. domesticus* and of certain North African sparrows being hybrids. The facts (characteristics

of plumage) received most constrasting interpretations. It was in dispute whether or not *P. italiae* occurred in North Africa. The transitional nature and the wide individual variability of characters in cases of hybridization was stressed again and again. Another point was whether or not hybrids could constitute a new species. This, in turn, raised interest in sibling species.

3. Hybridization became the touchstone of species conspecifity, and these ideas continued as part of the species concept of the synthetic theory. There were discussions about the theory of evolution and the Formenkreislehre. MEISE (1936) attempted to classify *italiae* as a subspecies of *P. domesticus*. His formalistic methods, however, begged the question.

This was the period of establishment of the synthetic theory. The assumption that *italiae* is a hybrid became a "fact". For the more general conclusions on hybridization, *italiae* became a standard example.

4. The end of the sixties and the next decade witnessed new publications on the status of *italiae*. At present, four conceptions exist:

1. *italiae* is a subspecies of *P. domesticus*, *P. domesticus* and *P. hispaniolensis* are good species,
2. *italiae* is a subspecies of *P. domesticus*, *P. domesticus* and *P. hispaniolensis* are conspecific,
3. *italiae* is a good species.

In these three cases, *italiae* is considered a stable hybrid-form. In the following cases *italiae* is a species of similar origin as the others.

4. *italiae* and *hispaniolensis* are subspecies of *P. italiae*,
5. *italiae* and *hispaniolensis* are good species of a closely related group.

5. New publications show that in the sympatric range *P. domesticus* and *P. hispaniolensis* are not sharply seperated ecologically but there are ethological and caryological differences. Differing approaches result from the theory of evolution, theory of species and subspecies from practical procedure of taxonomy. Therefore, after stating the history of the problem, aspects of the theory, in particular the relationship between continuity and discontinuity are discussed. The species definition by the synthetic theory seems insufficient. A modified definition is suggested.

Hybridization within the genus *Passer* is no exception — examples are given — thus hybridization between *P. domesticus* and *P. hispaniolensis* should not be overrated. The relative uniformity of characters in *italiae* is in contrast to the wide variability known in hybrids. Stabilization of hybrid-form in this case is no more than a postulate.

6. The complete width of variation should serve as a comparative basis rather than arbitrarily selected types. It is shown that MEISE (1936) and others continued in typological thinking — their theoretical premisses and methods are formal, individual variability is taken into consideration only apparently. The interpretation of characters given by them is biassed by the idea that *italiae* is a hybrid.

7. The results of my own analysis of the individual variability of *italiae* show that *italiae* does not differ in this respect from the other *Passer* species. The nature of the individual variability, the occurrence of hybrids between various species of *Passer*, the breedings (the F_2 is missing as yet) as well the chromosomes suggest, that *italiae* is not a hybrid but a good species. Similarly, *tingitanus* is neither a hybrid. *Flückigeri* in no way differs from *tingitanus*. *Tingitanus* is a brownheaded sparrow, an *italiae*-like form, which may be taken as a subspecies of *italiae*.

8. Furthermore, a reconstruction of the phylogenesis of the genus *Passer* is attempted using the basic pattern of feathers of the head and the body, the basic pattern of the picture of head and the ability of produce melanines and carotinoids. Three lineages are established within the genus. *P. italiae* and *P. hispaniolensis* form a group, and *P. domesticus* is a member of another group. Consequently, *italiae* can not be taken as a subspecies of *domesticus*. An analysis remains to be done of the actual degrees of hybridization among the *Passer*-species above all of North Africa, Malta, southwestern Italy, the north of Corsica and of northern Italy.

7. Literatur

ALONSO, J. C. (1984): Zur Mauser spanischer Weiden- und Haussperlinge (*Passer hispaniolensis* und *domesticus*). — J. Orn. **125** (2), 209—223.

— (1984): Kreuzung spanischer Haus- (*Passer domesticus*) und Weidensperlinge (*Passer hispaniolensis*) in Gefangenschaft. — J. Orn. **125** (3), 339—340.

ASH, J. S. & P. R. COLSTON (1981): A House × Somali Sparrow *Passer domesticus* × *P. castonopterus* hybrid. — Bull. Brit. Orn. Club **101** (2), 291—294.

BANNERMAN, D. A. (1927): Report on the Birds collected and observed during the British Museum Expedition to Tunisia in 1925. — Ibis, Ser. 12, Vol. **III**, Suppl.

BAUMGART, W. (1984): Zur Charakterisierung von Haus- und Weidensperling, *Passer domesticus* und *Passer hispaniolensis*, als „zeitdifferente Arten". — Beitr. Vogelkd. **30** (4/5), 217—242.

— & B. STEPHAN (1974): Die Ausbreitung des Weidensperlings (*Passer hispaniolensis*) auf der Balkanhalbinsel und ihre Ursachen (Aves, Passerinae). — Zool. Abh. Mus. Tierkd. Dresden **33** (8), 103—138.

BODENSTEIN, G. (1953): Auftreten einer *hispaniolensis*-ähnlichen Kopfzeichnung bei einem mitteleuropäischen Haussperling. — Orn. Mitt. **5** (4), 72.

CHEKE, A. S. (1966): Sparrows on Corsica and Sardinia. — Ibis **108** (4), 630—631.

CHIGI, F. (1904): *Passer hispaniolensis* (Tem.), *Passer italiae* (Vieill.), *Passer domesticus* (L.). — Boll. Soc. Zool. Ital., S. 127—146.

— (1914): Il *Passer domesticus* (Lin.) le sue forme e i suoi rapporti con le specie congeneri. — Boll. Soc. Zool. Ital. **23**, 1—47.

COVA, C. (1977): Correlazioni sistematiche fra i passeri domesticus, italiae ed hispaniolensis. — Ucc. Ital. **2** (5), 208—218.

ECK, S. (1985): Katalog der ornithologischen Sammlung Dr. Udo Bährmanns (5. Fortsetzung). — Zool. Abh. Mus. Tierkd. Dresden. **40** (8), 79—108.

ERLANGER, C. Frh. v. (1899): Beiträge zur Avifauna Tunesiens. — J. Orn. **47** (4), 476—481.

GAVRILOV, E. I. (1965): On hybridisation of Indian and House Sparrows. — Bull. Brit. Orn. Club **85** (6), 112—114.

— & M. N. KORELOV (1968): The indian sparrow as a distinct good species. — Bull. Moscow Soc. Nat., Biol. Ser. **73** (4), 115—122.

GEYR VON SCHWEPPENBURG, H. Frhr. (1918): Ins Land der Tuareg. — J. Orn. **66** (2), 121 bis 176.

GRAY, A. P. (1958): Bird Hybrids. A Check-List with Bibliography. — Bucks, Engl.

HAMILTON, S. & R. F. JOHNSTON (1978): Evolution in the house sparrow — VI. Variability and niche width. — Auk **95**, 313—323.

HARTERT, E. (1904—1910): Die Vögel der paläarktischen Fauna. Bd. 1. — Berlin.

— & F. STEINBACHER (1932—1938): Die Vögel der paläarktischen Fauna. Ergänzungsband. — Berlin.

IVANITSKII, V. V. (1985): Social Organization and Display of *Passer hispaniolensis* and *P. indicus*. — Zool. Zhurnal (Moscow) **64** (8), 1213—1223.

JAHN, I. (1982): Kap. 10 und 11 in: I. JAHN, R. LÖTHER & K. SENGLAUB, Geschichte der Biologie. — Jena.

JENNI, L. & U. SCHAFFNER (1984): Herbstbewegungen von Haus- und Feldsperling (*Passer domesticus domesticus* und *P. montanus*) in der Schweiz. — Orn. Beob. **81** (1), 61—67.

JOHNSTON, R. F. (1969): Taxonomy of House Sparrows and Their Allies in the Mediterranean Basin. — Condor **71** (2), 129—139.

KLEINSCHMIDT, O. (1900): Arten oder Formenkreise? — J. Orn. **48** (1), 134—139.

— (1904): Einiges über Spatzen. — Orn. Mber. **12** (1), 7.

— (1904): Die wichtigsten Ergebnisse der zweiten algerischen Reise von E. Flückiger. — Orn. Monatsber. **12** (11), 196—198.

— (1926): Die Formenkreislehre und das Weltwerden des Lebens. — Halle/S.

— (1935): Katalog meiner ornithologischen Sammlung. — Halle/S., S. 4.

— (1941): Über Sperlinge. — Falco **37** (2), 18.

KLEINSCHMIDT, O. (1944): Zu K 150, Kreta-Sperling. — Falco **40** (1), 8.
KRAMPITZ, O. (1958): Weiteres über die Brutvögel Siziliens. — J. Orn. **99** (1), 39—58.
MACKE, T. (1965): Gelungene Kreuzung von *Passer domesticus* und *hispaniolensis*. — J. Orn. **106** (4), 461—462.
MAYR, E. (1967): Artbegriff und Evolution. — Hamburg u. Berlin.
MEISE, W. (1934): Ueber Artbastarde bei paläarktischen Sperlingen. — Orn. Mber. **42** (1), 9—15.
— (1936): Zur Systematik und Verbreitungsgeschichte der Haus- und Weidensperlinge, *Passer domesticus* (L.) und *hispaniolensis* (T.). — J. Orn. **84** (4), 631—672.
— (1936): Über Artentstehung durch Kreuzung in der Vogelwelt. — Biol. Zentralblatt **56** (11/12), 590—604.
— (1962): Spezielle Vogelkunde, in: R. BERNDT & W. MEISE: Naturgeschichte der Vögel, Bd. 2. — Stuttgart.
— (1975): Natürliche Bastardpopulationen und Speziationsprobleme bei Vögeln. — Abh. Verh. naturwiss. Ver. Hamburg (N. F.) **18/19**, 187—254.
MEUNIER, K. (1955): Über die tingitanus-Zeichnung beim schleswig-holsteinischen Haussperling (Passer domesticus subsp.). — Mitt. faunist. Arbeitsgemeinschaft Schleswig-Holstein, Hamburg u. Lübeck, N. F. **8** (1), 25—28.
MOREAU, R. E. & J. C. GREENWAY, Jr. (1962): Family Ploceidae, In: J. L. PETERS: Check-List of Birds of the World., herausgegb. von E. MAYR & J. C. GREENWAY, jr., Bd. 15. — Cambridge, Mass.
NIETHAMMER, G. (1943): Beitrag zur Kenntnis der Brutvögel des Peloponnes. — J. Orn. **91** (2/3), 167—238.
— (1958): Das Mischgebiet zwischen *Passer d. domesticus* und *Passer d. italiae* in Süd-Tirol. — J. Orn. **99** (4), 431—437.
— & K. BAUER (1960): Das Mischgebiet zwischen *Passer d. domesticus* und *Passer d. italiae* im Tessin. — Orn. Beob. **57** (5/6), 241—242.
NYHOLM, P. F. (1966): A supposed hybrid between House Sparrow (*Passer domesticus*) and Tree Sparrow (*Passer montanus*). — Vår Fågelvärld **25** (3), 274—275.
PANOV, E. N. & S. I. RADJABLI (1972): Relationships between the House Sparrow (*Passer domesticus* L.) and the Spanish Sparrow (*Passer hispaniolensis* Temm.) in Tadjikistan and the possible isolation mechanismus. — In: N. N. VORONTSOV (Hrsgb.): Problems of Evolution, Vol. II, S. 263—275. Novosibirsk.
PAYN, W. H. (1948): Notes from Tunisia and eastern Algeria: February 1943 to April 1944. — Ibis **90** (1), 1—21.
PEUS, F. (1954): Zur Kenntnis der Brutvögel Griechenlands. — Bonn. zool. Beitr., Sonderband, S. 1—50.
PIECHOCKI, R. (1954): Statistische Feststellungen an 20000 Sperlingen (*Passer d. domesticus*). — J. Orn. **95** (3/4), 297—305.
PLESKE, Th. (1912): Zur Lösung der Frage, ob *Cyanistes pleskei* Cab. eine selbständige Art darstellt, oder für einen Bastard von *Cyanistes coeruleus* (Linn.) und *Cyanistes cyanus* (Pall.) angesprochen werden muß. — J. Orn. **60** (1), 96—109.
PRIGOGINE, A. (1984): Speciation Problems in Birds with Special Reference to the Afrotropical Region. — Ann. Orn. **8**, 3—27.
RADJABLI, S. I. & E. N. PANOV (1972): On the problem of the Species independency of the south asiatic House Sparrow (*Passer domesticus griseogularis* Sharp). — In: N. N. VORONTSOV (Hrsgb.): Problems of Evolution, Vol. II, S. 253—262. Novosibirsk.
RENSCH, B. (1929): Das Prinzip geographischer Rassenkreise und das Problem der Artbildung. — Berlin.
RICHARDSON, R. A. (1957): Hybrid Tree × House Sparrow in Norfolk. — Brit. Birds **50**, 80—81.
ROOKE, K. B. (1957): Hybrid Tree × House Sparrow in Dorset. — Brit. Birds **50**, 59 to 80.
ROTHSCHILD, W. & E. HARTERT (1912): Ornithological explorations in Algeria. — Novit. Zool. **18**, 456—550.
RUPRECHT, A. L. (1965): A hybrid House Sparrow × Tree Sparrow. — Bull. Brit. Orn. Club **87**(5), 78—87.

SCHIFFERLI, L. & A. SCHIFFERLI (1980): Die Verbreitung des Haussperlings *Passer domesticus domesticus* und des Italiensperlings *Passer domesticus italiae* im Tessin und im Misox. — Orn. Beob. **77** (1), 21—26.
SCHÖLL, R. W. (1959): Über das Vorkommen von Sperlingen am Brenner-Paß (Tirol). — J. Orn. **100** (4), 439—440.
— (1960): Die Sperlingsbesiedlung des Pustertales/Südtirol und seiner nördlichen Seitentäler. — Anz. Orn. Ges. Bay. **5** (6), 591—596.
SCHWEIGER, H. (1959): Über das Vorkommen des Rotkopfsperlings (*Passer domesticus italiae* Vieill.) in Südkärnten. — J. Orn. **100** (3), 350—351.
SEITZ, E. (1964): Zum Mischgebiet zwischen *Passer d. domesticus* und *Passer d. italiae* in Südtirol und den südöstlich angrenzenden Gebieten. — Orn. Mitt. **16** (10), 212.
SELANDER, R. K. & R. F. JOHNSTON (1967): Evolution in the House Sparrow. I. Intrapopulation variation in North America. — Condor **69** (3), 217—258.
SENGLAUB, K. (1978): Vorgeschichte und Herausbildung der „synthetischen Theorie der Evolution" und der Anteil der ornithologischen Systematik. — Ann. Orn. **2**, 36—56.
— (1982): Kap. 12, in: I. JAHN, R. LÖTHER & K. SENGLAUB: Geschichte der Biologie. — Jena.
SHORT, L. L. (1969): Taxonomic aspects of avian hybridisation. — Auk **86** (1), 84—105.
STEINBACHER, J. (1952): Zur Verbreitung und Biologie der Vögel Sardiniens. — Vogelwelt **73** (6), 197—208.
— (1954): Über die Sperlings-Formen von Sardinien und Sizilien. — Senckenbergiana **34** (4—6), 307—310.
— (1956): Zur Variation des Gefieders und Verhaltens bei Sperlingen Sardiniens und Siziliens. — Senck. biol. **37** (3—4), 213—219.
STEPANJAN, L. S. (1983): Nadvidy i vidy-dvojniki v avifaune SSSR (Superspezies und sibling-Spezies in der Avifauna der UdSSR). — Moskau.
STEPHAN, B. (1982): Zur Mauser dreier *Passer*-Arten in Kazachstan. — Ann. Orn. **6**, 91—100.
— (1982): Zu einigen theoretischen und philosophischen Aspekten der Soziobiologie. — Z. Psychol., Suppl. **4**, 35—45.
— (1984a): Zur individuellen Variabilität einiger *Passer*-Arten. — Ann. Orn. **8**, 89—96
— (1984b): Stammesgeschichtliche Voraussetzungen für die Herausbildung der menschlichen Gesellschaft. — Wiss. Z. Martin-Luther-Univ. Halle—Wittenberg **34** (3), 132—136.
— (1985): Die Amsel. — Wittenberg-Lutherstadt.
— & E. I. GAVRILOV (1980): *Passer*-Hybriden aus Kasachstan. — Ann. Orn. **4**, 25—28.
STRESEMANN, E. (1919): Zur Frage der Entstehung neuer Arten durch Kreuzung. — Club Nederlandsche Vogelkundigen, Jaarbericht N° 9, S. 24—32.
— (1927): Die Entwicklung der Begriffe Art, Varietät, Unterart in der Ornithologie. — Mitt. Ver. sächs. Orn. **2** (1), 1—8.
— (1951): Die Entwicklung der Ornithologie von Aristoteles bis zur Gegenwart. — Aachen.
SUCHANTKE, A. (1960): September-Beobachtungen auf der ägadischen Insel Marèttimo. — Orn. Beob. **57** (5/6), 223—240.
SUMMERS-SMITH, D. & J. D. R. VERNON (1972): The Distribution of *Passer* in Northwest Africa. — Ibis **114** (2), 259—262.
TSCHUSI ZU SCHMIDHOFFEN, V. v. (1903): Über palaearktische Formen. — Orn. Jb. **14** (1/2), 1—21.
— (1905): Über palaearktische Formen. — Orn. Jb. **16** (5/6), 215—219.
VAURI, C. (1959): The Birds of the Palearctic Fauna. Passeriformes. — London.
WETTSTEIN, O. v. (1938): Die Vogelwelt der Agäis. — J. Orn. **86** (1), 9—53.
— (1959): Ergänzende Nachrichten über das süd-alpine Mischgebiet der Haussperlinge. — J. Orn. **100** (2), 103—104.
WHITAKER, J. I. S. (1898): Further Notes on Tunesian Birds. — Ibis **7**, Ser. Nr. XIII, S. 125 bis 132.
WOLTERS, H. S. (1979): Die Vogelarten der Erde. 4. Lief. — Hamburg, Berlin.
YAKOBI, V. E. (1979): On the species independence of the Indian sparrow. — Zool. Zhurnal (Moscow) **58** (1), 136—137.
ZEDLITZ, O. Graf (1908): Ein neuer Sperling aus Süd-Tunesien. — Orn. Mber. **16** (3), 41—44.

ZEDLITZ, O. Graf — (1909): Ornithologische Beobachtungen aus Tunesien, speziell dem Chott-Gebiete. — J.Orn. **57** (2): 121—121, (3), 241—322.
— (1913): Ornithologische Ergebnisse der Reise von Paul Spatz in die algerische Sahara im Sommer 1912. — Novit. Zool. **30**, 164—186.

Anschrift des Verfassers: Doz. Dr. BURKHARD STEPHAN, Museum für Naturkunde der Humboldt-Universität, DDR-1040 Berlin, Invalidenstr. 43

Mitt. Zool. Mus. Berl. **62** (1986) Suppl.: Ann. Orn. **10**, 69–110 8. 8. 1986

Ergebnisse ornithologischer Beobachtungen in der Syrischen Arabischen Republik. Teil 1: Non-Passeriformes

Results of Ornithological Observations in the Syrian Arab Republic Part 1: Non-Passeriformes

WOLFGANG BAUMGART und BURKHARD STEPHAN

Mit 1 Abbildung im Text und 26 auf Tafeln II–XIV

Abstract. This paper presents data on faunistics, migration and wintering as well as breeding, ecology and biology of birds, gained mainly in the surroundings of Damascus but also in other parts of the country. Of the total of 273 species, 17 are new for the Syrian Arab Republic, 3 among them as breeding species. Additional 11 species have been recorded breeding for the first time.

Key words: Syria, environmental conditions, faunistics, migration, specific ecology.

Einleitung

Die Avifauna Syriens ist in den Monographien von MEINERTZHAGEN (1954) und HÜE & ETCHECOPAR (1970) mit erfaßt, und KUMERLOEVE (1967c–1969, 1972a) hat die bis dahin veröffentlichten Daten zusammengefaßt und eine Brutvogelliste des Landes aufgestellt. Syrien erweist sich hiernach als ornithologisch äußerst gering erforscht. Somit sind Mitteilungen zur Vogelwelt dieses Landes sehr willkommen.

Dieser Beitrag basiert auf den Beobachtungen von W. BAUMGART, der mit Ausnahme kurzer Unterbrechungen von Mai 1980 bis Dezember 1983 in der Syrischen Arabischen Republik als Tierarzt arbeitete und seinen Wohnsitz in Damaskus hatte. In dieser Zeit wurde vornehmlich in Damaskus und seiner Umgebung beobachtet. Ausflüge und Reisen in fast alle Landesteile trugen aber auch wesentlich zur Einschätzung der Gesamtsituation der Avifauna des Landes bei. Da über mehrere Zugperioden beobachtet werden konnte, boten sich gute Vergleichsmöglichkeiten unter teilweise beachtlich variierenden klimatischen Bedingungen.

Neben Feldbeobachtungen wurden auch Mitteilungen aus der Bevölkerung berücksichtigt, und regelmäßige Inspektionen in Jagdgeschäften, denen auch der Handel mit präparierten Vögeln obliegt, ergaben zusätzliche Hinweise durch z. T. bemerkenswerte Belegstücke, ohne daß dabei alle Primärdaten zu erfassen waren. Hierbei wurden auch einige Ringe aufgefunden, die über die Vogelwarte Hiddensee zurückgemeldet werden konnten.

Die Auswertung des Materials erfolgte zusammen mit B. STEPHAN, der ferner die Bearbeitung der mitgebrachten Belege übernahm.

Geographische und klimatische Bedingungen

Die Oberflächenstruktur der Syrischen Arabischen Republik, die 185180 km² im östlichen Mittelmeergebiet einnimmt, ist recht vielgestaltig (s. Tafeln II—XIV). An einen 173 km langen Küstenstreifen, dem bei Tartous die Insel Arwad und einige kleine felsige Eilande vorgelagert sind, schließt sich die schmale, vielerorts landwirtschaftlich intensiv genutzte Küstenebene an, für die Citrus- und Olivenplantagen charakteristisch sind und in der — bedingt durch ein subtropisches Klima und ganzjährige reichliche Niederschläge (bis zu 1200 mm/Jahr) — eine üppige Vegetation gedeiht. Im nördlichen Küstengebiet finden sich ausgedehnte Kiefernwälder.

Die Küstenebene wird durch das sich bis 1562 m erhebende, überwiegend karstige Alloviten-Gebirge vom Landesinnern abgegrenzt. In seiner Kammlage existiert vielerorts ein großflächiger Baum- und Buschbewuchs, und bei Slenfe hat sich in den Nordhängen auch noch ein beachtlicher Zedernbestand unter hier im Winter recht unwirtlichen Witterungsbedingungen gehalten.

Im Gegensatz zum Alloviten-Gebirge sind die zu Syrien gehörenden Ausläufer des Antilibanon (Karamun), der hier Höhen von 2423 m erreicht, und des Hermon-Massivs (Haramun) wie auch weitere Höhenzüge im Landesinnern (südliches und nördliches Todmarie-Gebirge, Bishri-Gebirge, das vulkanische Drusengebirge im Süden) nicht oder nur in geringem Maße von einer Gehölzvegetationsdecke überzogen.

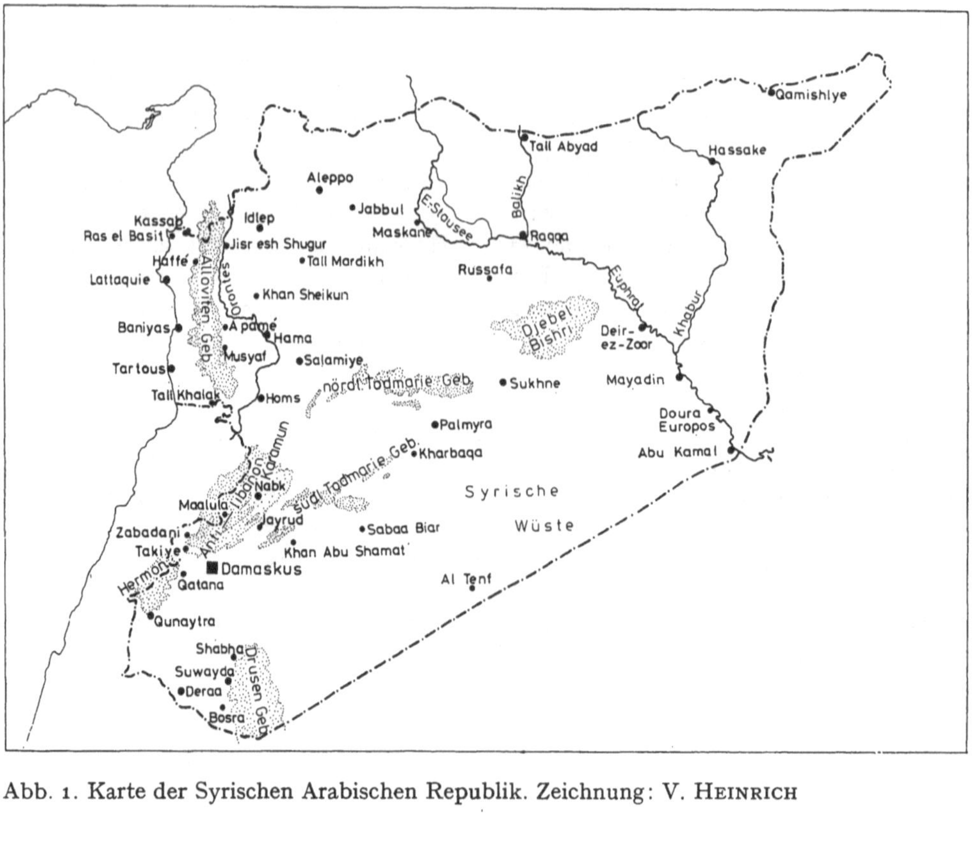

Abb. 1. Karte der Syrischen Arabischen Republik. Zeichnung: V. HEINRICH

Im niederschlagsarmen Landesinnern (90% des Landes weisen unter 500 mm Jahresniederschlag auf), wo außerhalb der Regenzeit von April/Mai bis Oktober/November kaum Regen fällt, ist Landwirtschaft nur in Niederungen an Wasserläufen und Bewässerungsanlagen, dann aber zumeist äußerst intensiv, möglich. Damaskus, eine ca. 700 m hoch gelegene Oase, verdankt seine Existenz dem Flüßchen Barada („die Kühle"), das im fruchtbaren Tal von Zabadani entspringt, durch ein von majestätischen Felsen eingerahmtes Tal nach Osten fließt und dann in der Wüste versickert, zuvor aber die Vegetationsfülle der Ghouta, des grünen Gürtels um Damaskus, speist, der eine der ausgedehntesten landwirtschaftlich genutzten Oasenlandschaften des Orients einschließt. Weitere wasserwirtschaftlich begünstigte Zonen Westsyriens befinden sich im Raum Deraa und längs des Orontes, der im Anschluß an sein Quellgebiet in den nördlichen Vorbergen des Antilibanon den großflächigen Homser See speist, bei Rastan nochmals gestaut wird und dann die fruchtbare Ghab-Niederung durchmißt, bevor er nach Norden in die Türkei abfließt.

Der wichtigste Wasserlauf Syriens ist aber der das Landesinnere von Nordwest nach Südost durchquerende Euphrat mit den von Norden zu ihm stoßenden Nebenflüssen Balikh und Khabur. Über weite Strecken fließt er in seinem ursprünglichen, unregulierten Bett; das ihm anliegende Land ist fast überall dicht besiedelt und intensiv genutzt, so daß der Brutvogelbestand weit unter den Erwartungen bleibt, während Durchzügler und Wintergäste hier in großer Zahl teilweise ideale Existenzbedingungen vorfinden. Als völlig neue Komponente in dieser Region ist der neu errichtete Euphrat-Stausee („Assad-Stausee", Bauabschluß 1978) anzusehen. Dieses gewaltige Binnenmeer ist 80 km lang und bis zu 8 km breit, was einer Wasserfläche von über 500 km^2 entspricht und für den Vogelzug in diesem Raum völlig neue Bedingungen schafft. Auch der relativ wasserreiche, bis an den Tigris reichende Nordosten des Landes läßt eine intensive landwirtschaftliche Nutzung zu.

Das Landesinnere wird zum überwiegenden Teil von der Tafellandschaft der Syrischen Wüste eingenommen, bei der es sich vom Charakter her aber überwiegend um Steppen- und weniger um Halbwüsten- oder Wüstengebiete handelt. Hier ist nur an wenigen Stellen, wie etwa bei Palmyra, einer quellgespeisten Oase, Ackerbau möglich. Eine Nutzung dieser weiten Landstriche erfolgt nur durch die Schaf-, Ziegen- und Kamelherden der nomadisierenden Hirten, die ohne feste Staatsangehörigkeit ungehindert über die Grenzen der arabischen Anliegerstaaten bis in die Golfregion wandern können. Der überhöhte Viehbesatz und der zunehmende Kraftverkehr drohen die natürliche, äußerst langsam wachsende und sehr empfindliche Pflanzendecke dieser Trockenregion großflächig zu vernichten, was eine Verödung zur Folge hätte. Durch die Errichtung von Brunnen und die Möglichkeit des Wassertransports mit Tankfahrzeugen über große Entfernungen sind jetzt auch viele, infolge Wassermangels bisher nicht nutzbare Gebiete für die Nomaden zugänglich, was eine weitere Zurückdrängung der ursprünglichen Tierwelt (insbesondere Gazellen und Kragentrappen) zur Folge hat.

Der überwiegend privat und familienweise auf Kleinflächen betriebenen Landwirtschaft fehlen zumeist die Mittel für Düngung und Pflanzenschutzmaßnahmen, so daß negative Auswirkungen eines lokalen Pestizideinsatzes auf die Vogelwelt in der Regel fehlen. Demgegenüber ist deren Abhängigkeit von den klimatischen Bedingungen sehr hoch. Außerhalb der bewässerten Flächen ist eine nennenswerte Vegetation nur im Gefolge winterlicher Niederschläge mit einem Maximum zur Zeit der einsetzenden Erwärmung im März und April möglich. Ende April oder Anfang Mai setzt dann schon die Dürre des Sommers ein, während dessen sich maximale Tagestemperaturen im Bereich um 40 °C bewegen und 50 °C nur in Ausnahmefällen erreicht werden.

Der Winter gleicht weitgehend einem mitteleuropäischen Spätherbst, und Temperaturen unter 0 °C sowie Schneefälle sind in Damaskus nur tageweise zu verzeichnen. Eine Ausnahme bildeten die im Februar 1983 niedergegangenen Schneemassen bisher kaum gekannten Ausmaßes, die in Höhen über 1000 m jeglichen Verkehr (zum Libanon, über die Hochfläche des Karamun um Nabk, zwischen Homs und Tartous sowie über das Allovitengebirge) völlig zum Erliegen brachten und viele Todesopfer forderten.

Der Frühling setzt gegenüber mitteleuropäischen Verhältnissen um etwa zwei Monate früher ein, und bereits im März werden Temperaturen um 15—20 °C erreicht. Im Frühjahr 1982 blieb es unverhältnismäßig lange kühl (bis Mitte Mai), was mit der strahlenabsorbierenden Wirkung einer vom Ausbruch des mexikanischen Vulkans Chinchonal vom 29. III. 1982 herrührenden, in großer Höhe um den Erdball kreisenden Staubwolke in Verbindung gebracht wurde (Anonymus 1982). Eine Folge hiervon war, daß viele Arten, die sich alljährlich im Raum Damaskus zunächst einige Zeit aufhalten und dann mit zunehmender Erwärmung nach Norden ausweichen(?), länger hier verweilten.

Die Übersichtsangaben zu Geographie und Klima wurden entnommen: MEYERS Neuem Lexikon, Bd. 13 (1976), 375—380; C. F. REINHARD (1982): Syrien. — Horizont 16, 13; Anonymus (1982): Nächster Winter kommt bald? — Neues Deutschland vom 22./23. V. 82.

Allgemeine Bemerkungen zur Avifauna

Die Avifauna Syriens ist, bei einem Vorherrschen auch in Mitteleuropa heimischer Arten, durch relativ geringe Artenzahl und Bestandsdichte gekennzeichnet. Da infolge des Wassermangels die Vegetationsdecke nur wenig entwickelt ist, bleibt die Bioproduktion je Flächeneinheit gering und der Vogelbesatz, vor allem im Landesinnern, niedrig. Viele an größere, gleichförmigere Vegetationseinheiten gebundene Arten fehlen oder sind nur mit wenigen Individuen vertreten (z. B. Spechte, Meisen, Grasmücken und Laubsänger).

Sobald nach der üppigen, aber nur sehr kurzen Vegetationsperiode im März und April bereits im Mai die Sommerdürre einsetzt, verschlechtern sich für viele Arten oft innerhalb weniger Tage oder Wochen die Ernährungsbedingungen. So schreitet eine Reihe von Arten, die sich im April bei Damaskus ansiedeln könnte, nicht zur Brut, sondern wandert wieder ab. Diese Arten werden später weiter nördlich oder im nahen Antilibanon um einige hundert Meter höher brütend angetroffen. Somit ergeben sich für das mittlere Syrien bei einigen Arten bemerkenswerte Feststellungen hinsichtlich ihrer südlichen Verbreitungsgrenze (z. B. *Falco subbuteo*, *Apus melba*, *Melanocorypha calandra*, *Ptyonoprogne rupestris*, *Hirundo daurica*, *Delichon urbica*, *Oenanthe hispanica*, *Sylvia communis*, *Emberiza calandra*, *E. melanocephala*, *E. caesia*, *Oriolus oriolus*), die dank der im Westen in Nord-Süd-Richtung verlaufenden Gebirgskette beachtlich weit nach Süden ausbiegt, was besonders im Raum von Damaskus und im südlichen Antilibanon offensichtlich wird.

Die Zahl der Arten, die vor allem in den ariden Zonen des Landesinneren von Syrien ihre nördliche Verbreitungsgrenze erreichen, ist ebenfalls relativ gering (z. B. *Falco pelegrinoides*, *Eremophila bilopha*, *Alaemon alaudipes*, *Ammomanes deserti*, *Prinia gracilis, Scotocerca inquieta* und *Carpospiza brachydactyla*), so daß sich der Beobachter aus Mitteleuropa doch weitgehend in vertrauter Umgebung befindet. Dieser Eindruck wird noch durch die Begegnung mit einer relativ hohen Zahl aus der Heimat vertrauter und hier durchziehender oder überwinternder Arten verstärkt.

Im Gegensatz zu den großen Arten (Pelikane, Reiher, Störche, Greifvögel) ist schon der Durchzug mittelgroßer Arten (z. B. Tauben, Wachteln, Rallen) und vor allem der der Kleinvögel (z. B. Laubsänger, Grasmücken, Rohrsänger) nur schwer zu erfassen. Vor allem zur Herbstzugzeit sind die Beobachtungsbedingungen bei Damaskus infolge der der Stadt im Norden vorgelagerten Ausläufer des Antilibanon auch bei Großvögeln nicht sonderlich günstig. Die Bergzüge drücken die anfliegenden Durchzügler in größere Höhen, die diese beim Gleiten über die Stadt noch beibehalten. Sie sind dann am meist wolkenlosen und überstrahlten Himmel nicht auszumachen. Der Greifvogelzug ist daher in der Regel nur am Morgen, wenn er mit dem Einsetzen der Thermik (ca. 8 bis 10 Uhr) beginnt, und in den späten Nachmittagsstunden, wenn die Durchzügler auf der Suche nach einem Übernachtungsplatz in Bodennähe kommen, registrierbar. Tagsüber glücken bei meist klarem Himmel auch im Falle eines starken Durchzuges kaum Feststellungen. Die zu Beginn des Zuges über große Flächen verteilt segelnden Vögel sammeln sich sofort, wenn einzelne von ihnen einen Thermikschlauch gefunden haben und diesen zum Aufsteigen nutzen, um dann nach Erreichen größerer Höhen in Zugrichtung abzugleiten, bis der nächste Thermikschlauch gefunden ist. Auf diese Weise bietet das Ziehen im Verband günstige Bedingungen hinsichtlich des Energiehaushalts.

Während der Zugzeit im Frühjahr gestalten sich die Beobachtungsbedingungen in Damaskus günstiger, weil die von Süden anfliegenden Großvögel an den Hängen der Antilibanonausläufer aufsteigen und besser ausgemacht werden können. Die das Landesinnere, insbesondere den Raum von Damaskus überquerenden Durchzügler verteilen sich recht regelmäßig über das Land, da kaum geographische Leitlinien existieren. An den als bevorzugt anzusehenden Zugwegen längs der Küste, des Kammes des Alloviten-Gebirges sowie des Euphratlaufes wurde zu unregelmäßig beobachtet als daß generelle Schlußfolgerungen gezogen werden könnten. Sporadische Besuche an diesen Lokalitäten führten aber zu teilweise um zwei bis drei Wochen früheren Feststellungen als in Damaskus (s. *Ciconia ciconia, Coracias garrulus, Merops apiaster*).

Ein besonderes Problem erwächst für durchziehende Kleinvögel aus dem Mangel an Deckung bietenden Großvegetationsinseln. Vor allem nachts ziehende Arten (z. B. Grasmücken, Laubsänger und Rohrsänger) haben es schwer, geeignete Tageseinstände zu finden, und sammeln sich an Oasen oder Baumgruppen bzw. Gebüschbeständen teilweise in großer Zahl, was wiederum einen hohen Anreiz zur Bejagung bietet und hohe Verluste zur Folge hat. Wie überall im Mittelmeerraum wird auch in Syrien Singvögeln eifrig nachgestellt, was religiös legitimiert ist. Dabei handelt es sich aber nicht nur um einen Sport. Die geschossenen Vögel werden gegessen und tragen somit zur Deckung des Eiweißbedarfs vieler Familien bei. Daneben existiert aber unverkennbar auch eine Kommerzialisierung, kommt doch, wenn bevorzugte Rastplätze „ausgeschossen" werden, eine beachtliche Strecke zusammen. Laut Gesetz „Über ein fünfjähriges Jagdverbot" vom 8. IV. 1979 ist die Kleinvogeljagd zwar untersagt, eine Durchsetzung gegen jahrhundertelang verbriefte Gewohnheiten ist aber kaum möglich, zumal da sich der Staat, bedingt durch die permanente israelische Bedrohung, auf andere Probleme konzentrieren muß.

In einigen Jagdgeschäften von Damaskus werden geschossene Kleinvögel aufgekauft, gerupft, ausgenommen, gesalzen und an Feinschmeckerlokale im Libanon weitergeleitet. Der Erlös je Vogel beläuft sich auf ca. 1,50 ŁS (ca. 1 Mark). Einer der Damaszener Händler aus dem Bezirk Duma setzte auf diese Weise alljährlich im Herbst 75000 bis 150000 Kleinvögel, überwiegend Grasmücken, um.

Ein weiteres Motiv für den Abschuß von Vögeln ist die Neigung wohlhabender Bevölkerungskreise, imposante oder schöne Arten aus den Gruppen der Greifvögel, Reiher, Pelikane, Trappen, Racken, Kuckucke u. a. präpariert in ihren Wohnungen als Zimmerschmuck aufzustellen. Die dadurch erzielbaren Einnahmen sind beachtlich (Großtrappe 1800 ŁS, Steppenadler 1200—1500 ŁS, Baumfalke 750 ŁS, Chukarhuhn 150 ŁS, Kuckuck 100 ŁS, Blauracke 80 ŁS, Wachtel 60 ŁS — nach einer Preisliste vom Februar 1982).

Schließlich scheinen einige Arten auch in der Volksmedizin Verwendung zu finden. Das Fett von Gänsegeiern gilt als gutes Einreibemittel gegen Rheuma, was noch so manchen Geier das Leben kosten dürfte.

Im Rahmen der erwähnten Vogeljagd fallen viele beringte Vögel an. Da aber weite Kreise der Bevölkerung nur des Arabischen kundig sind und lateinische Schriftzeichen nicht beherrschen, unterbleibt eine Rückmeldung, so daß ein erhebliches Informationsmaterial ungenutzt bleibt. Die Anregung zur Schaffung einer Zentralstelle für Rückmeldungen führte zu keinem Erfolg, da eine entsprechende staatliche Institution mit zoologischem Profil im Lande fehlt und Aktivitäten auf privater Basis dadurch belastet würden, daß Einsender für die Datenübermittlung eine Belohnung erwarten.

Bei der Erforschung der Vögel Syriens zeichnet sich, nachdem nun bereits nähere Vorstellungen existieren, eine Reihe noch zu lösender Aufgaben ab, die erheblichen Aufwand erfordern. Hauptanliegen ist die Zusammenstellung einer weitgehend vollständigen Artenliste. Die Dringlichkeit wird schon daran sichtbar, daß es auch heute noch relativ einfach ist, Erstnachweise für das Land zu erbringen (in unserem Falle *Larus ichthyaetus*, *Prunella ocularis*, *Oenanthe xanthoprymna* und *Scotocerca inquieta*). Demgegenüber erscheint das derzeitige Brutvorkommen einiger Arten wie *Haliaeetus albicilla*, *Hieraaetus fasciatus*, *Gypaetus barbatus*, *Pyrrhocorax pyrrhocorax* und *P. graculus* (vgl. Heinzel et al. 1972) fraglich, da es nicht gelang, aktuelle Informationen zu sammeln.

Die bis Mitte der 60er Jahre veröffentlichten Daten hat Kumerloeve (1967c—1969) zusammengestellt, so daß wir meistens nur auf diese Arbeit und die von ihm publizierte Brutvogelliste (Kumerloeve 1972a) sowie auf Hüe & Etchecopar (1970) verweisen. Ferner geben die Beobachtungen Anlaß, Bemerkungen zu den Verbreitungskarten bei Voous (1962) und Heinzel et al. (1972) zu machen.

Ortsverzeichnis

Nachstehend sind alle im Text erwähnten Orte aufgeführt und, sofern sie nicht in der Karte Aufnahme finden konnten, in ihrer Lage zu eingezeichneten Lokalitäten näher definiert. Sofern Höhenangaben bekannt wurden, sind diese erwähnt. Die Schreibweise wurde zum größten Teil der von der Generalorganisation für Tourismus der SAR herausgegebenen Karte „Syrie, Carte routière et touristique" entnommen.

Abu Kamal — s. Karte
Aleppo (Halep) — s. Karte
Alloviten-Gebirge — s. Karte
Al Tenf — s. Karte
Apamé — s. Karte
Arward — Insel im Mittelmeer vor Tartous
Balikh (Fluß) — s. Karte
Baniyas — s. Karte

Barada — Flußlauf zwischen Tal von Zabadani und Damaskus
Bloudan — ca. 1500 m, Bergdorf in den Südwest-Ausläufern des Antilibanon, ca. 10 km östlich von Zabadani
Bosra — s. Karte
Burgush — Burgruine in den Nordausläufern des Hermon-Massivs, ca. 10 km nordwestlich von Qatana
Crak de Chevalier (Qalaat al Hosn) — Ruine einer Kreuzritterfestung in den Südausläufern des Alloviten-Gebirges nördlich von Tall Khalakh
Charabo — Dorf im Osten der Ghouta
Damaskus — s. Karte
Daraiya — Dorf im Südwesten der Ghouta
Deir Assafyr — Dorf im Südosten der Ghouta
Deir Balbe — Rinderfarm nördlich von Homs
Deir-ez-Zoor — s. Karte
Deir Hajar — oasenartiger Landwirtschaftskomplex mit Rinderfarm ca. 25 km südlich von Damaskus
Deraa — s. Karte
Djebel Bishri — s. Karte
Djebel Cassoun — 1154 m, dicht an Damaskus im Norden heranreichender Ausläufer des Antilibanon („Hausberg")
Doura Europos — s. Karte
Drusengebirge — s. Karte
Ghab — landwirtschaftlich intensiv genutzte Orontes-Niederung östlich des Alloviten-Gebirges
Gheb Romley — Rinderfarm im Ghab ca. 15 km nördlich von Musyaf
Ghouta — landwirtschaftlich intensiv genutzter Oasengürtel um Damaskus
Ghuzlanie — Dorf ca. 20 km östlich von Damaskus
Hadjira — Dorf im Süden der Ghouta
Haffé — s. Karte
Halbun — ca. 1700 m, Bergdorf in den Ausläufern des südöstlichen Antilibanon, ca. 20 km nördlich von Damaskus
Hama — s. Karte
Hassaké — s. Karte
Homs — s. Karte
Idleb — s. Karte
Jabbul — s. Karte
Jayrud — ca. 800 m, s. Karte
Jisr esh Shughur — s. Karte
Kadam — Dorf im Südwesten der Ghouta
Karachta — Dorf im Nordosten der Ghouta
Karamun — hochebenenartige Ausläufer des Antilibanon in der weiteren Umgebung von Nabk
Kassab — s. Karte
Khabur (Fluß) — s. Karte
Khan Abu Shamat — s. Karte
Khan Sheikun — s. Karte
Kharbaqa — s. Karte
Lattaquie — s. Karte
Maalula — ca. 1600 m, s. Karte
Maskane — s. Karte
Mayadin — s. Karte
Mharde — Dorf am Südende des Ghab ca. 20 km nordwestlich von Hama
Musyaf — s. Karte
Nabk — s. Karte
Orontes (Fluß) — s. Karte
Palmyra (Tadmor) — s. Karte
Qalaat Jabir — Burgruine am Südostufer des Euphrat-Stausees
Qalaat Samaan (St. Simeon) — Ruinenstätte ca. 30 km nordwestlich von Aleppo
Qamishlye — s. Karte
Qastal — Dorf ca. 15 km südlich von Nabk
Qatana — s. Karte
Qunaytra — s. Karte
Raqqa — s. Karte
Ras-el-Basit — s. Karte
Rastan — Dorf am Orontes-Stausee zwischen Homs und Hama
Ruhaybe — Dorf ca. 10 km südwestlich von Jayrud
Russafa — s. Karte
Sabaa Biar — s. Karte
Salamiye — s. Karte
Saydnaya — ca. 1450 m, Dorf in Ostausläufern des Antilibanon ca. 30 km nördlich von Damaskus
Shabha — s. Karte
Slenfe — ca. 1450 m, Dorf in den Kammlagen des Alloviten-Gebirges ca. 15 km östlich von Haffé
Sukhne — s. Karte
Suwayda — s. Karte
Takiye — s. Karte
Tall Abyad — s. Karte
Tall Kalakh — s. Karte
Tall Mardikh — s. Karte
Tartous — s. Karte
Todmarie-Gebirge — s. Karte
Wüstenschloß, östliches (Qasr al-Hir ash-Sharqi) — ca. 30 km nordöstlich von Sukhne
Wüstenschloß, westliches (Qasr al-Hir al-Gharbi) — ca. 15 km nördlich von Kharbaqa
Zabadani — 1149 m, s. Karte

Spezieller Teil

Podiceps cristatus – Nur als Wintergast zu mehreren auf dem Homser See (15. I. 81 und 10. I. 83) bemerkt. Etwa 30 Haubentaucher hielten sich am 25. XII. 82 am Ostufer des Euphrat-Stausees auf (möglicherweise zusammen mit einigen Rothalstauchern, *P. griseigena*). – KUMERLOEVE (1972a) hält das Brüten der Art im Lande für möglich; Brutnachweise konnten bisher aber nicht erbracht werden.

Podiceps nigricollis – Als Wintergast war der Schwarzhalstaucher einzeln oder in kleineren Trupps (2–5 Ex.) ab Anfang November (3. XI. 83 1 Ex. auf einem Euphrat-Altwasser bei Mayadin) bis Mitte März (13. III. 83 mehrere Ex. auf dem Euphrat bei Abu Kamal) auf dem Euphrat und dem Homser See vertreten. Die Zahl der am 25. II. 83 von einem Standort am Ostende des Euphrat-Stausees erfaßten Schwarzhalstaucher belief sich auf ein gutes Dutzend. Ob sich auch Ohrentaucher (*P. auritus*) darunter befanden – wenigstens 1 Ex. erschien am Kopf kontrastreicher gezeichnet – kann nicht mit letzter Sicherheit gesagt werden. – Die im März angetroffenen Schwarzhalstaucher waren unterschiedlich weit ausgefärbt.

Nach KUMERLOEVE (1967c, 1972a) ist der Status des Schwarzhalstauchers für Syrien unklar, die Art könnte im Norden des Landes brüten; nach HÜE & ETCHECOPAR (1970) ist sie nur Durchzügler.

Tachybaptus ruficollis – Bereits von der ersten Oktoberhälfte an (10. X. 82 6 Ex. auf einem kleinen Stausee bei Musyaf) bis Mitte März (13. III. 83 mehrere an Euphrat-Altwässern bei Abu Kamal) sind Zwergtaucher an geeigneten, selbst kleineren Gewässern (z. B. dörflichen Speicherbecken), besonders aber auf dem Homser See, dem Euphrat-Stausee und auf Euphrat-Altwässern, meist zu mehreren (bis zu 10 Ex.) anzutreffen.

Am 17. VII. 82 wurden Zwergtaucher auf Wasserflächen im Sumpf in der Ghouta bei Deir Assafy gehört und gesehen, was ein Brüten möglich erscheinen läßt. Sowohl HÜE & ETCHECOPAR (1970) und HEINZEL et al. (1972) als auch KUMERLOEVE (1972a) führen den Zwergtaucher als Brutvogel Syriens, wobei dieser nach VOOUS (1962) unter anderem das Euphratgebiet nennt, jene nur den Nordwesten und äußersten Nordosten des Landes in das Areal der Art einbeziehen.

Puffinus puffinus – Am 21. II. 81 hielt sich ein Schwarzschnabelsturmtaucher vor dem Hafengelände von Tartous auf. KUMERLOEVE (1967c, 1972a) hält Brüten für möglich, doch sind im syrischen Küstenbereich geeignete Brutplätze kaum vorhanden.

Pelecanus onocrotalus – Am 11. III. 83 überflogen ca. 90 Rosapelikane Raqqa und am 15. III. 81 ca. 180 Ex. Damaskus jeweils in Nordrichtung. Auf dem Herbstzug wurden am 24. XI. 80 ca. 100 Rosapelikane bei Hama in Südrichtung fliegend verzeichnet. Bei den hin und wieder in Damaskus ausgestellten präparierten Pelikanen handelte es sich durchweg um diese Art, die als Durchzügler gegenüber dem Krauskopfpelikan offenbar stark überwiegt. Vier auf dem Jabbul-See am 19. IV. 55 rastende Pelikane gehörten dieser Art an (HOLLOM 1959). So betrifft offenbar die am 21. IV. 65 östlich von Aleppo gemachte Beobachtung (HÜE & ETCHECOPAR 1966) ebenfalls diese Art.

Für beide Arten ist nach KUMERLOEVE (1972a) der Status noch unklar, während nach HÜE & ETCHECOPAR (1970) der Rosapelikan im äußersten NW Brutvogel sein könnte, wobei sich diese Autoren offenbar auf das jetzt unter türkischer Verwaltung stehende Iskanderun beziehen.

Pelecanus crispus – Der Krauskopfpelikan konnte nur einmal festgestellt werden: unter am 11. III. 83 bei Raqqa durchziehenden Rosapelikanen flog ein Krauskopfpelikan mit.

Phalacrocorax carbo – Der Euphrat ist offenbar ein wichtiges Überwinterungsgewässer des Kormorans. Feststellungen am Lauf dieses Flusses glückten bei leider nur recht unregelmäßigen Besuchen zwischen November (3. XI. 83 3 Ex. bei Deir-ez-Zoor) und April (20. IV. 83 zweimal 1 Ex. westlich von Raqqa), wobei stets einzelne Exemplare oder kleinere Trupps zu verzeichnen waren. Recht stark war die Art am 25. XII. 82 am Ostende des Euphrat-

Stausees vertreten; innerhalb einer Stunde pendelten 27 Kormorane (10, 8, 2 und 7 Ex.) zwischen See und Flußpartien unterhalb der Staumauer. Auf einer hier befindlichen Sandbank ruhten über 50 Individuen.

Ardea cinerea — Unter den als Durchzügler Syrien berührenden oder hier überwinternden Reihern fällt der Graureiher am meisten auf. Während sich die ersten Graureiher im September (je 1 Ex. am 26. IX. 80 und am 18. IX. 81 am See bei Takiye) zeigen, zieht das Gros im Oktober (u. a. ca. 40 Ex. am 20. X. 82 bei Cheb Romley im Ghab, 4 Ex. am 27. X. 82 zwischen Homs und Musyaf) durch, einige offensichtlich (2 Ex. am 6. XI. 83 bei Deraa) auch noch im November.

Überwinterer sieht man regelmäßig im Euphratgebiet (z. B. am 25. XII. 82 flogen am Euphrat-Stausee ständig Graureiher umher, von einem Standort aus konnten bis zu 20 Ex. ausgemacht werden; am 2. II. 82 waren 2 Ex. auf einer Sandbank bei Deir-ez-Zoor). Im Küstengebiet standen am 21. II. 80 auf einer kleinen, dem Strand ca. 200 m vorgelagerten kleinen Felsinsel nördlich von Tartous über 50 Graureiher, die hier übernachtet hatten und früh Nahrung aus dem Meer fischten.

Als Hinweis auf den wenig auffälligen Frühjahrszug sind Feststellungen einzelner Graureiher bei Damaskus (18. IV. 82) und am Homser See (9. IV. 81, 11. IV. 82) im April zu werten. Auch bei der Beobachtung westlich Homs von Hüe & Etchecopar (1966) dürfte es sich um einen Durchzügler gehandelt haben.

Ardea purpurea — Aus der eine Pumpstation in der Wüstensteppe SE Palmyra umgebenden Vegetationsinsel konnte am 3. IV. 83 ein hier auf dem Zug rastender Purpurreiher hochgemacht werden. Für die relative Seltenheit der Art auf dem Durchzug spricht auch, daß präparierte Purpurreiher nur zwei- oder dreimal zu verzeichnen waren. — Im Unterschied zu Hüe & Etchecopar (1970) führen Voous (1962) und Kumerloeve (1972a) die Art für den Norden des Landes als Brutvogel.

Casmerodius albus — Auf einer Schotterinsel unterhalb der Staumauer des Euphrat-Stausees standen am 25. XII. 82 12 Silberreiher, wohl Überwinterer. Am Euphrat westlich von Raqqa wurde am 20. IV. 83 noch ein einzelnes Ex. gesehen. — Nach Kumerloeve (1972a) ist der Status der Art für Syrien noch unklar.

Egretta garzetta — Vom Seidenreiher liegen fast nur Aprildaten offenbar durchziehender Vögel vor (14. IV. 81 1 Ex. am Euphrat bei Raqqa und 19. IV. 83 4 Ex. am Abfluß des Euphrat-Stausees, 19. IV. 81 6 Ex. und am 11. IV. 82 3 Ex. am Homser See). Am 29. V. 82 flog noch ein einzelner Seidenreiher der Küstenlinie folgend bei Ras-el-Basit nach Norden. Hollom (1959) sah 7 Ex. am 6. V. am See Jabbul. — Nach Hüe & Etchecopar (1970) und Kumerloeve (1972a) ist der Seidenreiher im Norden Syriens Brutvogel.

Bubulcus ibis — Ein vom Süden heranstreichender Kuhreiher ließ sich am 12. I. 82 an Bewässerungsgräben nahe bei Deir Hajar nieder und begann sofort mit der Nahrungssuche. Drei im Frühjahr desselben Jahres bei Damaskus erlegte Kuhreiher tauchten präpariert im Juli 1982 in hiesigen Jagdhandlungen auf. Die Art ist demzufolge im Gebiet selten und tritt nur noch sporadisch auf. — Kumerloeve (1972a) hält — offenbar Voous (1962) folgend — ein Brüten für möglich.

Ardeola ralloides — Der Rallenreiher brütet nach Voous (1962), Hüe & Etchecopar (1970), Kumerloeve (1972a) und Heinzel et al. (1972) im Norden des Landes. — Ein am 27. VII. 83 bei Deir-Hajar verzeichnetes Ex. war offenbar nicht völlig gesund und kann somit nicht als Beleg für nachbrutzeitliche Dispersion gewertet werden. Weitere Beobachtungen glückten nicht, und auch präparierte Rallenreiher waren rar (1 Ex. im Herbst 1982, aus der Umgebung von Damaskus stammend).

Nycticorax nycticorax — Heinzel et al. (1972) charakterisieren Syrien für den Nachtreiher als Durchzugsgebiet und weisen den Westen des Landes als Brutgebiet aus, was für die Ghab-Region in ihrer einstigen Form — vor ihrer Entwässerung und intensiven landwirtschaftlichen Nutzung — durchaus möglich erscheint. Jetzt aber gibt es hier kaum noch Brutmöglichkeiten.

Durchziehenden Nachtreihern begegnet man mit gewisser Regelmäßigkeit im September (9. IX. 82 1 Ex., Barada am Stadtrand von Damaskus; 18. IX. 82 1 Ex., Deir Hajar) und Oktober (26. X. 81 5 Ex. an der Barada in Damaskus; 31. X. 83 1 Ex. am Euphrat bei Deir-ez-Zoor) an Deckung bietenden vegetationsreichen Plätzen.

Auf dem Frühjahrszug hielten sich am 15. IV. 83 1 Ex. bei Deir Hajar und am 19. IV. 83 3 Ex. auf den Ruinenresten des östlichen Wüstenschlosses (Quasr-al-Hir-ash Sharqui) NW Sukhne auf.

Ixobrychus minutus — Nach VOOUS (1962), HÜE & ETCHECOPAR (1970), KUMERLOEVE (1967c, 1972a) und HEINZEL et al. (1972) ist die Zwergdommel im Norden des Landes sowie im Libanon Brutvogel. Mit dieser als Brutnachweis bewertbaren Beobachtung bei Damaskus wäre ein Punkt der Ostgrenze in diesem südlichen Arealteil gesichert: im Rohrdickicht des Sumpfes von Deir Assafyr wurde am 17. VII. 83 ein offensichtlich Junge fütterndes Paar registriert. Die Dommeln jagten auf Sumpfflächen am Rande des Rohrwaldes und flogen regelmäßig in dessen Inneres.

Ein möglicherweise durchziehendes Ex. war hier noch am 20. X. desselben Jahres zu sehen. Präparierte Zwergdommeln tauchen nur vereinzelt in den Jagdhandlungen auf (z. B. 2 Ex. im Dezember 1982 in Damaskus und 1 Ex. im Juni 1983 in Musyaf).

Botaurus stellaris — Eigene Beobachtungen glückten nicht. Daß die Rohrdommel aber den Raum um Damaskus mit gewisser Regelmäßigkeit aufsucht, belegen drei von hier stammende und im Juli (2 Ex.) und Dezember (1 Ex.) 1982 in Jagdgeschäften ausgestellte präparierte Stücke, deren Erlegungsdaten erfahrungsgemäß um zwei bis drei Monate früher liegen. — VOOUS (1962) schließt den Norden Syriens in das Areal der Art ein.

Plegadis falcinellus — Der Sichler ist möglicherweise im Norden des Landes Brutvogel (VOOUS 1962, HÜE & ETCHECOPAR 1970, KUMERLOEVE 1972a). Ein aus 9 Ex. bestehender Trupp flog bei Hama am 24. XI. 80 in südliche Richtung.

Geronticus eremita — Nachfragen unter der Bevölkerung nach dem nun fast ausgestorbenen Waldrappen blieben auch im Euphratgebiet ohne jedes Ergebnis.

Ciconia ciconia — Die auf dem Zuge die Region immer noch zu Tausenden überquerenden Weißstörche bieten stets einen imposanten Anblick und sind hier Symbol für den Vogelzug überhaupt. Während im Raum Damaskus im Frühjahr die ersten Störche um den 20. März gesehen werden, gingen aus dem Euphratgebiet und dem Raum um Aleppo schon frühere Meldungen ein (z. B. 14. III. 81 Aleppo). 1983 war ein Weißstorch bereits am 9. III. bei Deir-es-Zoor zu verzeichnen, und im nordsyrischen Brutgebiet der Art erwiesen sich in einigen Dörfern der Niederungen des Flusses Balikh (Gebiet um Tall Abyad), die Storchennester beherbergten, zwei am 12. III. 83 als besetzt (eines auf dem Minarett einer Moschee und eines auf einem Lichtmast). Die Bevölkerung dieser abgelegenen ländlichen Gegend toleriert die Störche oder stellt ihnen wenigstens nicht gezielt nach, so daß das von SCHÜZ & GEHLHOFF (1967) umrissene Brutgebiet des Weißstorches in Nordsyrien wenigstens in diesem Teil noch gehalten wird, während einstige Brutvorkommen, wie etwa die bei Damaskus (SCHRADER 1892), schon auf Grund der Einstellung der Bevölkerung kaum Aussicht auf Fortbestand hätten und wohl schon seit langem nicht mehr bestehen.

Der Frühjahrszug verstärkt sich im Raum Damaskus erst im ersten Aprildrittel und erreicht Mitte April (16. IV. 82 bei Qatana ein Dutzend Schwärme mit jeweils 100—200 Ex.) seinen Höhepunkt, um zum Monatsende und Anfang Mai auszuklingen. Doch noch am 25. V. 1980 zogen vormittags bei Ras-el-Basit wiederholt Störche (ca. 40, 8, ca. 35) nach Norden.

Übersommernde Störche wurden nur im reich mit Tümpeln durchsetzten Gebiet um den Homser See (16. VI. 81 5 Ex., 30. VI. 84 4 Ex.) angetroffen, und ein am 31. VII. 80 über Damaskus kreisender ca. 90 Ex. zählender Schwarm schlug schließlich eine südliche Richtung ein. Möglicherweise handelte es sich hierbei um die ersten gerichteten Zugbewegungen, sicher aber noch nicht um den Beginn des eigentlichen Herbstdurchzuges. Etwas später im selben Jahr wurden am 19. VIII. nahe Ghuzlanie ca. 100 und am 26. VIII. über Damaskus ca. 300 Störche im Schwarm gesehen.

Anfang September (4. IX. ca. 1 000 und 10. IX. 80 3 000 bis 4 000 Störche über Damaskus) ist der Herbstzug in vollem Gange und klingt Mitte bis Ende des Monats (16. IX. 83 ca. 20 Ex. vor Homs, 22. IX. 82 3 Ex. über der Ghouta) aus. Anfang September 1983 hielt sich ein ca. 100 Ex. zählender Storchenschwarm in der Steppe um Ghuzlanie auf und flog jeweils am Abend zum Übernachten auf die übersichtliche Fläche des ausgetrockneten Sees östlich des Flughafens von Damaskus. Letzmalig wurden hier ca. 70 Ex. am 13. IX. gesehen. Hinweise auf größere Verluste unter durchziehenden Störchen infolge menschlicher Nachstellungen ergaben sich nicht. Syrien wird wegen weitgehenden Fehlens geeigneter Rastgebiete wohl meist schnell überflogen, die Störche sind sehr vorsichtig, und der Herbstzug ist zudem — anders als bei den Greifvögeln — im September, bereits vor Beginn der eigentlichen Jagdsaison, im wesentlichen abgeschlossen.

Ciconia nigra — Im Vergleich zum Weißstorch tritt der Schwarzstorch als Durchzügler nur wenig in Erscheinung, gelegentlich schon im März (14. III. 81 17 Ex. über Damaskus), vor allem aber im April (3. IV. 81 1 Ex., 5. IV. 82 3 Ex., 15. IV. 82 2 und 9 Ex., 16. IV. 83 ca. 30 Ex. über Damaskus), in einem Falle auch mit Weißstörchen vergesellschaftet (29. IV. 1982 ca. 40 Ex. mit 6 *C. ciconia*). Noch am 7. V. 82 zogen 10 Ex. über Abels Grab (nahe Takiye). Einzelne Schwarzstörche wurden auch zu späteren Terminen (23. V. 80 je 1 Ex. bei Homs und bei Tall Kalakh sowie am 4. VI. 81 erneut bei Tall Kalakh) in den südlichen Ausläufern des Alloviten-Gebirges gesehen. Weiterreichende Schlußfolgerungen können hieraus nicht gezogen werden, obwohl dieses relativ wald- und wasserreiche Gebiet den Ansprüchen des Schwarzstorches noch am ehesten entspricht. Nach KUMERLOEVE (1972a) ist der Status der Art für Syrien unklar.

Vom Herbstzug konnten nur zwei Beobachtungen (2. X. 82 3 Ex., 29. X. 80 1 Ex.) aus dem Raum von Damaskus notiert werden.

Anser anser — In der Sammlung der Veterinärhochschule Hama befindet sich eine präparierte Graugans, die nach 1975 bei Salamiye erlegt worden sein soll. Offenbar handelt es sich um einen Durchzügler oder Wintergast. Die Art scheint in Syrien nur relativ selten aufzutreten.

Anser erythropus — Im März 1983 war in einer Jagdhandlung von Damaskus auch eine präparierte Zwerggans ausgestellt, über deren Herkunft außer der unbestimmten Angabe „vom Euphrat" nichts Näheres in Erfahrung zu bringen war. Da sie aber mit hoher Wahrscheinlichkeit aus Syrien stammt, ist dies ein Hinweis auf ein wenigstens sporadisches Auftreten der Art vor allem im Norden des Landes und in solch strengen Wintern wie 1982/83. GOODBODY sah am 11. und 12. XI. 45 2 Ex. bei Tal Tamir (nordwestlich von Hassaké) (KUMERLOEVE 1967c).

Anser albifrons — Auf den Fluren nahe der Staatsfarm Deir Hajar östlich von Damaskus hielten sich am 11. und 12. I. 83 18 Bleßgänse auf, die das reichlich zu sprießen beginnende Grün der Steppe ästen. Dagegen waren die mindestens 500 Wildgänse, die am 25. XII. 82 auf dem Euphrat-Stausee ruhten und truppweise immer wieder zum Äsen in die umliegenden Steppengebiete flogen, nicht zu identifizieren, wobei hier, ebenso wie bei ca. 30 aus der Seeniederung nahe Palmyra am 8. III. 83 abfliegenden Gänsen am ehesten an die Bleßgans zu denken wäre.

Mehrere hundert Bleßgänse hielten sich am 12. III. 83 in der Niederung des Balikh in der weiteren Umgebung von Tall Abyad auf. Vertreter anderer Gänsearten konnten unter ihnen nicht ausgemacht werden. Diese Feststellungen lassen auch im Inneren Syriens recht beachtlich frequentierte Überwinterungsplätze der Bleßgans erwarten, da auch in Wüstengebieten infolge spätherbstlicher und winterlicher Niederschläge wenigstens zeitweise gute Äsungsbedingungen vorhanden sind und eine Limitierung wohl primär nur durch Mangel an Rastplätzen bedingt ist. Der relativ strenge Winter 1982/83 mag auch ein weiteres Ausweichen nach Süden als gewöhnlich mitbedingt haben.

Tadorna tadorna — Am Salzsee von Jabbul wurde am 9. IV. 82 eine einzelne Brandgans gesehen. Spätere Besuche blieben bezogen auf diese Art ergebnislos. Auch in Jagdgeschäften fanden sich nur ganz vereinzelt Belegstücke. HOLLOM (1959) vermerkte für den Salzsee Jabbul 15 Ex. KUMERLOEVE (1972a) hält das Brüten der Brandgans in Syrien für möglich.

Tadorna ferruginea — Nach VOOUS (1962), HÜE & ETCHECOPAR (1970), KUMERLOEVE (1972a) und HEINZEL et al. (1972) ist die Rostgans Brutvogel im Norden Syriens. Dies könnte, sofern geeignete Bedingungen (permanente Feuchtgebiete) vorliegen und ein Schutz vor menschlichen Nachstellungen gegeben ist, auch für andere Landesteile lokal zutreffen.

Nachdem bereits hin und wieder präparierte Rostgänse in Jagdgeschäften gesehen worden waren, glückte am 18. III. 83 an einem noch wasserführenden sumpfigen Bachlauf bei Sukhne die Feststellung eines Rostganspaares. Diese Stelle ist vorher und auch später wiederholt aufgesucht worden, ohne daß an dem dann allerdings zumeist ausgetrockneten Platz weitere Beobachtungen geglückt sind.

Anas platyrhynchos — Als Wintergast wurde die Stockente nur am 25. XII. 82 in etwa 100 Ex. auf dem Euphrat-Stausee längs der Staumauer vorgefunden. Auf ein weiter südliches Auftreten weisen einzelne präparierte Stücke in Jagdgeschäften von Damaskus hin, von denen wenigstens eines aus der Ghouta stammen sollte. Somit ist die Stockente, abgesehen vom wasserreichen Norden, in Syrien nicht allzu häufig. Der Lauf des Euphrat markiert wohl ganz allgemein die Südgrenze, über die wandernde Stockenten in der Regel nicht hinausziehen. Da den Euphrat vom Süden her keine nennenswerten Nebenflüsse erreichen, ist die so gebildete Barriere nahezu lückenlos. KUMERLOEVE (1967c) zitiert Beobachtungen aus dem Gebiet von Aleppo und ein paar gesammelte Ex. aus Damaskus, was zu obiger Aussage nicht in Widerspruch steht.

Anas penelope — Am 25. XII. 82 zeigte sich am Euphrat-Stausee in der Nähe der Staumauer ein Paar Pfeifenten. Nach KUMERLOEVE (1967c) ist die Art ein seltener Durchzügler in Syrien.

Anas acuta — Auf dem Homser See hielten sich am 10. X. 82 25—30 Spießenten auf, und ein Trupp von etwa 20 Ex. war am 27. X. 82 auf einem kleinen Stausee vor Musyaf zu sehen. Über dem Meer vor der Küste von Tartous strebten am 21. II. 81 mehrere bis zu hundert Ex. umfassende Schwärme mittelgroßer Enten nach Norden. Wegen der großen Entfernung und ungünstiger Lichtverhältnisse war eine sichere Bestimmung nicht möglich. Am ehesten handelte es sich aber um Spießenten.

Eine sich auf dem Sumpf bei Deir Assafyr schon am 16. X. 83 aufhaltende und nicht näher ansprechbare Ente erwies sich, am 27. X. 83 erlegt, als weibliche Spießente. Die Bestimmung nahm anhand mitgebrachter Federn dankenswerterweise Herr K. BANZ, Tierpark Berlin, vor.

Anas crecca — Als Durchzügler und Wintergast kann man der Krickente zuweilen in kopfstarken Ansammlungen begegnen. Bereits am 18. IX. 81 hielten sich 9 Ex. am See von Takiye auf, und letzte Frühjahrsbeobachtungen glückten am 12. III. 83 auf einer Fahrt von Raqqa nach Tall Abyad, wo Vertreter der Art in geringer Zahl auf den längs der Straße gelegenen Wasserläufen und Tümpeln ruhten. Zum Rasten fliegen die Krickenten auch Kleingewässer — wie etwa das Wasserspeicherbecken der Rinderfarm Homs — an, wo am 6. und 7. XII. 82 bis zu 10 Ex. angetroffen wurden.

Auf dem Homser See belief sich am 10. X. 82 die Zahl der Krickenten auf schätzungsweise 4000, und am 10. I. 83 waren unter den Tausenden hier rastenden Enten wenigstens 200 Krickenten mit Sicherheit auszumachen; demgegenüber war die Zahl der Krickenten am 2. II. 82 auf dem Euphrat zwischen Deir-ez-Zoor und Raqqa gering.

Anas querquedula — Auf dem Homser See hielten sich am 10. X. 82 100 bis 150 Knäkenten zusammen mit Krickenten auf, und am 12. III. 83 rasteten zwischen Raqqa und Tall Abyad auf Wasserläufen und Tümpeln längs der Straße an mehreren Stellen kleine Trupps oder Paare. Das Fehlen von Winterdaten belegt, daß die Knäkente Syrien überwiegend als Durchzügler berührt und hier in der Regel nicht überwintert. KUMERLOEVE (1967c) zitiert je eine Durchzugsbeobachtung vom 2. IX. und 15. III.

Anas clypeata — Auf dem Herbstzug war die Löffelente am 10. X. 82 mit ca. 300 Ex. recht zahlreich auf dem Homser See, im Frühjahr zwischen Raqqa und Tall Abyad am 12. III. 83 in mehreren bis zu 100 Ex. umfassenden Schwärmen auf Wasserläufen und Tümpeln vertreten. Noch am 11. IV. 82 schwammen auf dem Homser See 3 Löffelenten. KUMERLOEVE (1967c) zitiert Dezember- und März-Beobachtungen.

Netta rufina — In einem Jagdgeschäft von Damaskus waren im Januar 1983 zwei am Homser See erlegte Kolbenerpel ausgestellt. Das ist offenbar bisher der einzige konkrete Nachweis für Syrien.

Aythya ferina — Zu Hunderten (und an Zahl dem Bleßhuhn fast gleich) war die Tafelente am 2. II. 82 auf dem Euphrat zwischen Deir-ez-Zoor und Raqqa als Überwinterer anzutreffen. Seen werden demgegenüber von Wintergästen nicht in solcher Anzahl besucht; so hielten sich am 15. I. 81 auf dem Homser See nur etwa 20 Ex. und am 25. XII. 82 auf dem Euphrat-Stausee nur mehrere kleinere, bis 10 Ex. umfassende Trupps auf. Vom 13. bis 15. III. 83 waren auf dem Euphrat und seinen Altwässern zwischen Raqqa und Abu Kamal nur noch vereinzelt kleinere Trupps anzutreffen, und die letzte Beobachtung betrifft ein ♀ auf dem Euphrat westlich von Raqqa am 20. IV. 83.

Aythya nyroca — Auf dem Homser See wurden im Oktober 1982 (10. und 28. X.) 250 bis 300 und ca. 50 Moorenten bemerkt. Zu einem späteren Termin und auch während der Zeit des Frühjahrszuges glückten keine weiteren Beobachtungen. KUMERLOEVE (1967c) führt keine Daten auf.

Aythya fuligula — Mit ca. 80 Ex. dominierte die Reiherente am 15. I. 81 auf dem Homser See gegenüber der Tafelente (ca. 20 Ex.); neben den am 2. II. 82 auf dem Euphrat zwischen Deir-ez-Zoor und Raqqa überwinternden Tafelenten war sie nur in mäßiger Zahl vertreten. Kleine Trupps wurden vom 13. bis 15. III. 83 lokal auf dem Euphrat und seinen Altwässern zwischen Raqqa und Abu Kamal angetroffen.

Pandion haliaetus — Der Fischadler ist in Syrien ein regelmäßiger Durchzügler, fällt aber als Einzelgänger kaum auf. Drei Herbstdaten (18. IX. 83 bei Homs, 26. IX. 80 am See von Takiye und 8. X. 82 bei Damaskus) und fünf Frühjahrsdaten (7. IV. 82 über Damaskus, 16. IV. 81 und 20. IV. 83 bei Palmyra, 18. IV. 83 am Südufer des Euphrat-Stausees und 19. IV. 83 nahe Raqqa beim Kröpfen eines Fisches) liegen im Rahmen des normalen Durchzugsgeschehens (vgl. GLUTZ VON BLOTZHEIM, BAUER & BEZZEL 1971).

Ein am 3. VI. 82 über Damaskus nach Norden strebender Fischadler wies beachtliche Gefiederschäden auf und war gerade noch flugfähig; diese Schäden mögen den späten Heimzug verursacht haben.

Circaetus gallicus — VOOUS (1962), HÜE & ETCHECOPAR (1970) sowie HEINZEL et al. (1972) beziehen den Nordwesten Syriens in das Areal des Schlangenadlers ein. KUMERLOEVE (1972b) bezeichnet ihn als Bewohner von Bereichen in Gewässernähe und Sumpfgelände und daher angeblich vor allem im N und NE Syriens vorkommend. Im Gegensatz hierzu wurde der Schlangenadler in den westlichen Landesteilen mit ziemlicher Regelmäßigkeit in Vorbergen und mittleren Gebirgslagen angetroffen, wo eine lokal recht hohe Reptiliendichte (vor allem Hardun, *Agama stellio*, aber auch Wüstenchamäleon, Eidechsen und Schlangen) ausreichende Existenzbedingungen garantiert. Wenn auch bei der Weiträumigkeit der Reviere kein Horstfund glückte, so ist aus dem steten Auftreten von meist paarartig zusammenhaltenden oder Balzflüge ausführenden Schlangenadlern an folgenden Orten auf ansässige Brutpaare zu schließen:

- Bergzüge um Abels Grab im oberen Baradatal nahe Takiye, 6. V. 81;
- Umgebung von Halbun, 15. und 24. VI. sowie 22. VII. 83;
- Nordausläufer des Hermon-Massivs am Burgush nahe Qatana, 16. IV. 82;
- Südausläufer des Alloviten-Gebirges bei Tall Kalakh, 13. V. 80;
- Osthänge des Alloviten-Gebirges unterhalb Slenfe, 26. III. 83;
- Kammlage des Alloviten-Gebirges westlich Slenfe, 20. VI. 83;
- Schluchten um Saladins Burg nahe Haffé, 31. V. 82 und 20. VI. 83;
- Umgebung von Ras-el-Basit und Kassab je 1 Paar, 24.—26. V. 80, 5.—8. VI. 81, 30. V. 82.

Diesen Angaben zufolge können die Brutreviere schon im letzten Märzdrittel (so Slenfe am 26. III. 83) besetzt sein.

Als frühestes Datum ist der 17. III. 82 zu nennen (ein über Damaskus ziehender Schlangenadler), und offensichtlich ziehende Vögel wurden, bei einer Häufung in der ersten Aprilhälfte, bis über die Monatsmitte (18. IV. 82 über Damaskus) verzeichnet.

Im Herbst ist mit Durchzüglern ab Mitte September (18. IX. 83 Kammlage bei Slenfe) zu rechnen, wobei eine deutliche Häufung in der ersten Oktoberdekade liegt. Eine besonders hohe Zugfrequenz gab es, wohl infolge eines Verdriftens bei starkem Westwind, am 8. X. 82 an den Westhängen des Jebel Cassoun bei Damaskus, wo allein zwischen 14.30 und 15.30 Uhr 17 durchziehende Ex. (2, 4, 4, 5, 1, 1) aller Farbphasen registriert wurden. Als letztes Herbstdatum ist für 1982 (Salzsee von Jayrud) und 1983 (Deir Hajar östlich von Damaskus) jeweils der 12. X. zu nennen, was eine weitgehende Übereinstimmung mit weiteren Daten aus dem östlichen Mittelmeerraum zeigt (s. GLUTZ VON BLOTZHEIM, BAUER & BEZZEL 1971).

Milvus migrans — Für die Feststellung von KUMERLOEVE (1972b), der Schwarzmilan sei in Syrien ein verbreiteter und je nach Ernährungs- und Brutmöglichkeiten mehr oder minder zahlreicher Brutvogel tieferer und mittlerer Höhenlagen, ergab sich für die westlichen und südlichen Landesteile keine Bestätigung. Eine Aussage für den Norden und Nordosten ist wegen der seltenen Besuche leider nicht zu treffen. Insgesamt waren für den Westen Syriens nur eine Junibeobachtung (1 Ex. am 14. VI. 81 bei Homs) und weder Juli- noch Augustfeststellungen zu verzeichnen. Auch wenn frühere Angaben etwas allgemein gehalten erscheinen, ist der vor allem wohl in den letzten Jahrzehnten eingetretene Rückgang unverkennbar, wobei neben einem starken Jagddruck vor allem auch die verbesserten hygienischen Verhältnisse auf dem Lande für diese als Abfallverwerter in Erscheinung tretende Art folgenschwer waren. Schwierigkeiten bei der Beurteilung des Status der Art bereitet darüber hinaus auch noch — insbesondere in Nordwestsyrien und weniger im Raum Damaskus — die Abgrenzung von Durchzüglern und Überwinterern.

Während offensichtlich auf dem Frühjahrszug befindliche Schwarzmilane bei Deir-ez-Zoor schon am 9. und 10. III. 83 registriert wurden, traten solche im Gebiet um Damaskus erst im letzten Märzdrittel (2 Ex. am 20. III. 81 auf dem Weg nach Palmyra) auf, und bei zunehmender Intensität wurden höchste Zahlen an Durchzüglern zwischen dem 10. und 20. IV. (16. IV. 82 während der Fahrt von Damaskus zum Burgush insgesamt über 100 ziehende Ex.) erreicht. Danach klingt der Zug zum Monatsende hin ab. Einzelne Durchzügler sind noch in den ersten Maitagen und auch später (25. V. 80 1 Ex. ziehend bei Ras-el-Basit) zu verzeichnen.

Der Herbstzug beginnt Anfang September (frühestes Datum eines bei Damaskus ziehenden Milans: 1. IX. 80), erreicht einen Höhepunkt zwischen Mitte und Ende September und schließt Anfang Oktober (6. X. 80 1 Ex. bei Damaskus) ab.

Viel Beachtung hat stets das Auftreten in Syrien überwinternder Schwarzmilane gefunden, worüber KUMERLOEVE (1967b) bereits zusammenfassend berichtete. Sie täuschen teilweise ein verlängertes herbstliches Durchzugsgeschehen vor. Solche Schwarzmilane stellten sich schon im Oktober (10. X. 82 6 Ex. bei Mharde im Ghab) ein und waren den ganzen Winter über im Ghab, im Euphrat-Gebiet (zwischen Deir-ez-Zoor und Abu Kamal), bei Hama, seltener bei Homs und vor allem im Raum Aleppo anzutreffen. Bei Damaskus sind überwinternde Schwarzmilane selten (12. XII. 80 1 Ex. über dem Ghoutadorf Kadam und am 15. XII. 80 3 Ex. nahe der Ghouta-Rinderfarm).

Die Ansammlungen sind teilweise beachtlich. So wurden während einer Fahrt Hama—Salamiye—Homs am 5. II. 82 meist in der Umgebung der Dörfer ca. 60 und vor Aleppo am 24. und 27. XII. 82 ca. 20 zum abendlichen Schlafplatz fliegende Ex. gezählt, und am 28. und 29. III. 83 flogen bis zu 30 Ex. bei den Viehhöfen östlich der Stadt nahrungssuchend umher.

Unter diesen Milanen gibt es viele mit ausgeprägt weißer Handschwingenbasis und deutlich rötlich schimmerndem Schwanz, die sehr an die aus der Mongolei bekannten Schwarzmilane der Unterart *Milvus migrans lineatus* erinnern. Auch in der Lebensweise erinnern die in Syrien überwinternden Milane an Schmarotzermilane: *M. m. lineatus* sucht ohne Scheu in der Nähe des Menschen auf Grundstücken und an Abfallhaufen Nahrung, worin MAUERSBERGER (1979) einen deutlichen Unterschied zu dem scheueren mitteleuropäischen Schwarzmilan sieht. Die relative Häufigkeit bei Aleppo, einem Zentrum des Viehhandels, sowie in Dorfnähe im Ghab, am Euphrat und bei Hama, das seltenere Auftreten bei Homs und das fast völlige Fehlen bei Damaskus (hier die besten hygienischen Verhältnisse) stehen in Relation zum Aufkommen der für den Milan verwertbaren Abfälle, insbesondere Schlachtabfälle, und belegt indirekt, daß es sich nicht um Schwarzmilane aus Mitteleuropa, sondern in erster Linie um Vertreter einer östlicheren Unterart handelt.

Im Raum von Aleppo glückten Nachweise bis Ende März (29. III. 83) noch in beachtlicher Zahl; am 18. IV. 83 war hier kein Milan zu entdecken.

Möglicherweise gehen die heute nach GLUTZ VON BLOTZHEIM, BAUER & BEZZEL (1971) nicht mehr zu bestätigenden angeblichen Bruten des Rotmilans in der Türkei und in Syrien sowie im kaukasischen Raum und Nordiran auf Beobachtungen solcher „rotmilanartiger" Schwarzmilane zurück.

Accipiter gentilis — Der äußerste Nordwesten des Landes ist von HEINZEL et al. (1972) als Überwinterungsgebiet des Habichts ausgewiesen. Sein Areal reicht, wie auch von anderen Autoren angegeben, nicht so weit nach Süden. Der Habicht dürfte aber im küstennahen Nordwesten wenigstens lokaler Brutvogel sein, worauf bereits KUMERLOEVE (1968a, 1972b) hinwies. Vom 24. bis 26. V. 80 hielt sich ein Habichtsterzel ständig jagend in den zum Meer abfallenden Hangwäldern bei Ras-el-Basit auf. Er zeigte damit ein Verhalten, wie es zu Zeiten hohen Nahrungsbedarfs nach dem Schlüpfen der Jungen üblich ist, wenn noch das auf dem Horst wachende ♀ versorgt werden muß. Das ♂ geriet dabei wiederholt in Konflikt mit Eleonorenfalken (*Falco eleonorae*), die ihn angriffen und stets in eine Deckung trieben. Mehrere Turteltaubenrupfungen (*Streptopelia turtur*) in einem enger umgrenzten Gebiet mit urwüchsigem Kiefernwald ließen einen nahen Horst vermuten. 1981 und 1982 fehlte der Habicht hier zwar während des Aufenthaltes zu Pfingsten, doch wurde am 30. V. 1982 in der Umgebung des nahegelegenen Kassab an der türkischen Grenze erneut ein Habichtsterzel gesehen.

Ob es sich bei einem am 10. X. 80 am Crak de Chevalier gesehenen und einem am 19. II. 82 bei Takiye balzfliegenden Habicht im Jugendkleid um ansässige Stücke gehandelt hat, ist dagegen fraglich, da zu dieser Zeit schon oder noch mit Durchzüglern zu rechnen ist und Syrien im Winterhalbjahr ziemlich regelmäßig von Habichten aufgesucht wird. Zur Zeit des Herbstzuges wurden einzelne Stücke im Gebiet der Ghouta (12. X. 82 und 17. X. 83) und bei Palmyra (3. XI. 83) registriert; hier fiel in den Abendstunden ein über die Wüstenberge von Norden heranstreichendes Ex. in die Oasengärten zum Übernachten ein.

Auf dem Frühjahrszug wurden Habichte bei Deir-ez-Zoor (9. III. 83) und wieder bei Palmyra (2. IV. 83) festgestellt. Die Oase von Palmyra zieht große Greifvögel stark an, wenn sie auf dem Zuge über die Wüste Übernachtungs- und Ruheplätze suchen.

Ein (überwinternder?) Habicht hielt sich wenigstens im Dezember 1982 (10.—24. XII.) im Baradatal oberhalb von Damaskus auf, wo er wohl überwiegend Nebelkrähen jagte, während je ein mit ihm das engere Jagdgebiet teilender Wüstenfalke (*Falco pelegrinoides*) und Sperber (*Accipiter nisus*) Haussperlingen vornehmlich auf ihrem Flug zu den Schlafplätzen nachstellten. In halber Hanghöhe einen Felsgrad entlangpirschend, hätte der Habicht am 20. XII. 82 allerdings zufällig fast den hier ruhenden Wüstenfalken überrascht. Der Falke wurde trotz einer Annäherung auf etwa 20 m kaum beachtet; er flüchtete hastig und behaßte nach dem Aufsteigen seinerseits den Habicht heftig.

Accipiter nisus — HÜE & ETCHECOPAR (1970) rechnen Nordwest-Syrien zum Areal des Sperbers. Auch KUMERLOEVE (1972a) zählt die Art zu den Brutvögeln Syriens. Aber weder im nordwestlichen Küstengebiet noch anderswo wurden zur Brutzeit Sperber verzeichnet, so daß keine aktuellen Daten geliefert werden können. Es konnte aber in Erfahrung gebracht werden, daß im Küstengebiet einst der Fang durchziehender Sperber und Kurzfangsperber recht intensiv betrieben worden ist.

Die ersten Durchzügler wurden nicht vor Mitte September (18. IX. 83 je 1 Ex. in Banyas und Slenfe) verzeichnet, wonach es Ende des Monats und bis Mitte Oktober zu einem zahlenmäßigen Anstieg kam und man einzelnen Stücken oder auch lose zusammenhaltenden Trupps von bis zu 5—6 Ex. praktisch überall, auch in der Wüste, begegnen konnte. Zum Monatsende hin und ab November haben die Sperber meist schon fester umrissene Winterreviere inne. Als solche werden vor allem Landwirtschaftsbetriebe mit starken Sperlingsverbänden bevorzugt, auch wenn sie oasenartig in die Wüste eingestreut sind. Im Winter stets von Sperbern besetzte Plätze lagen in den Gehölzstreifen längs der etwa 20 km langen Straße von Damaskus zum Flughafen und im Barada-Taleinschnitt oberhalb von Damaskus. Hier bejagte alljährlich ein Sperber-♀ die abends aus der Stadt heranstreichenden und im Talgrund Schlafplätze einnehmenden Haussperlinge (1981 und 1982 in partieller Konkurrenz zu einem Wüstenfalken, dem es aber auswich).

Das Verlassen dieser Wintereinstände und der wenig auffällige Frühjahrszug vollziehen sich bisweilen schon in den letzten Februartagen, meist aber um Mitte März. Aber auch noch Anfang April wurden, so am 2. und 3. IV. 83 während einer Tour durch die Wüste nach Palmyra, einzelne, offensichtlich ziehende Sperber gesehen.

Accipiter brevipes – KUMERLOEVE (1968a, 1972b) hält das Brüten des Kurzfangsperbers im Norden des Landes nicht für ausgeschlossen, während sich nach HEINZEL et al. (1972) das Areal der Art in diesem Raum nur bis in die Türkei erstreckt.

Auf ein Brüten hindeutende Beobachtungen glückten nicht (s. aber unten). Sichere Erhebungen zum Zuggeschehen waren in den ersten Jahren nicht möglich, obwohl 1981 und 1982 auffiel, daß nach Abschluß des Sperberzuges Ende April/Anfang Mai mit ziemlicher Regelmäßigkeit, in Überlappung mit dem Wespenbussardzug, wieder ziehende Sperber auftraten, die teilweise sogar recht habichtartig wirkten (z. B. 24. IV. und 5. V. 80, 29. und 30. IV. 81 bei Damaskus). 1983 boten sich dann günstigere Bedingungen zur Beobachtung der auf dem Wege nach Norden in den Hängen des Jebel Cassoun aufsteigenden Greifvögel, unter denen am 30. IV. 2 Ex., am 1. V. den ganzen Tag über einzelne Ex. oder bis zu 5 in Trupps vereint und am 2. V. erneut zweimal einzelne Kurzfangsperber gesehen wurden. Die von HOLLOM (1959) am Abend des 7. V. 56 beim See Jabbul beobachteten Kurzfangsperber waren offenbar ebenfalls Durchzügler.

Infolge ihres guten Steigvermögens überwanden die Kurzfangsperber einen Höhenunterschied von ca. 400 m, ohne viel zu kreisen. Nachdem der Herbstzug in den ersten Jahren, abgesehen von einem Ex. am 26. 9. 80 bei Takiye, kaum aufgefallen war, glückten am 18. IX. 1983 eindrucksvolle Feststellungen im Alloviten-Gebirge bei Slenfe. Acht an den Berghängen aufsteigende Kurzfangsperber machten in den Mittagsstunden auf zwei kurz hintereinander in Kammhöhe (ca. 1500 m über NN) nach Süden strebende Zuggesellschaften, die ca. 60 bzw. 80 Ex. vereinten, aufmerksam. Der Individualabstand in den Trupps betrug 10 bis 20 m. Es wird verständlich, daß bei dieser Neigung zum geselligen Zug Einzelfeststellungen kaum glückten. Letztes Beobachtungsdatum war der 14. X. 83 (1 Ex. am Salzsee von Jayrud).

Auf der Falkenbörse von Ruhaybe wurde am 27. IX. 83 auch ein jugendlicher Kurzfangsperber gezeigt, der wenige Tage zuvor bei Baniyas gefangen worden sein sollte. In Verbindung mit dem Falkenfang in der Wüste (BAUMGART 1984a) gibt es auch eine Tradition im Fang von Sperbern an der Küste.

Buteo rufinus – VOOUS (1962) und HEINZEL et al. (1972) beziehen nur den Norden Syriens in das Areal des Adlerbussards ein. Er ist aber neben dem Turmfalken der verbreitetste Greifvogel Syriens, nur fällt er als vornehmlicher Einzelgänger wenig auf. Als Brutvogel kann er vielerorts in der offenen, vegetationsarmen, felsigen Landschaft angetroffen werden. Er fehlt aber wohl dort, wo es weiträumig an Wasser mangelt.

In der weiteren Umgebung von Damaskus wurden ansässige, brutverdächtige Paare bei Halbun, Takiye, Bloudan (hier über 2000 m), am Burgush, bei Maalula und Saydnaya, im Raum Deraa und Bosra angetroffen. Auf der Fahrt von Damaskus nach Homs begegnete man regelmäßig einigen Ex. auf der Hochebene des Karamun um Nabk, und besonders verbreitet ist dieser Bussard im Alloviten-Gebirge, sofern sich vegetationsarme Hänge finden, sowie in den Felsgebieten westlich von Aleppo und Idleb. Auch an den Felsen längs des Euphrat zwischen Deir-ez-Zoor und Raqqa ist er ansässig. Im Ruinenfeld von Doura Europos (3. XI. 83) gehörte übrigens von zwei paarartig zusammenhaltenden Bussarden einer der dunklen Phase an (einzige Feststellung). In der Wüste wurde dieser Bussard demgegenüber nur vereinzelt an geeigneten Plätzen gesehen, z. B. bei Palmyra und Sukhne.

Zugerscheinungen sind nicht ausgeprägt, doch tauchen ab Ende Oktober (26. X. 83 Deir Hajar) vielerorts, selbst im schütter baumbestandenen Kulturland, in den Niederungen um Damaskus, im Ghab und auch längs des Euphrat Adlerbussarde auf, die entweder aus höheren Lagen abgewandert oder aus nördlicheren Gebieten zugezogen sind, ohne daß sie sich äußerlich von den ansässigen Vögeln unterscheiden. Solche Überwinterer ziehen wohl meist bis Mitte Februar wieder ab.

Die Brutplätze in den tieferen und mittleren Lagen (z. B. bei Nabk und am Burgush zwischen 1000 und 1500 m) sind ganzjährig besetzt. Gegen Ende Oktober kann man hier die sehr auffällige Herbstbalz sehen, und im Januar beginnt die Hauptbalz (15. I. 81 Beuteübergabe des ♂ an das ♀ bei Qastal).

Die Ernährungsgrundlage für den Adlerbussard bilden in Syrien wohl überwiegend Reptilien, die an geeigneten Plätzen lokal ganzjährig verfügbar sind (intensive Sonneneinstrahlung an Berghängen).

Buteo buteo — Überraschenderweise gelangen im nordwestlichen Küstengebiet Syriens um Ras-el-Basit und Kassab wiederholt Feststellungen, die Brüten des Mäusebussards in Syrien sehr wahrscheinlich machen. Sowohl vom 24. bis 26. V. 80 als auch am 8. VI. 81 und am 30. V. 82 wurden in diesem Gebiet, das mit seinen waldreichen Höhenzügen stellenweise fast an heimatliche Mittelgebirgslagen erinnert, vornehmlich an Rodungsflächen und aufgelockerten Berghängen sich sehr heimisch zeigende, viel rufende und auch Balzspiele mit Girlandenflügen zeigende Mäusebussarde gesehen, die überwiegend dunkelbraun gefärbt waren. Insgesamt konnten 4 bis 5 Paare ausgemacht werden, ohne damit die als Lebensraum der Art potentiell in Frage kommenden Gebiete auch nur annähernd erfaßt zu haben. Da auch WARNCKE (1972) brutverdächtige Mäusebussarde im syrisch-türkischen Grenzgebiet westlich des Euphrat feststellte, scheint die Art in diesem Raum als Brutvogel doch wesentlich weiter nach Süden zu gehen, als nach bisherigen Meldungen angenommen werden konnte (HÜE & ETCHECOPAR 1970, GLUTZ VON BLOTZHEIM, BAUER & BEZZEL 1971, MELDE 1971 und HEINZEL et al. 1972). Nach KUMERLOEVE (1972a) ist der Status der Art für Syrien überhaupt unklar.

Neben dem Wespenbussard ist der Mäusebussard die auf dem Zuge gegenüber anderen Greifvögeln zahlenmäßig klar dominierende Art. Die ersten Durchzügler waren sowohl 1980 (Nabk) als auch 1982 (Damaskus) am 10 IX. zu sehen. Zu offensichtlichen Massierungen des Zuggeschehens kommt es zum Monatsende bis ins erste Oktoberdrittel. Auch danach kann man noch mit ziemlicher Regelmäßigkeit ziehende Einzelvögel oder kleinere Trupps sehen. Anfang November beobachtete Ex. haben sich aber meist wohl schon auf das Überwintern eingestellt und sind standortgebunden.

Insgesamt überwiegen vor allem im September die bei einiger Übung auch im Felde mit gewisser Sicherheit ansprechbaren, zierlicheren und meist hell rostfarbenen *Buteo b. vulpinus*. Hierfür spricht auch der Fund eines finnischen Ringvogels (D 84570), der, am 1. VII. 82 bei Vehkalahti (60.36′ N 27.18′ E) beringt, am 20. IX. 82 bei Damaskus geschossen wurde. Im Oktober sieht man dann auch viele Bussarde, die dem aus der Heimat bekannten dunklen Typ ähneln und massiger erscheinen.

Überwinternden Mäusebussarden begegnet man vereinzelt überall im Lande. Die Mehrzahl von ihnen fällt aber bei der leichten Erjagbarkeit schon im Spätherbst Schießern zum Opfer; in der Ghouta von Damaskus scheinen jedoch einzelne Stücke den Winter zu überleben. Diese beginnen dann bereits vor Mitte Februar (10. II. 83) mit Balzflügen, während die ersten offensichtlichen Durchzügler Anfang März (7. III. 81, 8. III. 82 und 83) zu verzeichnen sind und es in den ersten Apriltagen zu einer deutlichen Massierung kommt. So stiegen in den Morgenstunden des 3. IV. 83 aus den Palmgärten von Palmyra 5000 bis 6000 Greifvögel auf, die hier übernachtet hatten und unter denen die Mäusebussarde wenigstens 75% ausmachten. Bis zu Beginn der dritten Aprildekade sind dann Durchzügler oft noch recht zahlreich festzustellen, während im Mai bis zur Monatsmitte nur noch Einzelvögel gesehen werden und als letztes Datum für einen Durchzügler der 18. V. 82 angegeben werden kann. Ein am 26. V. 82 vorgestellter *B. b. vulpinus* war offenbar schon einige Zeit in Gefangenschaft. Er wies eine Flügellänge von 37,8 cm am unbeschädigten rechten Flügel und eine Schwanzlänge von 19,1 cm auf.

Pernis apivorus — Wenn im April der Durchzug des Mäusebussards abzuklingen beginnt, setzt der des Wespenbussards ein. Die ersten Durchzügler wurden am 24. IV. 82 (1 Ex.), 25. IV. 81 (6 Ex.) und am 27. IV. 83 (1 Ex.) jeweils über Damaskus notiert. Danach häuften sich die Beobachtungen, und die höchsten Zahlen wurden zwischen dem 10. und 14. V. registriert, als über Damaskus täglich 30 bis 50 Ex. ausgemacht werden konnten. Späte Frühjahrsdurchzügler wurden am 30. V. 81 gesehen. HÜE & ETCHECOPAR (1966) beobachteten 1965 bei Palmyra am 20. IV. Wespenbussarde, die zusammen mit Bussarden und Schwarzmilanen kreisten.

Die erste Beobachtung eines Herbstdurchzüglers stammt vom 1. IX. 80. Danach stieg die Zahl der Beobachtungen stark an, und es wurden Schwarmgrößen verzeichnet, die weit über denen des Frühjahrs lagen. So zogen am 12. IX. 81 allein zwischen 10.40 und 11.00 Uhr in einer breiten, nicht endenden Kette 3000 bis 4000 Wespenbussarde über Damaskus, und am 18. IX. 83 waren es zwischen 12.30 und 14.00 Uhr bei Slenfe in Kammhöhe des Alloviten-Gebirges mindestens 1500 Wespenbussarde, die hier ihren Weg nach Süden nahmen, wobei wahrscheinlich nur ein Teil der wirklich durchziehenden Vögel erfaßt worden ist. Im letzten Septemberdrittel sinkt die Zahl der Durchzügler rasch, und die letzte reguläre Beobachtung eines Einzelvogels stammt vom 6. X. 80. Ein am 16. X. 83 im Gehölzstreifen an der Straße zum Flugplatz bei Damaskus Nahrung suchender Wespenbussard war deutlich flugbehindert (Schußverletzung?). Es war in jedem Jahr erstaunlich, wie im Anschluß an den Herbstzug im Oktober in den Jagdgeschäften präparierte Wespenbussarde geradezu massenhaft zum Kauf angeboten wurden. — Die aufgeführten Durchzugsdaten aus Syrien passen in den von GLUTZ VON BLOTZHEIM, BAUER & BEZZEL (1971) für den westlichen Mittelmeerraum fixierten Rahmen.

Hieraaetus pennatus — Hinweise auf Bruten des Zwergadlers ergaben sich in keinem Falle, obwohl das für die Vergangenheit angenommen werden kann (KUMERLOEVE 1972a, b). Selbst Sommerbeobachtungen ergaben sich nicht. Somit sind die Verbreitungsangaben von HÜE & ETCHECOPAR (1970) und HEINZEL et al. (1972) für die Gegenwart nicht aktualisierbar.

Auch als Durchzügler tritt der Zwergadler nur wenig in Erscheinung, wobei die helle Phase infolge ihrer höheren Auffälligkeit über weite Entfernungen ein häufigeres Vorkommen offenbar nur vortäuscht. Exaktere Zählungen an günstigen Durchzugsplätzen, an denen auch eine sichere Ansprechbarkeit gewährleistet ist, bestätigen das. So wurden an den aufsteigenden Hängen am Südende von Zabadani am 26. IX. 80 zwischen 9.00 und 10.00 Uhr neben 11 Zwergadlern der dunklen Phase, die unter Mäuse- und Wespenbussarden teilweise nur schwer auszumachen waren, nur zwei der hellen Phase festgestellt. Diese Zahlen gehen auf eine gewisse Häufigkeit im letzten Septemberdrittel zurück, denn in der Regel wurden, beginnend mit der Erstbeobachtung eines hellphasigen Ex. bei Damaskus am 1. IX. 1980, nur Einzelvögel verzeichnet. Als letzter herbstlicher Beobachtungstermin ist der 14. X. 82 zu nennen, an dem ein bei Deir Hajar übernachtender Zwergadler 6.30 Uhr zum Weiterflug nach Süden aufbrach.

Auf dem Frühjahrszug wurde erstmals ein dunkles Ex. am 2. IV. 83 bei Palmyra verzeichnet. Die meisten Durchzügler traten aber in der zweiten Aprilhälfte auf, und einzelne konnten auch bis Mitte Mai, letztmalig am 14. V. 82 bei Damaskus, beobachtet werden. Auch beim Zwergadler ist die Korrelation zum Durchzug am Bosporus offensichtlich.

Aquila chrysaetos — Im Gegensatz zu älteren, teilweise um 100 Jahre zurückliegenden Angaben, die den Steinadler als verbreiteten, wenn auch nicht häufigen Brutvogel der syrischen Steppen und ihrer Randberge sowie des Libanon und Antilibanon charakterisieren (TRISTRAM; s. KUMERLOEVE 1972b), kann die Art heute für Syrien als ausgesprochene Rarität bezeichnet werden, obwohl ein Brüten doch noch wahrscheinlich ist bzw. einige isolierte Brutbereiche (Antilibanon, Wüstengebirge) belegt erscheinen. HÜE & ETCHECOPAR (1970) beziehen ganz Syrien in das Areal der Art mit ein, VOOUS (1962) und HEINZEL et al. (1972) dagegen nur den Nordwesten. Beides entspricht nicht dem wahren Sachverhalt.

Ein am 21. I. 83 in den Felstälern der südöstlichen Antilibanon-Ausläufer oberhalb von Halbun gemeinsam jagendes Steinadlerpaar und ein am 15. IV. und 3. V. 83 hier jagender einzelner Steinadler machen die Anwesenheit eines Brutpaares wahrscheinlich. Am 10. X. 82 hielt sich 1 Ex. im Alterskleid am Fuße des Alloviten-Gebirges westlich von Gheb Romley auf, wo die felsbestückten buschreichen Berghänge einen günstigen Lebensraum bieten.

Zwischen Russafa und Sukhne geriet am 20. IV. 83 ein Steinadler in den westlichen Ausläufern des Jebel Bishri in einer unübersichtlichen Kurve fast unter das Auto. Er hatte hier am Kadaver eines überfahrenen Schafes gekröpft. Ein im August 1982 bei Palmyra — wo auch HÜE & ETCHECOPAR (1966) Steinadler beobachteten — erlegter und präpariert vorgezeigter (äußerst fahler) Steinadler ist ein weiterer Beleg für das Fortbestehen von Restvorkommen der Art in diesen zentralen Gebirgszügen.

Aquila heliaca — Verglichen mit dem Steppenadler tritt der Kaiseradler in Syrien ungleich seltener auf. Da die als potentielles Brutgebiet in Betracht zu ziehenden Bereiche Nordsyriens längs der türkischen Grenze (KUMERLOEVE 1972b) nur sporadisch aufgesucht wurden und kein Adler zu sehen war, kann zum Brutstatus der Art nichts Ergänzendes mitgeteilt werden.

Als einzige Feststellung ist die eines ziehenden Kaiseradlers im Jugendkleid am 15. IV. 81 zwischen Deir-ez-Zoor und Hassake zu nennen. In der Sammlung der Veterinärhochschule Hama befindet sich das Präparat eines nach 1975 wohl bei Salamiye erlegten jugendlichen Kaiseradlers, und im Juli 1983 wurde auf dem Souk („Basar") von Damaskus ein präparierter Altvogel angeboten, der (wie auch ein Steppenadler) im vorangegangenen Winter bei Khan Abu Shamat erlegt worden sein soll.

Aquila pomarina und ***A. clanga*** — Da das Unterscheiden von Schrei- und Schelladler im Felde Schwierigkeiten bereitet und ein mögliches Auftreten des Steppenadlers die Situation zusätzlich kompliziert, sollen beide Arten gemeinsam abgehandelt werden. Adler mittlerer Größe sind in Syrien zur Zugzeit eine fast gewöhnliche Erscheinung, wobei der Schreiadler deutlich zu überwiegen scheint. Dieser Eindruck wird auch durch die in Jagdhandlungen sowie an anderen Stellen ausgestellten Präparate gestützt. Schelladler findet man darunter nur vereinzelt. Insgesamt variiert die Zahl der jährlich erfaßbaren Vögel wohl in erster Linie in Abhängigkeit von den Windverhältnissen (bei Westwind Verdriften ins Hinterland und ab von der Küstenlinie) in weiten Grenzen.

Der Zug der Adler beginnt recht massiert in den ersten Apriltagen. Es liegt keine einzige Märzbeobachtung vor. Am 5. IV. 82 kreisten mit Einsetzen der Thermik gegen 9.30 Uhr etwa 2000 Adler über dem östlichen Damaskus, wo sie wohl in den Baumbeständen der Ghouta übernachtet hatten. Diese Zahl wurde in den anderen Jahren auch nicht annähernd erreicht. Bereits zur Monatsmitte sind kaum noch Adler feststellbar, wobei aber Nachzügler, die meist eindeutig als Schreiadler bestimmt werden konnten, bis Mitte Mai (15. V. 82 1 Ex. über Damaskus) gesehen wurden.

Während des Herbstzuges gelangen die ersten Beobachtungen Mitte September (18. IX. 83 2 Schreiadler bei Slenfe). Bis ins erste Oktoberdrittel (8. X. 82 9 Adler bei Damaskus) waren mit gewisser Regelmäßigkeit einzelne Stücke eindeutig als Schreiadler auszumachen. Als letztes Beobachtungsdatum für den Schreiadler kann der 28. X. 82 (1 Ex. bei Ghab Romley) genannt werden.

Mit gewisser Sicherheit wurden 5 Ex. am 10. X. 80 bei Tall Kalakh, 1 Ex. am 22. X. 83 bei Deir Assafyr und 1 Ex. am 25. XI. 80 zwischen Aleppo und Idleb als Schelladler angesprochen.

Diese Beobachtungsdaten korrespondieren in etwa mit den Hauptdurchzugsdaten beider Adler am Bosporus, weisen aber nicht die dortige Häufigkeit auf, und frühe Durchzügler wie auch Nachzügler werden wohl infolge geringer Zahlen und der großflächigen Verteilung nicht erfaßt.

Aquila rapax — Sommerbeobachtungen, die Rückschlüsse auf mögliche Bruten des Steppenadlers in den syrischen Steppen- und Wüstengebieten zuließen, ergaben sich nicht. Eindeutig auf die Art beziehbare Feststellungen liegen erst ab Oktober vor (1. X. 80 1 Ex. an der Baghdadstraße ca. 50 km vor der irakischen Grenze, und am 4. X. 83 an der gleichen Verkehrsader nahe dem Abzweig nach Palmyra ebenfalls 1 Ex., am 19. X. 82 1 Ex. über Ghab Romley).

Dafür, daß in den Steppengebieten Ostsyriens Steppenadler in erheblicher Zahl den Winter verbringen und an den dann infolge Enterotoxämie reichlich anfallenden Schafkadavern relativ leicht geschossen werden können, spricht die beachtliche Zahl der in verschiedenen Jagdgeschäften von Damaskus angebotenen präparierten Steppenadler, von denen — ohne Vollständigkeit zu erreichen — folgende Notizen gemacht werden konnten: 18. X. 82 1 Ex., 28. XI. 83 3 Ex. nebst 2 Schelladlern, 14. II. 83 7 Ex., 24. II. 82 5 Ex., 19. III. 82 3 Ex., 15. IV. 82 2 Ex. Zwei am 20. II. 82 nachweislich im syrisch-irakisch-jordanischen Grenzgebiet auf syrischer Seite erlegte Steppenadler hatten Flügellängen von 561 und 530 mm.

Die Winterdaten machen es wahrscheinlich, daß die Art in Syrien auch Wintergast und nicht nur — wie bei Heinzel et al. (1972) angegeben — Durchzügler ist.

Frühjahrsbeobachtungen einzelner Steppenadler glückten am 26. III. 82 bei Takiye, am 16. IV. 82 am Burgush und am 23. V. 83 auf den Höhenzügen des Antilibanon um Bloudan in über 2000 m Höhe. Ein hier bereits am 8. V. 83 angeschossenes junges Ex. wurde im Veterinärzentrum Damaskus zur Behandlung vorgestellt. Diese beiden Daten deuten an, daß einzelne Stücke in Gebirgslagen zu übersommern versuchen.

Circus aeruginosus – Rohrweihen wurden in geringer Zahl, meist einzeln, mitunter aber auch mit anderen Greifvögeln (insbesondere Mäusebussarden) vergesellschaftet auf dem Herbstzug von Mitte September (erstmals am 10. IX. 82) bis Mitte Oktober (letztmalig jeweils am 13. X. 82 und 83) und auf dem Frühjahrszug von der zweiten Aprildekade (erstmals am 9. IV. 82) bis Mitte Mai (letzte Beobachtung am 15. V. 83) im Raum Damaskus und in den östlichen Steppengebieten gesehen. Das Gros wandert im Frühjahr wohl Mitte April durch, wofür die Feststellung von allein 8 Rohrweihen zwischen Deir-ez-Zoor und Damaskus am 16. IV. 81 spricht. – Ein hoch über Deir Hajar nach Süden fliegendes Ex. war am 11. XII. 82 zu verzeichnen, und ein weiteres Winterdatum stammt vom 25. XII. 82 (Euphrat unterhalb des Staudammes).

Im Euphratgebiet gelangen zur Brutzeit der Art und an geeigneten Plätzen nur am 14. IV. 1981 bei Raqqa eine Beobachtung und einen Tag später eine bei Hasake. In beiden Fällen ist aber vom Termin her nicht einmal ein sicherer Ausschluß von Durchzüglern möglich, so daß die Rohrweihe – auch nach Literaturangaben (KUMERLOEVE 1972b) – nur zu den selteneren, höchstens lokalen Brutvögeln gezählt werden kann.

Circus cyaneus – Die Kornweihe ist in Syrien ein vereinzelter, doch regelmäßiger Wintergast (und Durchzügler?). Als frühestes Herbstdatum ist der 1. XI. 83 (ca. 100 km W Deir-ez-Zoor) und als letztes zum Frühjahr hin der 21. II. 81 (1 Ex. bei Hama nach Norden fliegend) zu nennen. Einzelne Ex. wurden den Winter über an verschiedenen Stellen gesehen, so am 8. XII. 82 in der Ghouta, am 22. I. 82 in den Nordausläufern des Hermon-Massivs nahe dem Burgush (in mittlerer Höhe nach Süden streichend) und am 2. II. 82 bei Deir-ez-Zoor. Vom 21. XI. 82 bis zum 9. II. 83 wurde bei Deir Hajar regelmäßig ein ♀ registriert, das vornehmlich Wühlmäuse in einem Luzerneschlag jagte.

Circus pygargus und ***C. macrourus*** – Bei den Verbreitungsangaben durch VOOUS (1962), HÜE & ETCHECOPAR (1970) und HEINZEL et al. (1972) ist ein Brüten der Wiesen- und der Steppenweihe in Syrien gar nicht in Betracht gezogen; KUMERLOEVE (1972a) dagegen hält das Brüten von *C. macrourus* hier für möglich, während seiner Meinung nach der Status für *C. pygargus* unklar ist.

Beide Arten treten in Syrien als recht zahlreiche Durchzügler in etwa ausgewogenen Anteilen mit einer weitgehenden Überlappung der Durchzugszeiten auf. Sie sind nicht immer sicher zu unterscheiden, so daß eine gemeinsame Behandlung gerechtfertigter scheint.

Das Gros beider „Schmalflügelweihen", die sich ohne wesentliche Beeinflussung durch Landschaftsstrukturen ziemlich gleichmäßig über das Land verteilen, ist im Herbst zwischen letztem September- und erstem Oktoberdrittel zu erwarten, während der Frühjahrszug sich zwischen 10. April und Monatsende vollzieht. Maibeobachtungen liegen nicht vor. Nach dem Zug tauchen in Jagdhandlungen präparierte Stücke beider Arten in fast gleicher Häufigkeit wie Mäuse- und Wespenbussarde auf.

Eine gewisse Differenzierung der beiden Arten ist nur insofern erkennbar, als die Wiesenweihe im Herbst wohl früher zu ziehen beginnt (Erstbeobachtung am 9. IX. 83, Damaskus) und nur bis in die ersten Oktobertage (letztmals am 4. X. 83 östlich von Khan Abu Shamat) gesehen wurde, während die Steppenweihe Anfang Oktober noch regelmäßig zu verzeichnen war. So wurden während einer Fahrt zwischen Damaskus und der irakischen Grenze am 1. X. 80 ca. 20 Steppenweihen (darunter nur 1 ♂ ad.) und am 7. X. 80 nur noch 4 (davon 3 ♂♂) gesehen (BAUMGART 1983). Die letzte wohl dieser Art zuzuordnende Feststellung stammt vom 3. XI. 83 aus der Umgebung von Palmyra.

Die erste Frühjahrsbeobachtung eines ♂ der Steppenweihe gelang bereits am 22. II. 82 in der Umgebung von Deraa, wo zu diesem Zeitpunkt schon wesentlich höhere Temperaturen als in Damaskus herrschten, gefolgt von der Feststellung eines ♂ und eines ♀ am 11. III. 83 bei Raqqa. Demgegenüber stammt die früheste Beobachtung eines ♂ der Wiesenweihe erst vom 30. III. 82 bei Damaskus.

Neophron percnopterus — Der Schmutzgeier ist gegenwärtig ein verbreiteter, aber keineswegs häufiger Brutvogel Syriens. Nicht nur infolge steter Nachstellungen, sondern auch im Ergebnis verbesserter Hygienepraktiken, die ihm auch in ländlichen Gegenden kaum noch Nahrungsquellen in Form von Abfällen bieten, ist der kleine Geier wohl vollständig aus Siedlungsbereichen verschwunden. Man trifft ihn fast ausschließlich in dünnbesiedelten offenen, kahl felsigen, meist karstigen Landschaften. Die für den Orient einst so charakteristische enge Bindung zwischen Geier und Menschen ist gelöst, und an das einstige Brüten in Damaskus (KUMERLOEVE 1972b) erinnert sich dort kaum noch jemand. — Im Juni 1980 hielt sich in dem teilweise noch zum Stadtgebiet gehörenden felsigen Baradatal ein Schmutzgeierpaar auf und flog mit Nahrungsbrocken im Schnabel ein höhlenreiches Massiv im Karst an; im Juli war er aber dann verschwunden und blieb es auch in den folgenden Jahren. Zur Nahrungssuche flogen diese Schmutzgeier in die kahlen Hänge der Antilibanon-Ausläufer. Sie mieden das Stadtgebiet, über dem nur äußerst selten einmal ziehende Stücke gesehen wurden.

Brutverdächtige Geierpaare zeigten sich regelmäßig im oberen Baradatal (Takiye), bei Halbun (hier noch um 1400 m), am Burgush, auf der Hochebene des Karamun um Nabk, in den Westhängen des Alloviten-Gebirges unterhalb Haffé, in den Bergen um Kassab, bei Ar-Riha südlich Idleb, westlich von Aleppo um Qalaat Samaan (= St. Simon) und vor allem bei Palmyra und Sukhne sowie in einem Falle auch bei Deir-ez-Zoor.

Winterbeobachtungen liegen nicht vor. Die erste Frühjahrsbeobachtung stammt vom 8. III. 83 aus Palmyra. Spätestens Ende März sind dann die Horstreviere besetzt, und noch Anfang Mai gibt es mit ziemlicher Regelmäßigkeit überzählige Stücke und bisweilen recht harte Revierkämpfe. Bei Halbun hielten sich am 15. IV. 83 auf einer Fläche von maximal 10 km² 4 Paare auf. Bei späteren Besuchen war immer nur eines anwesend; offenbar hatte es die anderen vertrieben. Auch andernorts reduzierte sich bis Ende April die Zahl der Geier; die unterlegenen weichen möglicherweise weiter nach Norden aus.

Offensichtliche Durchzügler sind vor allem in den ersten Apriltagen festzustellen, hauptsächlich Einzelvögel. Auch hier ist wie beim Storch zuerst mit dem Eintreffen der heimischen Brutvögel und später mit dem Durchzug nördlicherer Populationen zu rechnen. Größere Ansammlungen dieses Geiers wurden nie gesehen. Lediglich am 6. VI. 81 hielten in den Karstbergen oberhalb von Kassab 5 Individuen truppartig zusammen.

Vögel im Jugendkleid kommen nach Syrien nur ausnahmsweise zurück. Ein solcher wurde nur einmal, und zwar am 7. V. 72 im oberen Baradatal gesehen. — Der Herbstzug erfolgt in der zweiten Septemberhälfte, wobei in drei Fällen Vögel im Jugendkleid von jeweils 1 oder 2 Altvögeln, wahrscheinlich den Eltern, begleitet wurden. Die letzte Beobachtung (ein Alt- und ein Jungvogel zogen gemeinsam nahe Khan Abu Shamat nach Süden) stammt vom 1. X. 80.

Unter den etwa 70 bis 80 Schmutzgeiern, die während des gesamten Aufenthaltes in Syrien zu Gesicht kamen, befand sich keiner der aschblauen Phase, die hier relativ häufig sein soll (AHARONI 1932, KUMERLOEVE 1972b).

Aegypius monachus — VOOUS (1962), HÜE & ETCHECOPAR (1970), KUMERLOEVE (1972a) und HEINZEL et al. (1972) rechnen Syrien zum Areal des Kuttengeiers. Beduinen und Jäger berichteten gelegentlich vom einstigen und auch wohl noch derzeitigen Brüten großer schwarzer Geier in den Gebirgen um Palmyra; bestätigen ließ sich das nicht. Der einzige Sichtnachweis gelang am 26. III. 83 bei Jisr esh Shughur, wo ein Kuttengeier sich einem Trupp Gänsegeier angeschlossen hatte. Infolge der hier gerade herrschenden Rinderpest war das Nahrungsangebot überaus reichlich.

Von zwei präparierten und in Damaskus ausgestellten Kuttengeiern war einer am 20. II. 82 im syrisch-irakisch-jordanischen Grenzgebiet auf syrischer Seite erlegt worden. Die Flügellänge dieses dem Gefieder nach juvenilen Vogels betrug 800 mm. Er war zusammen mit zwei Steppenadlern an einem Kadaver erlegt worden (s. dort). Der andere stammte aus dem Irak, wo die Art noch relativ häufig anzutreffen sein soll, wie die Händler versicherten, die von dort regelmäßig Material beziehen.

Gyps fulvus — Der Gänsegeier ist der gegenwärtig wohl noch häufigste Geier Syriens. Eine Kolonie in den Südostausläufern des Antilibanon nahe Halbun in einem gewaltigen höhlenreichen Kalkmassiv konnte, leider erst im Frühjahr 1983 entdeckt, regelmäßig besucht werden. Drei einsehbare Horste — am Boden eines Höhleneingangs, auf einem Felsband und auf einem kopfförmigen Sockel an der Steilwand — mit nur wenig Nistmaterial angelegt, enthielten am 21. V. tauben- bis stockentengroße Jungvögel. Am 22. VII. waren dann offenbar alle Jungvögel ausgeflogen. Insgesamt wurden maximal 25 Geier im Bereich der Kolonie gezählt, was aber keine Aussage über die Zahl der Brutpaare zuläßt, da stets eine beachtliche Zahl unverpaarter Vögel den Brutfelsen anflog und hier auch Schlafplätze bezog. Ein auf dem ungeschützten Sockel erbrüteter Jungvogel ist wahrscheinlich halbwüchsig abgestürzt, denn am Fuße der Wand unter diesem Horst wurde der Riß eines solchen Jungvogels entdeckt.

Als weiterer Verlust war am 26. XI. 83 ein toter Geier mit der für jüngere Vögel charakteristischen Halskrause aus rahmfarbenen lanzettförmigen Federn zu verzeichnen, der auf den Höhen über dem Brutfelsen gefunden wurde. Er wog 8200 g, hatte eine Flügellänge von 716 und eine Schwanzlänge von 318 mm. Die Flügelspanne betrug 2490 mm. Solange der tote Geier hier lag, wurde der Brutfelsen von Artgenossen nicht angeflogen. Gänsegeier werden nicht nur aus Schießlust gejagt, sondern auch deshalb, weil die Volksmedizin im Fett dieser Geier ein gutes Mittel gegen Rheuma sieht, mit dem schmerzende Gliedmaßen eingerieben werden.

Obwohl die Kolonie nur etwa 20 km von Damaskus entfernt ist, wurden über dem Stadtbereich nur ausnahmsweise Gänsegeier gesehen. Die die Kolonie in großer Höhe anfliegenden und ebenso abstreichenden Gänsegeier wurden nur bis zu einem Umkreis von 2—3, ausnahmsweise 5 km festgestellt. Außerhalb dieser Zone flogen sie schon so hoch, daß sie nicht mehr wahrzunehmen waren und somit nichts auf die Existenz der Kolonie hindeutete, auch wenn reger „Flugverkehr" herrschte.

Ein weiterer Platz, an dem mit ziemlicher Regelmäßigkeit Gänsegeier gesehen wurden, war das syrisch-libanesische Grenzgebiet in den Kammlagen des Antilibanon nördlich von Bloudan, wo beispielsweise am 30. X. 81 in den späten Vormittagsstunden über 20 Ex. aus dem Libanon kommend von Norden einflogen. Im Mai 1981 und 1982 strichen regelmäßig Gänsegeier über die Hochalmen bei Bloudan nach einer im Libanon zu vermutenden Kolonie.

Auch in den Nordausläufern des Hermon-Massivs am Burgush traf man ziemlich regelmäßig Gänsegeier, so am 22. I. 82 etwa 9—10 Ex. Brutverdacht bestand auch im Gebirge um Kassab an der türkischen Grenze, wo am 26. V. 80 5 Ex., am 7. VI. 81 1 Ex. und am 30. V. 82 4 Ex. gezählt wurden. Schließlich deuteten auch Angaben aus der Bevölkerung auf Brutplätze im Gebiet um Qariatayn und in der weiteren Umgebung von Palmyra hin, wo am 13. II. 81 9 Ex. nur 3 km vom Stadtrand entfernt an einem Kadaver saßen. Am 1. XI. 83 strich 1 Ex. über die Stadt.

Ein aus 7 Ex. bestehender Trupp wurde noch am 21. II. 83 ca. 20 km westlich Homs an einem Hundekadaver kröpfend angetroffen, und zur Zeit des Rinderpest-Seuchenzuges im Frühjahr 1983 konnten um Jisr-esh-Shughur am 27. III. 84 bis zu 10 Gänsegeier verzeichnet werden. Daß diese Geierart auch im Osten des Landes eine regelmäßige Erscheinung ist, belegten relativ frische Präparate in Deir-ez-Zoor und Hassake im Frühjahr 1983.

Um Durchzügler könnte es sich bei 6 am 6. X. 82 in lockerem Verband mit anderen ziehenden Greifvögeln (Bussarden, Schlangenadlern) in klarer Nord-Südrichtung über Damaskus streichenden Gänsegeiern gehandelt haben, was auch für zwei am 10. X. 82 über eine Strecke von ca. 20 km zwischen Cheb Romley und Musyaf beobachtete Stücke zutreffen mag.

Falco cherrug — Die Steppen Syriens bieten lokal, vor allem dort, wo sich Nagerkolonien (Rennmäuse) befinden, dem Sakerfalken günstige Überwinterungsplätze, was bei der Weiträumigkeit der Landschaft weniger durch Direktbeobachtungen als vor allem durch Erhebungen bei Falkenhändlern belegbar ist (BAUMGART 1984a), die vornehmlich von Beduinen mit Hunderten frisch gefangener Sakerfalken beliefert werden, wobei die Hauptsaison Ende August beginnt, ihren Höhepunkt in der zweiten Septemberhälfte hat und zum Monatsende hin ausklingt, was als Indiz für den Durchzug und das Eintreffen von Überwinterern zu werten ist, deren Zustrom dann in der ersten Oktoberdekade versiegt.

Sichtnachweise sind nur am 6. IX. 82 bei Damaskus und am 14. X. 83 bei Ruhaybe, dem Zentrum des syrischen Falkenhandels, sowie im Frühjahr am 3. III. 81 über Damaskus gelungen.

Falco biarmicus — Lanner- und Sakerfalke gelten bei Falkenfängern und -händlern als auf gleiche Weise zur Beizjagd nutzbare Arten. Beide werden als „Sakr" bezeichnet. Hinweise auf ein Brüten des „Sakr" bei Nabk beziehen sich daher wohl am ehesten auf den Lannerfalken, der nur ganz verstreut und lokal im Lande zu brüten scheint, was mit dem weiträumigen Mangel an tagaktiven Kleinnagern zusammenhängen dürfte.

Ein nach 1975 bei Salamiye erlegter Altvogel befindet sich in der Sammlung der Veterinärhochschule Hama. Er wies wie zwei in Ruhaybe im Herbst 1983 angebotene und angeblich aus der weiteren Umgebung des Ortes stammende Altvögel (♂ und ♀) eine kontrastreiche Kopffärbung (rostfarbene Kopfplatte nur wenig gestrichelt), auf rahmfarbenem Grund auffällige Unterseitenzeichnung und eine zum Blaugrau tendierende Oberseitenfärbung auf, so daß die Zugehörigkeit zu *F. b. tanypterus* am nächsten liegt. Der für einen Terzel gehaltene Vogel hatte einen 360 mm langen Flügel.

Umherstreifende Vögel im Jugendkleid, die dem Lanner zugerechnet werden könnten, wurden am 20. VI. und 10. VII. 80 bei Damaskus notiert.

Falco peregrinus — Auch für den Wanderfalken sind die Steppengebiete Zentral- und Ostsyriens offenbar ein bevorzugtes Überwinterungsgebiet, wofür bei der Unauffälligkeit des Falken aber nur schwer entsprechende Belege beizubringen sind.

Am 23. und 24. X. 81 auf dem Jebel Cassoun gefundene Haustaubenrupfungen mit zusammenhängendem Schultergürtel könnten ebenso wie Bleßhuhnrupfungen an der Staumauer des Euphrat-Stausees am 25. XII. 82 auf die Anwesenheit des Wanderfalken hindeuten. In der offenen Landschaft jagten Wanderfalken am 12. III. 83 bei Tall Abyad und am 15. III. 83 südlich von Hassake im niedrigen Pirschflug jeweils in den Abendstunden, wogegen am Vormittag des 15. III. vor Hassake ein weiterer Falke in Straßennähe von Hochspannungsmasten aus (durch Fahrzeuge aufgescheuchte) Kleinvögel zu jagen trachtete. Bei einem am 3. XI. 83 in der Steppe südlich von Sukhne verzeichneten Falken, der offenbar Sandflughühnern (*Pterocles orientalis*) nachstellte, könnte es sich ebenfalls um *peregrinus* gehandelt haben. Die Falkenhändler in Ruhaybe boten jährlich mehrere Dutzend Wanderfalken an, die später als die Sakerfalken eintrafen, in der Regel ab Ende September/Anfang Oktober. Ein am 12. X. 82 ausgestellter Falke im Jugendkleid war zwei Tage zuvor in der Umgebung des Dorfes gefangen worden. Da über die Herkunft der Falken, die im Äußeren sehr variieren, kaum etwas Verbindliches in Erfahrung zu bringen war, erübrigt sich der Versuch einer Interpretation der Befunde.

Wie die Händler beharrlich versicherten, waren ihnen auch schon aus der Umgebung von Lattaquie stammende nestjunge „Große Shahins", wie der Wanderfalke im Unterschied zum „Shahin al Djebel" (Bergshahin) genannten Wüstenfalken auch bezeichnet wird, übergeben worden. Obwohl nähere Angaben fehlten, ist das hier schluchtenreiche, teilweise großflächig bewaldete Alloviten-Gebirge durchaus als potentielles Brutgebiet des Wanderfalken in Betracht zu ziehen.

Falco pelegrinoides — Die Möglichkeit, daß der Wüstenfalke in Syrien vorkommt, wird recht unterschiedlich beurteilt. Während Fischer (1977) und Heinzel et al. (1972) die küstennahen Gebirgskämme im gesamten östlichen Mittelmeerraum als Heimat des Falken ansehen, sparen Grossman et al. (1964) und Hüe & Etchecopar (1970) diese Region aus und geben die nördlichsten Vorkommen in diesem Raum erst ab Südjordanien und Palästina bzw. Ägypten an, und Kumerloeve (1972b) führt die Art nicht unter den syrischen Brutvögeln auf, sondern hält ihren Status in Syrien für noch unklar.

Aus dieser Sicht kommt, abgesehen von einer nicht völlig gesicherten Feststellung am 9. XII. 80 bei Lattaquie (ein deutlich rotköpfiger Falke jagte in den Hängen des Alloviten-Gebirges östlich der Stadt in niedrigem Pirschflug), dem wiederholten Auftreten des Wüstenfalken bei Damaskus besondere Bedeutung zu.

Ein erstmals am 31. VII. 81 am Djebel Cassoun mit Sicherheit festgestellter Terzel des Wüstenfalken (eine unsichere Feststellung wurde schon am 29. IV. 81 notiert), der noch das Jugendkleid trug, hielt sich hier und im westlichen Randgebiet der Stadt jagend fast ein Jahr (letzte Beobachtung am 4. VII. 82) auf und mauserte ins Alterskleid. Obwohl auch ein ♀ gesehen wurde (12. VII. 82), ergaben sich keine Anzeichen auf Paarbildung oder Brut.

Vom 5. XI. bis 20. XII. 82 (oder 15. I. 83) hielt sich dann wieder ein adulter Terzel am Djebel Cassoun auf und jagte vornehmlich Haussperlinge, die zu den Schlafplätzen im baum- und buschreichen Grund des felsigen Baradatal-Durchbruches flogen.

Bei den Falkenhändlern in Ruhaybe befand sich im Herbst 1982 und 1983 je ein Terzel im Angebot, die wegen ihrer Kleinheit sofort auffielen (Flügellänge des Ex. von 1983: 285 mm), während juvenile Weibchen nicht ohne weiteres von Wanderfalken zu unterscheiden sind und deshalb auch nicht herausgefunden werden konnten.

Nach Aussagen der Falkenhändler soll der „Bergshahin" in den kahlen zerklüfteten Ausläufern des Antilibanon brüten, was allenfalls sehr lokal möglich ist, da bei der Vogelarmut dieser von der Landschaftsstruktur her durchaus geeigneten Gebiete in der Regel das minimale Nahrungsangebot nicht gegeben ist.

Falco subbuteo — Bruten des Baumfalken sind in Syrien vor allem im Gebiet des küstennahen Alloviten-Gebirges und nahe der türkischen Grenze wahrscheinlich, was die Angaben von Hüe & Etchecopar (1970) und Kumerloeve (1972a, b) bestätigen würde. Ende Mai/Anfang Juni (24.—26. V. 80, 4. VI. 81 und 29.—30. V. 82) wurden Baumfalken in der Umgebung von Ras-el-Basit, manchmal 5—6 Ex. gleichzeitig, gesehen, wo sie über den waldreichen Hängen Insekten jagten. Doch auch weiter südlich erscheinen Vorkommen möglich; bei 3 am 13. V. 80 während einer Fahrt von Musyaf nach Tartous gesehenen Ex. könnte es sich aber auch noch um Durchzügler gehandelt haben, aber am 30. VI. 82 jagte 1 Ex. am nördlichen Stadtrand von Homs.

Bemerkenswerterweise wurden am 22. V. 81 im oberen Baradatal ca. 20 km NW Damaskus zwei Baumfalkenpaare gesehen. Auch in den Randbezirken der Damaszener Ghouta (9. VI. 83; Ghuzlanie) und am westlichen, ans Gebirge grenzenden Stadtrand von Damaskus wurden noch bis Mitte Juni (letztmalig am 15. VI. 83) Baumfalken verzeichnet. Spätere Feststellungen fehlen, so daß zwar Ansiedlungsversuche, aber keine erfolgreichen Bruten zu vermuten sind.

Durchzügler können im Frühjahr um den 20. April erwartet werden (19. IV. 83 2 Ex. am Euphrat-Stausee, 1 Ex. bei Raqqa, 22. IV. 81 1 Ex. bei Lattaquie), wobei das Zuggeschehen auf eine kurze Zeit zusammengedrängt ist und Nachzügler oft sichtbare Schäden aufweisen, so ein am 12. V. 82 über Damaskus fliegendes Ex. mit großen Lücken im rechten Armfittich.

Im Herbst wurden Durchzügler von Mitte September (14. IX. 83, Charabo) bis in den November (4. XI. 83 1 juv. ca. 20 km W Palmyra) notiert, allein am 20. X. 82 3 Ex. zwischen Musyaf und Damaskus.

Falco eleonorae — Über den bewaldeten, zur Küste hin abfallenden Hängen bei Ras-el-Basit konnten alljährlich wenige Eleonorenfalken beobachtet werden, die 1980 (24.—26. V.) und 1981 (4.—6. VI.) einzeln oder zu zweit meist in den Dämmerungsstunden und bisweilen zusammen mit Baumfalken schwärmenden Großinsekten nachstellten und auch in Plänkeleien mit dem Terzel des hier ansässigen Habichtspaares und mit Mäusebussarden verwickelt waren. Bei zwei aus der Nähe angesprochenen Ex. handelte es sich um vorjährige Vögel.

1982 (29.—30. V.) fehlten hier die Insekten, und so glückte über den Hangwäldern nur eine Beobachtung. Dafür wurden aber an der weit ins Meer reichenden, mit einem Leuchtturm versehenen felsigen Landzunge südlich des Kurortes zwei Altvögel, ein größerer dunkler, wohl weiblicher, und ein kleinerer heller, wohl männlicher Falke, den ganzen Nachmittag des 30. V. 82 über beobachtet, die hier in den Felsen ruhten, bis zu einer halben Stunde lang in etwa 100 m Höhe über dem Küstensaum offenbar vom Meer heranstreichende Vögel anwarteten und auch den hier ansässigen Turmfalken und verwilderten Haustauben nachstellten. Dabei vermochten sie auch, fast in Kontaktnähe zur Felswand minutenlang unbeweglich in der Luft stehend, anzuwarten und aus dem Steilstoß heraus abrupt zu stoppen, was wohl die bemerkenswertesten Leistungsmerkmale dieser Falkenart sind.

Da spätere Kontrollen nicht möglich waren, ist über dieses Paar nichts weiter auszusagen. Daß es später gebrütet haben könnte (Brutbeginn Ende Juli, Anfang August), ist wenig wahrscheinlich, doch ist allein die Tatsache dieses Ansiedlungsversuches bemerkenswert.

Falco columbarius — Der Merlin ist in den offenen Steppenlandschaften Syriens ein regelmäßiger Wintergast. Nahrungsgrundlage sind ihm hier vor allem die in großer Zahl überwinternden Feldlerchen und Finkenvögel.

Als frühester Beobachtungstermin im Herbst ist der 8. XI. 82 (Deraa) zu nennen, und die letzten Frühjahrsdaten sind der 19. (Steppe nordöstlich des Euphratstaudammes) und der 20. IV. 83 (nahe der Ruinenstätte Russafa).

Mit ziemlicher Regelmäßigkeit wurden Merline in der Umgebung des Landwirtschaftsbetriebes Deir-Hajar E Damaskus (25. XI. und 15. XII. 81, 10. und 28. XII. 82) sowie bei Fahrten zwischen Damaskus und Homs auf der Hochfläche des Karamun (29. XI. und 7. XII. 82, 19. II. und 21. II. 83) verzeichnet. In den zuletzt genannten Fällen jagten die Vögel in Straßennähe auf durch Fahrzeuge aufgescheuchte Kleinvögel. Bei Khan Sheikun stellte am 26. XI. 80 ein Merlin abends zum Schlafplatz fliegenden Haussperlingen nach, wobei er jeweils — aus Richtung der untergehenden Sonne anjagend — von diesen offenbar nur schwer wahrzunehmen war. Am Euphratufer bei Deir-ez-Zoor hielt sich 1 Ex. am 30. und 31. I. 82 ebenfalls auf einer von Kleinvögeln stark frequentierten Fläche von nur etwa 1 km^2 auf.

Falco vespertinus — Das Vorliegen nur einer Frühjahrsbeobachtung (24. V. 1981 1♀ über Damaskus) und zweier Herbstnachweise (30. IX. und 7. X. 80 je 1 ♂ bei Deraa) und der Umstand, daß nur Einzelvögel festgestellt wurden, belegt das relativ seltene Erscheinen des Rotfußfalken als Durchzügler in Syrien. Auch präparierte Stücke — die insgesamt kontrollierten 3 ♂♂ gehörten zu *F.* (*v.*) *vespertinus* — werden nur vereinzelt und dann vornehmlich im Oktober in Jagdgeschäften angeboten.

Falco naumanni — Hinweise auf Bruten des Rötelfalken in Syrien ergaben sich nicht, wofür vor allen anderen Gründen menschliche Nachstellung als Ursache in Betracht zu ziehen ist. Als Indiz hierfür ist auch der Umstand zu werten, daß Turmfalken kaum als Brutvögel in Siedlungsgebieten und an menschlichen Bauten angetroffen wurden. KUMERLOEVE (1968a) nennt jedoch Brutplätze des Rötelfalken.

Auf dem Durchzug sind Rötelfalken von Ende März (ca. 10 Ex. am 30. III. 82 bei Deir Hajar und eine nicht ganz gesicherte Feststellung vom 20. III. 81 bei Palmyra) bis Mitte April mit gewisser Regelmäßigkeit zu verzeichnen, wobei das Gros in den ersten Apriltagen 2(. und 3. IV. 83 zwischen Palmyra und Damaskus mehrere, bis zu 25—30 Ex. vereinende Schwärme) zu sehen ist und nach der Monatsmitte (z. B. 20. IV. 83 bei Sukhne) nur noch Einzelvögel auftreten.

Auf dem Herbstzug fallen Rötelfalken wohl aus den bereits von GLUTZ VON BLOTZHEIM, BAUER & BEZZEL (1971) diskutierten Gründen kaum auf. Zwei Ex. bei Shahba vom 7. X. 81 stellen den einzigen sicheren Nachweis dar. Auch präparierte Stücke werden, abgesehen von einer Häufung im April und Mai, mit einer gewissen Regelmäßigkeit im Oktober angeboten.

Falco tinnunculus — Der Turmfalke ist der verbreitetste und mit Abstand häufigste Greifvogel Syriens. Er ist sowohl in den Niederungen als auch auf dem Kamm des Antilibanon anzutreffen. Allerdings wird seine Ansiedlung vielerorts durch Nachstellung vereitelt.

Ob er im Stadtgebiet von Damaskus brütet, war nicht mit Sicherheit zu ermitteln. Schon am Stadtrand aber, im felsigen Tal der Barada wie auch in den Felsen flußabwärts bis Takiye waren alljährlich noch mehrere Brutpaare ansässig. Auch bei Halbun (ca. 1400 m über NN) gab es wenigstens ein Brutpaar. Weitere Brutplätze wurden in den Steinbrüchen bei Shabha und an den Wasserfällen östlich von Deraa (9. V. 80), in den Felsen um Ras-el-Basit (24. V. 80 und 30. V. 82) sowie in den Ruinen von Qalaat Samaan NW Aleppo (10. IV. 82) und bei Russafa (18. IV. 81) gefunden. Welche Bedeutung dem Schutz vor menschlichen Nachstellungen beizumessen ist, belegt das Brüten am Baals-Tempel von Palmyra, der eine abgeschlossene, vor unbefugtem Zutritt geschützte Einheit bildet, während im ausgedehnten, jedermann zugänglichen Ruinenfeld nie brutverdächtige Falken verzeichnet wurden. Im Inneren geschlossener Wohngebiete angesiedelte Falken wurden am 17. III. 83 in Deir-ez-Zoor registriert, die an einem Bürohochhaus eine der Südseite vorgebaute Sonnenschutzfassade bezogen hatten und hier weder beschossen noch kletternd erreicht werden konnten.

Die in der Nähe der Brutplätze auch überwinternden Turmfalken zeigen z. T. schon im November (16. XI. 82, Baradatal) Balzflüge. Intensive Balzflüge mit Horstplatzanzeige und -besetzung wurden bei Palmyra im Frühjahr schon am 13. II. 81, in der Umgebung von Damaskus erst Anfang März (8. III. 82) gesehen. Flügge Jungvögel waren hier erstmals am

12. VI. 82 (2 Ex.) und am 20. VI. 83 (3 Ex.) festzustellen. Höhere Jungenzahlen kommen wohl kaum vor, denn nirgends waren aus mehr Jungen bestehende Bettelfluggesellschaften zu sehen, ja oft hat es den Anschein, als würde von den Eltern nur ein Jungvogel betreut.

Während der Sommermonate ist die Zahl der beobachteten Turmfalken gering. Erst im September nimmt sie zu, und in der ersten Oktoberhälfte (7. X. 81 bei Deraa, 8. X. 82 Djebel Cassoun, 10. X. 82 Alloviten-Gebirge, 15. X. 82 Salzsee von Jayrud) sind dann ausgeprägte Zugerscheinungen zu verzeichnen. Zwischen Deir Hajar und der Flugplatzstraße wurden am 13. X. 83 beispielsweise über 40 Falken gesehen; alle eindeutig angesprochenen Stücke erwiesen sich als Turmfalken. Zum Monatsende hin nimmt die Zahl wieder ab; dann finden Auseinandersetzungen um die Winterreviere statt. Bis Ende Februar sieht man überall meist nur einzelne Turmfalken in weiträumigen Winterrevieren. Danach werden die Falken, wohl infolge Zuzugs, wieder häufiger.

Ihren Unterhalt bestreiten die Turmfalken offenbar in hohem Maße mit Echsen (Eidechsen, jungen Hardunen u. a.), doch bilden auch Insekten einen bedeutenden Anteil an der Nahrung. Interessanterweise stellten vor allem bei warmem Wetter im Winter (z. B. 15. XII. 81 Damaskus, 30. I. 82 Deir-ez-Zoor) Turmfalken in größerer Höhe und oft zusammen mit Staren schwärmenden Insekten nach.

Alectoris chukar — Das Klippenhuhn ist nach HEINZEL et al. (1972) im ganzen Lande Brutvogel (Jahresvogel), in den weiten ausgesprochen ariden Gebieten dürfte es aber weiträumig fehlen. In den kahlen, felsigen Bergzügen des Antilibanon und seinen Ausläufern bis hin zum Djebel Cassoun westlich von Damaskus war es eine regelmäßige Erscheinung. Die infolge der starken Bejagung sehr heimlichen und scheuen Hühner wurden im gesamten Baradatal, bei Halbun und auf den Höhen des Antilibanon oberhalb von Bloudan (ca. 2000 m) zu allen Jahreszeiten wiederholt gehört und gesehen, darüber hinaus auch noch am Burgush (9. X. 81, 22. I. 82) und an den Vulkanbergen bei Shabha (7. X. 81). Daß es auch die Wüstengebiete besiedelt, belegt eine Beobachtung von 6 Ex. im südlichen Todmarie-Gebirge etwa auf der halben Strecke zwischen Damaskus und Palmyra (ca. 20 km SW Kharbaqa).

Im Spätherbst kam es am Djebel Cassoun allabendlich (1981 ab 20. XI., 1982 ab 12. XI.) zu recht bedeutenden Ansammlungen (über 100 Ex.) gemeinsam übernachtender Klippenhühner, die offenbar auch aus höheren Lagen heranstrichen. Die Auflösung der Schwärme erfolgt ab Ende Februar, und Reviere besetzende Brutpaare wurden bereits am 27. II. 82 vermerkt, während am Djebel Cassoun im kühlen Frühjahr 1983 Auseinandersetzungen, die die Schwarmauflösung begleiten, noch am 4. III. zu beobachten waren.

Coturnix coturnix — Die von HEINZEL et al. (1972) getroffene Charakterisierung der Wachtel als Brut- und Sommervogel Syriens trifft sicher zu, wobei sie im Landesinnern allerdings über weite Gebiete fehlen oder wenigstens selten sein dürfte.

Auf Wiesen und Anbauflächen der Ghouta von Damaskus ist die Wachtel trotz starker Verfolgung noch vereinzelt Brutvogel. Junge führende Paare wurden am 10. VII. 80 auf dem Gelände der Ghouta-Rinderfarm und am 17. VII. 81 in einem Weinfeld bei Daraiya ausgemacht. Schlagende Wachtelhähne waren darüber hinaus im Nordwesten des Landes bei Apamé (11. IV. 82), zwischen Idlep und Jisr esh Shughur (27. III. 83) sowie bei Tall Mardikh (9. IV. 82) zu hören.

Den Winter über fehlt die Art. Die ersten Rückkehrer wurden Anfang März (3. III. 82 1 Ex. bei Ghuzlanie) notiert. Das Gros der Durchzügler ist aber erst Anfang April (7. IV. 82 bei Ghuzlanie 8 Ex.) zu erwarten, wenn in der lokalen Brutpopulation die Reviere bereits besetzt sind.

Auf dem Herbstdurchzug werden Wachteln oft an absonderlichen Plätzen angetroffen, was die Terminisierung im wesentlichen für die erste Septemberhälfte ermöglicht. Bereits im Oktober wurden keine Wachteln mehr gesehen.

Francolinus francolinus — Auf noch bestehende Vorkommen des Halsbandfrankolins im Nordwesten Syriens kann nur anhand von Präparaten geschlossen werden, die in Damaszener Jagdhandlungen ausgestellt waren. 3 Ex. (2,1), die am 24. II. 82, und 2 ♂♂, die am 27. I. 83 im Angebot waren, sollten aus den Gegenden von Raqqa und Aleppo stammen.

Nach Hüe & Etchecopar (1970) und Heinzel et al. (1972) gehört ganz Syrien zum Areal der Art. Infolge der Bindung des Frankolins an deckungsreiches Gelände mit Bevorzugung von Tamarisken- und Sumpfvegetation dürfte er aber über weite Gebiete vor allem im Landesinneren von jeher fehlen.

Grus grus — Kumerloeve (1969, 1972a), der den Kranich zunächst nur als Durchzügler ansah, hält nun den Status der Art für ungeklärt. Kraniche wurden nur in einem Falle als Durchzügler im Frühjahr verzeichnet. Am 12. III. 82 zogen in den Abendstunden ca. 60 Ex. in Keilformation nach NE über den Djebel Cassoun. Präparierte Kraniche fehlten im Angebot der Jagdhandlungen.

Anthropoides virgo — Der einzige Hinweis auf den Jungfernkranich als Durchzügler in Syrien war ein am 15. IV. 81 in der Tierklinik Deir-ez-Zoor frisch als Präparat aufgestelltes Ex., das etwa eine Woche zuvor in der Umgebung der Stadt erlegt worden sein soll.

Otis tarda — Im September (16. IX. 80, 14. und 28. IX. 81) gelangten in den Jagdhandlungen von Damaskus mehrere Großtrappen, darunter auch zwei starke Hähne, zu recht hohen Preisen (1800 ŁS je Präparat), ins Angebot; als Herkunftsort wurde übereinstimmend die Umgebung von Raqqa genannt. Obwohl die weiten Ebenen zwischen dieser Stadt und dem an der türkischen Grenze gelegenen Tall Abyad als Lebensraum für Großtrappen geeignet erscheinen und ihr Brüten in diesem Teil Nordsyriens nicht auszuschließen ist, müßte hier auch an Einflüge aus der Türkei gedacht werden. Dies würde der Ansicht von Hüe & Etchecopar (1970) entsprechen, während Kumerloeve (1972a) die Großtrappe zu den Brutvögeln Syriens rechnet.

Tetrax tetrax — In der Sammlung der Veterinärhochschule Hama befindet sich das Präparat einer weiblichen Zwergtrappe, die wie die meisten der hier aufbewahrten Exponate nach 1975 in der Umgebung von Salamiye erlegt worden sein soll. In Verbindung mit bereits von Kumerloeve (1968a) erwähnten Nachweisen muß also in Nord- und Zentralsyrien mit dem Vorkommen der Zwergtrappe — und sei es nur als Durchzügler oder Wintergast — gerechnet werden. Kumerloeve (1972a) hält Bruten in Syrien für möglich.

Chlamydotis undulata — Eigene Beobachtungen der Kragentrappe glückten in den zentral- und ostsyrischen Steppen- und Wüstengebieten nicht. Vereinzelt in Damaskus auftauchende, von hier stammende Präparate belegen aber das Fortbestehen der Vorkommen. Den Beduinen in den Südausläufern des südlichen Todmarie-Gebirges und in der Umgebung von Sabaa Biar ist die Kragentrappe bekannt, die ganz vereinzelt und nur zufällig auffindbar in diesen Gebieten als Jahresvogel lebt. Die Aufnahme Syriens in das Areal der Art (Hüe & Etchecopar 1970, Kumerloeve 1972a und Heinzel et al. 1972) würde hierdurch gestützt.

Rallus aquaticus — Sowohl nach Hüe & Etchecopar (1970) als auch nach Kumerloeve (1972a) gehört die Wasserralle zu den Brutvögeln Syriens, nicht aber nach Voous (1962) und Heinzel et al. (1972). — An von Deckung spendender Ufervegetation umschlossenen Gräben, Wasserläufen und Tümpeln stellt sich die Wasserralle gern als Wintergast ein, ist aber infolge ihrer versteckten Lebensweise nur schwer auszumachen. Die ersten Ex. wurden am Tümpel bei Deir Assafyr am 17., 22. und 27. X. 1983 verzeichnet. Am 28. X. 1982 huschten 2 Ex. derart im Abflußgrabensystem des Homser Sees umher, daß sie anfangs für Ratten gehalten wurden. An der Barada oberhalb von Damaskus wurde am 4. XII. 1981 ein weiteres Ex. gesehen, und als letzte Beobachtung im Frühjahr ist die zweier Ex. am 12. III. 1983 auf einem Tümpel bei Tall Abyad zu nennen.

Porzana parva — Je eine Kleinralle wurde am 14. und 17. IX. 83 am Tümpel von Deir Assafyr in der Ghouta verzeichnet. Möglicherweise handelt es sich um dasselbe Ex., das sich hier während des Durchzuges aufhielt.

Crex crex — Von durchziehenden Wachtelkönigen glückten nur je eine Frühjahrs- und eine Herbstbeobachtung. Bei Deir Hajar flog am 12. V. 83 1 Ex. von Hunden aufgestöbert aus einem Luzerneschlag, und am 29. IX. 82 hatte ein rastendes Ex. in einem Geröllhang am Djebel Cassoun Zuflucht gesucht.

Gallinula chloropus – Nach VOOUS (1962), HÜE & ETCHECOPAR (1970), KUMERLOEVE (1972a) und HEINZEL et al. (1972) ist das Teichhuhn Brutvogel in Syrien. Es brütet, was aber leider erst 1983 entdeckt wurde, in mehreren Paaren am Tümpel von Deir Assafyr in der Ghouta, wo vom 3. VII. bis 27. X. 83 (zu diesem Termin herrschte starker Jagdbetrieb, und mehrere Ex. wurden erlegt) stets Jungvögel in unterschiedlichen Entwicklungsstadien und Altvögel zu verzeichnen waren. An weiteren Feststellungen sind nur ein auf der Straße vor Zabadani am 26. IX. 80 überfahrenes Ex. und ca. 20 Ex. nahe Mayadin auf einem Euphrat-Altwasser am 3. XI. 83 zu nennen.

Fulica atra – Im Unterschied zum Teichhuhn wurde das Bleßhuhn nur als Wintergast verzeichnet. Größere Konzentrationen fanden sich vor allem am Euphrat. Waren im November (3. XI. 83) auf einem Euphrat-Altwasser bei Mayadin nur etwa 30–35 Ex. vertreten, so wurde die Art am 2. II. 82 auf dem Euphrat zwischen Deir-ez-Zoor und Raqqa stellenweise regelrecht massenhaft verzeichnet, und auch unterhalb der Staumauer des Euphrat-Stausees hielt sie sich am 25. XII. 82 in größerer Zahl auf, während auf dem eigentlichen Stausee nur einzelne Ex. zu sehen waren. Wohl infolge des bereits erfolgten Abzuges hielten sich vom 10. zum 13. III. 83 auf dem Euphrat zwischen Raqqa und Abu Kamal Bleßhühner nur noch in geringer Zahl auf, wobei auch die Möglichkeit von Bruten zu erwägen wäre. Als Brutvogel führen die Art HÜE & ETCHECOPAR (1965, 1970), da sie diese im April auf dem Jabbul-See feststellten. Auch KUMERLOEVE (1968a, 1972a) hält sie für einen möglichen Brutvogel Syriens und führt Januar- und März-Daten an.

Am Homser See war die Zahl der überwinternden Bleßhühner stets nur gering (15. I. 81 ca. 20 Ex., 28. X. 82 ca. 30 Ex., 10. I. 83 ca. 50 Ex.). Einige Überwinterer hatten sich am 13. XI. 81 bereits an Gräben einer Forellenfarm zwischen Damaskus und Qunaytra (ca. 25 km südwestlich der Hauptstadt) eingestellt, was zugleich der südlichste Punkt für Überwinterer ist.

Charadrius dubius – HÜE & ETCHECOPAR (1966) haben Flußregenpfeifer im April auf einem temporären Gewässer südlich von Damaskus gesehen. Nach VOOUS (1962), HÜE & ETCHECOPAR (1970), KUMERLOEVE (1968a, 1972a) und HEINZEL et al. (1972) ist die Art Brutvogel in Nordsyrien. – Es liegen nur zwei eigene Daten vom Frühjahrsdurchzug aus dem Raum Damaskus vor. Am 23. III. 82 rasteten 4 Ex. an einer Pfütze in einem Luzerneschlag bei Ghuzlanie und am 5. III. 83 2 Ex. auf einer überschwemmten Wiese nahe der Straße zum Flugplatz. In beiden Fällen handelte es sich offenbar um rastende Vögel.

Charadrius hiaticula – Jeweils einzelne Sandregenpfeifer wurden am 26. IX. 1980 am Stausee nahe Takiye und am 1. X. 80 am syrisch-irakischen Grenzübergangspunkt östlich von Al Tenf festgestellt. HOLLOM (1959) sah mehrere Ex. im Frühjahr am Jabbul-See, und KUMERLOEVE (1968a) vermerkt Zugbeobachtungen vom 17. V., 30. IX. und 10. XII.

Charadrius alexandrinus – Von den wenigen Beobachtungen des Seeregenpfeifers in Syrien stammen zwei vom Jabbul-Salzsee östlich von Aleppo, wo sich am 9. IV. 82 4 Ex. und am 19. VI. 83 ein einzelner und zwei paarartig zusammenhaltende Vögel aufhielten, was auf mögliches Brüten hinweist. Ferner wurden am 14. III. 83 2 Ex. auf versalzten Feldern zwischen Abu Kamal und Deir-ez-Zoor verzeichnet. HOLLOM (1959) registrierte Dutzende am Jabbul-See (19. IV. 55, 4.–7. V. 56). Nach KUMERLOEVE (1968a) ist die Art hier Brutvogel; außerdem führt er Zugdaten an. Nach HÜE & ETCHECOPAR (1970) gehört der Nordwesten des Landes zum Areal der Art.

Eudromias morinellus – Nachdem am 19. IV. 84 in den Steppengebieten nördlich des Euphrat-Stausees ein Schwarm mittelgroßer Regenpfeifer, deren Artzugehörigkeit nicht bestimmt werden konnte, gesehen worden war, wurden am folgenden Tag bei der Fahrt durch die Steppengebiete zwischen Russafa und Sukhne etwa auf halber Strecke nochmals jeweils 40–50 Ex. umfassende Schwärme ausgemacht. Hier konnte die Art vor allem anhand des rostroten, schwarz nach hinten abgesetzten Bauches (nur bei etwa einem Viertel der Vögel deutlich ausgebildet, bei den meisten noch überwiegend hell) bestimmt werden.

Pluvialis apricaria – Infolge der Ende Februar 1983 im Libanon und in den angrenzenden Teilen Syriens niedergehenden starken Schneefälle mußten viele in mittleren Gebirgslagen überwinternde Arten, vor allem aber Kiebitze, in die Niederungen ausweichen. In Gesellschaft dieser schlagartig zwischen Libanon und Alloviten-Gebirge in der Niederung um Tall Kalakh in großer Zahl auftretenden Kiebitze befanden sich auch zwei 12 und 20 Ex. umfassende Flüge des Goldregenpfeifers. Die Bestimmung am 5. II. 82 von 3 wohl dieser Art zuzurechnenden großen Regenpfeifern bei Salamiye ist nicht ganz gesichert.

Vanellus vanellus – Der Kiebitz ist einer der häufigsten und zugleich auffälligsten Wintergäste in Syrien. Voous (1962) und Hüe & Etchecopar (1970) rechnen Syrien nicht zum Areal der Art. Auch Kumerloeve (1968a) führt sie als Wintergast und Durchzügler, so daß ihr Status eigentlich nicht unklar (Kumerloeve 1972a) sein dürfte.

Abgesehen von einzelnen Erstziehern (26. IX. 80 1 Ex. am Stausee bei Takiye) ist mit Zuwanderern in größerer Zahl um Mitte Oktober zu rechnen (13. X. 83 mehrfach kleinere Trupps bei Deir-Hajar und am 20. X. 82 bis zu zwei Dutzend Ex. umfassende Schwärme bei Gheb Romley von Norden her anfliegend). Die Kiebitze halten sich den Winter über auf den Anbau- und Weideflächen der Damaszener Ghouta auf, ferner in den dann ergrünenden Steppengebieten fast überall im Lande, aber auch in mittleren Höhenlagen (1000–1500 m) in den Ausläufern des Antilibanon (13. I. 83 mehrere hundert Ex. über den Höhenzügen beiderseits der von Damaskus nach Beirut führenden Straße bis zur Grenze), von wo sie dann bei Schneefällen ausweichen müssen (s. Goldregenpfeifer). Gegen Ende Februar nimmt ihre Zahl ab, doch sind noch bis Ende März nicht nur Einzelne, sondern auch noch erstaunlich große Trupps (25. III. 82 ca. 50 Ex. auf dem Gelände der Ghouta-Rinderfarm bei Damaskus) zu sehen. Aprilbeobachtungen liegen nicht vor.

Chettusia gregaria – Ein am 22. V. 82 in einer Damaszener Zoohandlung angebotener, angeblich aus der Umgebung der Hauptstadt stammender Steppenkiebitz hatte bereits auf mögliche Vorkommen der Art hingedeutet; dann wurde am 3. XI. 83 ein Ex. vom Auto aus bei Mayadin fliegend gesehen, ohne daß es möglich war, weitere Nachforschungen anzustellen. Die Art scheint demzufolge in nur geringer Zahl durchzuziehen (vgl. die Karte bei Heinzel et al. 1972).

Calidris alpina – In Gesellschaft am 24. X. 82 bei Ghuzlanie rastender Zwergstandläufer befand sich auch ein Alpenstrandläufer. 2 Ex. hielten sich noch am 28. X. 82 am Homser See auf.

Calidris minuta – Am 24. X. 82 rasteten bei Ghuzlanie 8 Zwergstrandläufer am Grunde eines verschlickten Wasserspeichers. Hollom (1959) nennt in seiner Aufstellung 3000 Ex. (April 1955, Anfang Mai 1956), und Kumerloeve (1968a) hat Zugdaten aus der Literatur zusammengestellt.

Philomachus pugnax – Während ein am 20. II. 83 bei Tartous beobachteter, bereits eine ausgebildete weiße Halskrause tragender Kampfläufer vielleicht noch als Überwinterer einzustufen ist (was auch auf die 6 Ex. am 8. XII. 82 auf dem Gelände der Ghouta-Rinderfarm mit hoher Wahrscheinlichkeit, ohne Fernglas aber nicht sicher als Kampfläufer bestimmten Limikolen zuträfe), handelte es sich bei den zwischen Anfang März und Mitte April festgestellten Kampfläufern (6. III. 82 2 Ex. Ghouta, 12. III. 83 mehrere Schwärme zwischen Raqqa und Tall Abyad, 9. IV. 82 ca. 30 Ex. am Jabbul-Salzsee E Aleppo, 18. IV. 81 8 Ex. am Euphrat-Stausee) eindeutig um Durchzügler. Auf dem Herbstzug hielten sich am 10. X. 82 2 Ex. an einem kleinen Stausee bei Musyaf auf.

Tringa totanus – Bei einem am 25. XII. 82 am Euphrat-Stausee verzeichneten Rotschenkel und wohl auch bei 5 am 26. II. 83 auf einer Wiese bei Tartous Nahrung suchenden Ex. handelte es sich um Überwinterer. Durchzügler wurden in beachtlicher Zahl am 12. III. 83 zwischen Raqqa und Tall Abyad sowie am 4. III. 83 zwischen Abu Kamal und Deir-ez-Zoor an Euphrat-Altwässern gesehen, und am 19. IV. 81 hielten sich noch 10 Ex. am Homser See auf. April-Beobachtungen teilen auch Hüe & Etchecopar (1966) mit (Jabbul-See). Nach Kumerloeve (1972a) soll das Brüten der Art in Syrien wahrscheinlich sein, wofür allerdings Aprildaten nicht als sicherer Beleg gelten können.

Tringa erythropus – Wenigstens zwei noch das helle Winterkleid tragende Perlwasserläufer hielten sich am 14. III. 83 an einem Euphrat-Altwasser zwischen Abu Kamal und Deir-ez-Zoor auf. Vom Euphrat liegen auch Oktober- und Novemberbeobachtungen vor (Kumerloeve 1968a).

Tringa stagnatilis – Ein am 26. VII. 83 in einer Jagdhandlung angebotener präparierter Teichwasserläufer war angeblich im Frühjahr in der Umgebung von Damaskus erlegt worden. Über Herbst- und Frühjahrsbeobachtungen s. Kumerloeve (1968).

Tringa nebularia – Während einer Fahrt von Abu Kamal nach Deir-ez-Zoor wurde am 14. III. 83 ein Grünschenkel an einem Euphrat-Altwasser gesehen. Die bisherigen Frühjahrsbeobachtungen (s. Kumerloeve 1968a) stammen vom April, ferner liegen Herbstdaten vor (s. ebenda).

Tringa ochropus – An Beobachtungen des Waldwasserläufers liegen vor: eine vom September (18. IX. 81 1 Ex. am Stausee bei Takiye), eine vom Oktober (28. X. 82 2 Ex. an Gräben in der Rinderfarm Gheb Romley), eine vom Dezember (7. XII. 82 1 Ex. in der Rinderfarm Deir Balbe bei Homs), zwei vom Januar (11. I. 83 Ghuzlanie und 13. I. 81 bei Homs je 1 Ex.), zwei vom Februar (2. II. 82 am Euphrat bei Raqqa und 20. II. 83 bei Tartous je 1 Ex.) und drei vom März (8. III. 83 1 Ex. bei Deir-ez-Zoor, 24. III. 82 2 Ex. und 30. III. 81 1 Ex. bei Ghuzlanie). Diese Daten weisen ihn als vereinzelten, aber doch regelmäßigen Durchzügler und Überwinterer aus, der sich überall dort aufhält, wo Gräben das Gelände durchziehen oder sich wenigstens kurzzeitig Pfützen bilden. Ein am 27. VII. 83 bei Ghuzlanie festgestellter Waldwasserläufer machte einen völlig gesunden Eindruck. Diese Beobachtung liegt also noch früher als die eines Ex. vom 19. VIII. 45. Einige Ex. verweilen bis Ende April (Kumerloeve 1968a).

Erstaunlicherweise glückte nicht eine einzige Feststellung des Bruchwasserläufers (*Tringa glareola*), der offenbar nicht überwintert und nur während einer eng begrenzten Zugzeit das Land überfliegt.

Tringa hypoleucos – Während sich am 25. XII. 82 am Euphrat-Stausee gleich mehrere hier überwinternde Flußuferläufer aufhielten, wurden anderenorts (15. I. 80 zweimal 1 Ex. am Homser See, 1. II. 82 1 Ex. am Euphrat bei Deir-ez-Zoor) als Überwinterer nur Einzelvögel festgestellt. Aprildaten (18. IV. und 19. IV. 81 je zweimal 1 Ex. am Euphrat-Stausee und am Homser See) deuten auf Durchzügler hin, von denen einzelne (1 Ex. am 26. V. 80 bei Ras-el-Basit) wohl auch zum längeren Verweilen oder gar Übersommern neigen. Die von Hüe & Etchecopar (1966) mitgeteilten Beobachtungen vom April 1965 am Jabbul-See und zwischen Aleppo und Lattaquie wie auch die von Kumerloeve (1968a) wiedergegebenen Mai-Beobachtungen betreffen möglicherweise lange verweilende Durchzügler, die Kumerloeve (1972a) offenbar dazu veranlaßten, die Art zu den möglichen Brutvögeln Syriens zu rechnen.

Limosa limosa – Während der Fahrt am 12. III. 83 zwischen Raqqa und Tall Abyad wurde zweimal eine mit anderen Limikolen, hauptsächlich Kampfläufern, mitfliegende Uferschnepfe gesehen. Eine in Damaskus am 18. X. 82 in einem Jagdgeschäft angebotene Uferschnepfe war in der Umgebung der Stadt wohl auf dem Herbstzuge erlegt worden. Hollom (1959) beobachtete die Art am Jabbul-Salzsee (April 1955, Mai 1956).

Numenius arquata – Auf den Schlickflächen des Jabbul-Salzsees rastete am 9. IV. 82 zusammen mit anderen Limikolen auch ein Brachvogel. Weitere Beobachtungen s. Kumerloeve (1968a).

Scolopax rusticola – Heinzel et al. (1972) geben die Waldschnepfe als Wintergast des ganzen Landes an. Im Raum Damaskus trat sie zu dieser Zeit aber wenig in Erscheinung: 1 Ex. wurde zwischen dem 17. XI. und 11. XII. 82 wiederholt auf dem Gelände der Rinderfarm Deir Hajar gesehen, und am 3. XII. 82 hielt sich eines im Gebüschstreifen des Baradatales E Takiye auf.

Gallinago gallinago – Von der zweiten Oktoberhälfte an (17. X. 83 bei Deir Assafyr, 20. X. 82 Deir Balbe) stellten sich an geeigneten Plätzen (deckungsreiche Randzone von

Gewässern, besonders aber Abflußgräben und Dungplätze von Rinderfarmen) regelmäßig Bekassinen ein, deren Zahl dann zur Mitte des Winters hin ein wenig anstieg (6. und 7. XII. 82 ca. 10 Ex. in der Rinderfarm Deir Balbe, 10. und 11. XII. 82 5–6 Ex. am Dungplatz der Rinderfarm Deir Hajar). Im Januar waren dann die Zahlen rückläufig, was in erster Linie auf Abschüsse zurückzuführen ist, obwohl auf dem Gelände solcher Landwirtschaftsbetriebe die Jagd doch relativ eingeschränkt bleibt. Einzelne Ex. kamen dann bis Anfang März (6. III. 82 3–4 Ex. in der Damaszener Ghouta) zur Beobachtung. Nach HOLLOM (1959) hielt sich am Jabbul-Salzsee 1 Ex. noch später auf.

Recurvirostra avosetta und ***Himantopus himantopus*** – Zwei Säbelschnäbler und ein Stelzenläufer hielten sich am 9. IV. 82 gemeinsam mit anderen Limikolen, hauptsächlich Kampfläufern, auf Schlickflächen des Jabbul-Salzsees östlich von Aleppo auf. Besuche zu anderen Zeiten brachten keine weiteren Nachweise an diesem bemerkenswerten, infolge intensiver Jagd von Vögeln fast entvölkerten Platz. Von seinen Habitatansprüchen her könnte der Säbelschnäbler am Jabbul-See durchaus Brutvogel sein; er dürfte sich hier aber aus dem genannten Grunde kaum dauerhaft ansiedeln können. Unter diesem Aspekt sind auch die hier am 4. und 6. V. 56 von HOLLOM (1959) festgestellten 4 Ex. zu betrachten; gleiches trifft für den Stelzenläufer zu, von dem er 12 Ex. registrierte. Den Stelzenläufer rechnet KUMERLOEVE (1972a) zu den Brutvögeln Syriens, den Säbelschnäbler zu den Arten mit unklarem Status.

Burhinus oedicnemus – Obwohl kein Sichtnachweis glückte, belegen die hin und wieder, meist im Oktober und November in Jagdgeschäften auftauchenden Triele das Vorkommen dieses unauffälligen Dämmerungsvogels in der Umgebung von Damaskus. Auch den Beduinen im Süden des südlichen Todmarie-Gebirges und bei Palmyra war der Triel gut bekannt, der in den Steppengebieten das ganze Jahr über anzutreffen sein soll. Über Sommerbeobachtungen s. KUMERLOEVE (1968a).

Cursorius cursor – Der Rennvogel gehört zu den Brutvögeln Syriens (KUMERLOEVE 1968a, 1972a, HEINZEL et al. 1972). Diese offenbar nicht seltene, jedoch im weiträumigen, wüstenartigen Gelände schwer auszumachende Art ließ sich nur zweimal feststellen: 1 Ex. am 2. VII. 83 nahe dem Gipfel des Djebel Cassoun und 4 Ex. am 4. X. 83 an der Bagdadstraße nahe dem Abzweig nach Palmyra (ca. 120 km E Damaskus). Die in diesem Gebiet lebenden Beduinen kennen den Rennvogel ebenfalls gut, der hier Jahresvogel sein soll. In Jagdgeschäften werden Rennvögel nur vereinzelt und seltener als Triele angeboten.

Glareola pratincola – Von den vereinzelt, meist im Oktober in Jagdgeschäften angebotenen Brachschwalben wiesen zwei näher untersuchte Stücke rote Unterflügel auf. HOLLOM (1959) registrierte 12 Ex. (IV. 1955, V. 1956, Jabbul-Salzsee). KUMERLOEVE (1968a, 1972a) rechnet *G. nordmanni* zu den ehemaligen und *G. pratincola* zu den möglichen Brutvögeln Syriens.

Larus ichthyaetus – Eine Fahrt am 25. XII. 82 zum Euphrat-Stausee wurde in erster Linie in der Hoffnung auf eine Begegnung mit der Fischmöwe unternommen, die hier ja als Wintergast erwartet werden konnte. Während einer Beobachtungszeit von nur eineinhalb Stunden bestätigte sich die Vermutung; um die Mittagszeit wurden 1 und 2 dieser prächtigen Möwen gesehen.

Larus genei – HOLLOM (1959) registrierte am Jabbul-Salzsee am 4. V. über 120 und am 7. V. über 100 Dünnschnabelmöwen. Ebenfalls am Jabbul-See, aber bereits im April, sahen HÜE & ETCHECOPAR (1966) Dünnschnabelmöwen zusammen mit Lachmöwen. Diese und die eigenen Beobachtungen – 2 Ex. flogen am 9. III. 83 bei Deir-ez-Zoor den Euphrat aufwärts, und am Südufer des Euphrat-Stausees wurden am 18. IV. 81 1 Ex. sowie am 18. IV. 83 ca. 10 Ex. verzeichnet – lassen darauf schließen, daß diese Möwe am Euphrat ein doch ziemlich regelmäßiger Durchzügler (und vielleicht auch Wintergast) ist. Nach KUMERLOEVE (1972a) ist der Status der Art für Syrien jedoch noch unklar.

Larus ridibundus – Die Lachmöwe ist an Syriens Gewässern ein regelmäßiger Durchzügler und Wintergast. Die ersten Ex. wurden im Oktober (10. X. 82 5 oder 6 am Homser See) notiert, und danach weitere nicht nur hier (28. X. 82 ca. 30 Ex., 25. XI. 80 2 Ex.,

10. I. 83 ca. 10 Ex., 13. I. und 19. IV. 81 jeweils ca. 50 Ex., 11. IV. 82 ca. 20 Ex.), sondern auch am Orontes-Stausee bei Rastan (13. I. 81 ca. 40 Ex.), am Euphrat bei Deir-ez-Zoor (1. II. 82 ca. 10 Ex.) und am Euphrat-Stausee (25. XII. 82 ca. 50, 18. IV. 81 ca. 30 Ex., 18. IV. 83 ca. 20 Ex.) sowie im Küstenbereich (21. II. 83 ca. 20 Ex. vor Tartous) bis Mitte April. Massiert traten wenigstens 450—500 Lachmöwen am 19. II. 83 auf überschwemmten Feldern E Tall Kalakh auf, und am 3. I. 82 flog eine Lachmöwe im Schneetreiben wie nahrungssuchend einen Straßenzug von Damaskus ab. Von 5 sich noch am 16. VI. 81 am Homser See aufhaltenden Lachmöwen waren 2 ausgefärbt. Hierbei handelte es sich offenbar um Übersommerer. Die am 4. und 7. V. 56 zusammen mit Dünnschnabelmöwen auf dem Jabbul-See (HOLLOM 1959) und die am 22. und 23. V. 59 im Hafen von Lattaquie beobachteten Lachmöwen (KUMERLOEVE 1968a) dürften ebenfalls Übersommerer gewesen sein.

Larus melanocephalus — Die Schwarzkopfmöwe wurde vereinzelt als Wintergast im Küstengebiet verzeichnet. So hielten sich am 8. XII. 80 1 Ex. an der Küste von Lattaquie und am 19. und 21. II. 82 mehrere Ex. an der Küste vor Tartous auf. KUMERLOEVE (1968a) nennt nur eine Beobachtung am Jabbul-See vom 23. III.

Larus argentatus (s. l.) — Die Silbermöwe kann im Küstengebiet zu allen Jahreszeiten angetroffen werden, wobei ihre Zahl von Mitte Oktober bis Februar am höchsten ist. KUMERLOEVE (1972a) hält Brüten der Art in Syrien für möglich. Ein Nachweis glückte auf einer kleinen Felsinsel nördlich von Ras-el-Basit nahe der türkischen Grenze am 29. V. 82, als sich zwei noch nicht flügge Junge vor den Nachstellungen durch Fischerjungen schwimmend aufs Meer flüchteten. Am Euphrat und am Euphrat-Stausee sowie am Homser Stausee hielten sich auch mit ziemlicher Regelmäßigkeit Silbermöwen auf (10. X. 82 ca. 10 Ex. und am 28. X. 82 ca. 5 Ex. am Homser See, 21. XI. 83 4 Ex. am Euphrat bei Deir-ez-Zoor, 25. XII. 82 ca. 20 Ex. am Euphrat-Stausee, 1. II. ca. 30 und 2. II. 82 50 Ex. am Euphrat bei Deir-ez-Zoor bzw. Raqqa, 18. IV. 81 noch ca. 10 Ex. am Abfluß des Euphrat-Stausees und am 19. IV. 83 ca. 30 Ex. am Nordufer des Stausees). Auf ihren Suchflügen entfernen sich die Möwen bis zu 20 km vom Flußlauf und suchen in der Steppe angelegte Abfallplätze auf. — Die Feststellung von 2 Ex. (1 ad., 1 juv.) am Homser See am 16. VI. 81 weist auch auf die Neigung einzelner Individuen zum Übersommern im Binnenland hin.

Larus fuscus — Zur Zugzeit ist die Heringsmöwe nicht nur an der Küste, sondern auch im Binnenland anzutreffen. So flogen am 15. IV. 83 12 Ex. über Damaskus, und am 19. IV. 83 hielten sich ca. 20 ausgefärbte Heringsmöwen gemeinsam mit ca. 30 Silbermöwen und zahlreichen, keiner der beiden Arten eindeutig zuzuordnenden Jungvögel nahe der Burg Qalaat Jabir am Nordufer des Euphrat-Stausees auf. Noch Ende Mai, am 24. V. 80, wurden 2 Ex. an der Küste bei Ras-el-Basit gesehen. HOLLOM (1959) hatte am 4. und 7. V. 56 über ein Dutzend auf dem Jabbul-See rastende Heringsmöwen notiert. Hier registrierten HÜE & ETCHECOPAR (1966) Heringsmöwen im April.

Gelochelidon nilotica — In den Niederungen des Khabur, etwa auf halbem Wege zwischen Deir-ez-Zoor und Hassake hielten sich am 15. und 16. IV. 81 jeweils 8—10 Lachseeschwalben auf, die über Feuchtwiesen und Feldern nahrungssuchend umherflogen. Am Euphrat-Stausee wurden sowohl am 18. IV. 81 (Südufer) als auch am 18. und 19. IV. 81 (Süd- bzw. Nordufer um das Qalaat Jabir) regelmäßig Lachseeschwalben in etwa einem Dutzend Ex. gesehen, die sich nicht nur am Wasser, sondern auch in der steppenartigen Umgebung des Sees aufhielten. Obwohl es sich hierbei noch um Durchzügler gehandelt haben könnte, läßt das Zusammenhalten von Paaren zum letztgenannten Termin durchaus Brüten möglich erscheinen, zumal da eine dem Südufer des Sees um etwas mehr als einen Kilometer vorgelagerte Insel mit ausgedehnten Schotterbänken günstige, geschützte Brutplätze bot und hier Möwen und Seeschwalben, deren Artzugehörigkeit wegen der Entfernung leider nicht auszumachen war, in großer Zahl an- und abflogen. KUMERLOEVE (1968a) nennt den Jabbul-Salzsee als Brutort. — In Damaskus tauchten in zwei Fällen Präparate von Lachseeschwalben auf, von anderen Seeschwalben dagegen keine.

Hydroprogne caspia — Sowohl am 18. IV. 81 als auch am 18. IV. 83 jagten in den Buchten im südlichen Küstenbereich des Euphrat-Stausees mehrere, maximal 6—8 Raubseeschwalben, die offenbar auch die Schotterbänke der bereits bei der Lachseeschwalbe erwähnten Insel frequentierten, so daß ihr Brüten nicht ausgeschlossen ist, obwohl in erster Linie an Durchzügler gedacht werden muß. KUMERLOEVE (1972a) rechnet die Art zu den Brutvögeln Syriens.

Sterna hirundo — Außer am Euphrat-Stausee (18. IV. 81 und 83 jeweils etwa ein Dutzend Ex.), wo die Flußseeschwalbe vielleicht den gleichen Status wie Lach- und Raubseeschwalbe hat, wurde sie auch wiederholt am Homser See (6 Ex. am 16. VI. 81, 4 Ex, am 10. X. 82 und ca. 20 Ex. am 28. X. 82) gesehen, von wo auch die Feststellung eines Ex. vom 10. I. 83 zu melden ist, was auf ein gelegentliches Überwintern in Syrien deutet. Nach HÜE & ETCHECOPAR (1970) und KUMERLOEVE (1972a) brütet die Flußseeschwalbe in Syrien.

Sterna albifrons — Die Zwergseeschwalbe wurde wiederholt im Mai beobachtet (HOLLOM 1959, KUMERLOEVE 1968a). KUMERLOEVE (1968a) erwähnt ein Gelege am Jabbul-Salzsee (2. VI.). Nach HÜE & ETCHECOPAR (1970) ist die Art im Norden des Landes Brutvogel. Zusammen mit den bereits genannten Seeschwalben hielten sich am 18. IV. 83 mehrere (ca. 8—10 Ex.) Zwergseeschwalben am Südufer des Euphrat-Stausees auf, die nicht nur an Durchzügler denken lassen. Auffällig war demgegenüber die Zahl der am 10. X. 82 am Homser See wohl auf dem Durchzug verweilenden Zwergseeschwalben, von denen bisweilen gegen 10 Ex. gleichzeitig ausgemacht werden konnten.

Chlidonias nigra — Das Vorliegen von nur zwei Herbstzug-Daten (je 1 Ex. 18. IX. 81 am See bei Takiye und 10. X. 81 auf dem Homser See) spricht für relativ seltenes Erscheinen der Trauerseeschwalbe während des Zuges. KUMERLOEVE (1972a) hält Brüten der Art in Syrien jedoch für möglich, während HEINZEL et al. (1972) das Land nur als Durchzugsgebiet kennzeichnen.

Chlidonias leucoptera — Am 30. VII. 83 stellte sich eine Weißflügelseeschwalbe an den Wasserbassins bei Ghuzlanie ein, wahrscheinlich ein Übersommerer, der durch die einsetzende Austrocknung von Gewässern zum Umherstreifen gezwungen war. Die Anfang Mai 1956 am Jabbul-See beobachtete Weißflügelseeschwalbe (HOLLOM 1959) könnte noch auf dem Zuge gewesen sein.

Pterocles alchata — Nachdem in den vorangegangenen Jahren die Suche nach dem Spießflughuhn ergebnislos verlaufen war, tauchten im Juni 1983 (eigene Erstbeobachtungen am 26. und 27. VI., nach Berichten von Jägern auch schon eine Woche früher) Spießflughühner geradezu invasionsartig in den östlichen Randgebieten der Damaszener Ghouta auf, um hier an Bewässerungsgräben zu trinken. Die in Schwärmen heranstreichenden Vögel stürzten sich oftmals aus der Luft direkt ins Wasser, tranken — manchmal sogar schwimmend — hastig und flogen wieder ab. An ungestörten Plätzen verweilten sie auch länger und bezogen hier sogar Tageseinstände. Es handelte sich dabei ausschließlich um wie Goldregenpfeifer im Ruhekleid (hellbäuchig) erscheinende Jungvögel (?) ohne Schwanzspieße.

Nach Dr. CHALID SADIK, der die Steppen- und Wüstengebiete des Bezirkes Homs bis zur irakischen Grenze tierärztlich überwacht, war das kühle, regenreiche Frühjahr 1983 günstig für die Fortpflanzung der Spießflughühner, und im syrisch-irakisch-jordanischen Grenzgebiet brüten sie Ende April/Anfang Mai geradezu massenhaft (während sie in manchen Jahren völlig damit aussetzen). Mit dem Austrocknen der meisten Wasserstellen im Juni/Juli müssen dann die meisten Vögel, vor allem aber die Jungen, abwandern. — Infolge der Bejagung nahm die Zahl der Flughühner stetig ab. Zum letztmöglichen Beobachtungstermin am 27. VII. 1983 wurde aber bei einem kurzen Besuch zwischen Ghuzlanie und Deir Hajar noch ein ca. 20 Ex. umfassender Schwarm festgestellt.

Nach diesen Erfahrungen ist das Auftreten des Spießflughuhns recht unterschiedlich und sporadisch, wobei sich die Witterungsverhältnisse im Frühjahr auf den Bruterfolg entscheidend auswirken.

Pterocles orientalis — Als zweites in Syrien regelmäßig vorkommendes Flughuhn — KUMERLOEVE (1972a) hält Brüten für möglich — ist das Sandflughuhn zu nennen, das 1982 wohl in größerer Dichte im Raum Aleppo auftrat, von wo ein syrischer Bekannter im September einen großen Korb geschossener Vögel nach Damaskus brachte. Ebenfalls von da stammende Stücke wurden zu dieser Zeit regelmäßig in Damaszener Jagdhandlungen angeboten.

Als einzige Sichtbeobachtung sind zwei in den Spätnachmittagsstunden des 3. XI. 83 bei Sukhne in südlicher Richtung abstreichende 13 und ca. 35 Ex. umfassende Trupps zu erwähnen, die wahrscheinlich zur Tränke flogen.

Columba livia und ***Columba livia*** forma **domestica** — Infolge des starken Jagddruckes sind in Syrien Felsen- und Straßentauben außerhalb menschlicher Wohnbezirke selten, obwohl religiöse Motive ihnen eine gewisse Schonung garantieren. Der beste Schutz ist stets darin zu sehen, daß in Siedlungsgebieten nicht uneingeschränkt geschossen werden kann. Hier findet man diese Tauben vornehmlich an oder in der Umgebung von Moscheen. Zudem ist die Taubenhaltung unter der Bevölkerung sehr beliebt, und im Einzelfalle läßt sich oft nur schwer entscheiden, ob es sich wirklich um freilebende Stücke handelt.

Offenbar wildlebende Tauben wurden in der Regel aber nur als wenige Individuen umfassende Trupps (max. 10 Ex.) in felsigen Gebieten des Antilibanon (z. B. bei Halbun und Maalula) und in felsigen Wüstengebieten (z. B. um Palmyra und Sukhne) angetroffen. In allen Fällen zeigten die Vögel den für Straßentauben typischen Polymorphismus (neben weißen vor allem rotbraune Gefiederpartien). Wie „reine" Felsentauben erscheinende Stücke waren in der Minderheit, sofern aber auszumachen, dann (auch im Osten bis Palmyra und Sukhne) mit weißem Bürzel. Hinweise auf das Vorkommen von *Columba l. gaddi* ergaben sich entgegen früheren Mitteilungen (s. KUMERLOEVE 1968a) nicht.

Columba oenas — Es verwunderte immer wieder, Hohltauben als Wintergäste in meilenweit absolut gehölzfreien Steppenlandschaften anzutreffen. Die frühesten Herbstbeobachtungen stammen vom 12. und 13. X. 83 (5 und 1 Ex. bei Deir-Hajar). Etwa 50 Ex. hielten sich am 28. X. 82 etwa 60 km von Homs und ca. 20 Ex. am 11. XII. 82 in der Steppe bei Deir Hajar auf. Als letzte Beobachtung im Frühjahr sind 5 Ex. vom 18. III. 83 bei Sukhne zu nennen. Der Status der Art ist — nach KUMERLOEVE (1972a) — noch unklar, könnte aber „Durchzügler und Wintergast" lauten.

Columba palumbus — KUMERLOEVE (1972a) hält es für möglich, daß die Ringeltaube in Syrien brütet, und HÜE & ETCHECOPAR (1970) beziehen Nordsyrien in das Areal der Art ein. Es kann nur eine Beobachtung beigesteuert werden: auf einer von Gehölzen eingeschlossenen Wiesenfläche am Euphrat bei Raqqa hielt sich am 11. III. 83 eine Ringeltaube auf.

Streptopelia turtur — Zur Brutzeit wurde die Turteltaube mit gewisser Regelmäßigkeit in der Ghouta von Damaskus und in ihren Randgebieten (Hadjira, Charabo und Deir Hajar) gesehen, was darauf schließen läßt, daß trotz der äußerst starken Bejagung Brutpaare ansässig sind. Auch in den baum- und gebüschbestandenen Hanglagen des Antilibanon (wie etwa bei Halbun am 22. VII. 83) wurden brutverdächtige Vögel bemerkt. Im waldreichen Hügelland im Nordwesten des Landes um Kassab und Ras-el-Basit ist die Turteltaube ausgesprochen häufig; hier wurde sie als Habichtsbeute nachgewiesen.

Als erstes Frühjahrsdatum ist der 3. IV. 81 (Ghouta von Damaskus) zu nennen. Aber erst von der Monatsmitte an, so am 15. IV. 81 zwischen Deir-ez-Zoor oder am 19. IV. 81 am Homser See, gab es deutlichen Zug.

Der Herbstdurchzug geht hauptsächlich in der zweiten und dritten Septemberdekade vor sich und klingt zum Monatsende hin aus (am 17. IX. 82 ein rastender Vogel auf einer Klippe im Meer vor der Insel Arwad). Als späteste Beobachtung ist die eines in der Wüste östlich von Sabaa Biar an einem Beduinenlager nahrungssuchenden Ex. vom 9. X. 83 zu nennen.

Streptopelia decaocto — Wie die Turteltaube hat auch die Türkentaube unter der menschlichen Nachstellung sehr zu leiden, und in der Ghouta von Damaskus ist sie eine seltene Erscheinung (nur am 23. IV. 82 2 Ex. Daraiya), was aber wohl nicht nur eine Folge der Bejagung ist. Weniger eng dem Menschen angeschlossen, als wir es aus Mitteleuropa kennen, präsentiert sich die Türkentaube mehr als ein Bewohner von Obstgärten in der Siedlungsperipherie, so in der Umgebung von Hama (19. IV. 81, 18. IX. 83), in der Ghab-Niederung bei Gheb Romley (18. IX. 83), in der Umgebung von Aleppo (10. IV. 82) und vor allem in den Gärten um Palmyra (16. IV. 81, 3. IV. 83). Im Euphratgebiet bei Raqqa (14. IV. 81) und Deir-ez-Zoor (17. III. 83) sowie bei Hassake (15. IV. 81) und Qamishlye (16. III. 83) in geringer Zahl verzeichnete Türkentauben schienen hier ansässig zu sein.

Nach KUMERLOEVE (1968a, 1972a), der unterschiedliche Meinungen wiedergibt, ist der Status der Art für Syrien unklar. Man darf sie aber wohl zu den Brutvögeln zählen, auch wenn noch kein Brutnachweis vorliegt. VOOUS (1962), HÜE & ETCHECOPAR (1970) und HEINZEL et al. (1972) rechnen weite Teile des Landes zum Areal der Art.

Die Zahl der Türkentauben im Euphratgebiet nimmt dann im Winter wohl infolge Zuzugs aus nördlichen Gebieten beachtlich zu. So waren während einer Fahrt zwischen Deir-ez-Zoor und Raqqa am 2. II. 82 fast überall Türkentauben, nicht selten in Trupps von 20—30 Ex., zu sehen.

Streptopelia senegalensis — Die Palmtaube ist — aus religiösen Motiven relativ geschützt — der dem Menschen am engsten angeschlossene Vogel Syriens und im Vorkommen mehr oder weniger auf Städte beschränkt, wo selbst die engen, dunklen Gassen der Souks von den an Straßenrändern und auf Dachgärten oder bei Geflügelhaltungen und an Müllkontainern ihre Nahrung zusammensuchenden Palmtauben bewohnt werden. Neben den typischen kupferfarbenen Stücken gibt es in Damaskus zu sehr geringen Anteilen (weniger als 1%) auch eine fahle Phase mit fast cremefarbener Hals- und Brustpartie.

Als Brutvogel wurde die Palmtaube außer in Damaskus noch in Homs, Hama und Aleppo in teilweise beachtlicher Dichte sowie in Idleb, Shabha, Bosra und Deraa angetroffen. In anderen Städten kann ihre Anwesenheit, obwohl dann nicht so augenfällig, kaum mit Sicherheit ausgeschlossen werden. Auch in durch Bäume aufgelockerten Villenvierteln tritt sie noch auf, während sie in Parks und in der gartenreichen Randzone der Städte meist fehlt, wobei es schwer zu entscheiden ist, ob der dann fehlende Schutz unmittelbarer menschlicher Nachbarschaft schon wieder zur Vernichtung durch Schießer führt. Vereinzelte Feststellungen in der Ghouta und im Randgebiet von Deraa sprechen für diese Möglichkeit sowie für eine Überlappung der Habitatansprüche von Palm- und Türkentaube in solchen Zonen.

Bei vorzeitiger Erwärmung bereits im Dezember (20. XII. 80), meist aber erst in der zweiten Januarhälfte (23. I. 82, 25. I. 83), beginnen fast alle Palmtauben-♂♂ gleichzeitig mit den Balzflügen, die ähnlich der der Türkentaube in einem Aufsteigen von erhöhten Sitzwarten und einem meist kreisenden Herabgleiten bestehen, bei dem aber die nasalen Schnarchlaute wie bei der Türkentaube fehlen. Der vollständige Ruf der Palmtaube klingt wie Och-kuh-klu-klug-kuck, wobei die letzten beiden Silben manchmal fast kuckucksartig anmuten.

Die dürftigen Nester stehen auf Bäumen und an Gebäuden auf Simsen, Balkonvorsprüngen, unter Vordächern oder hinter Klimaanlagen. Frühe Gelege wurden bereits am 16. I. 81 gefunden; noch frühere Termine erscheinen möglich. Vom Schlüpfen bis zum Verlassen des Nestes benötigte eine Jungtaube 14 Tage. In der Zeit höchster sommerlicher Erwärmung ab Mai sind Bruten wohl seltener, obwohl sich bei dieser ursprünglich tropischen, hochgradig vom Menschen abhängigen Art klimatische und andere Umwelteinflüsse nur relativ wenig auf die Fortpflanzungsaktivität auswirken. Die Partner eines Paares halten anscheinend ganzjährig zusammen, und während jedes Paar unter normalen Bedingungen ein Revier, etwa ein drei- bis vierstöckiges Haus mit umgebendem Gartensaum, beansprucht (an Hochhäusern besteht noch eine vertikale Unterteilung, indem je nach Höhe noch Dach, Hausmitte und untere Etagen von Paaren besetzt werden), können sich die Palmtauben an ergiebigen Nahrungsplätzen (Hühnerhaltungen auf Dachgärten, an Baumwollverladeplätzen usw.) zeitweise in beachtlicher Zahl zur Nahrungsaufnahme einfinden.

Psittacula krameri — Der Halsbandsittich wird in Damaskus sehr viel als Käfigvogel gehalten und entweicht regelmäßig. Solche Stücke überleben dann (wenigstens vom 25. III. bis Anfang Juni 1 Ex. im Malki-Quartal von Damaskus, um nur ein Beispiel zu nennen) und könnten wie im Irak und Iran (s. HEINZEL et al. 1972) in der Damaszener Ghouta einen freifliegenden Bestand bilden, wenn sie nicht ebenso regelmäßig erlegt würden, wofür immer wieder auftauchende Präparate in Freiheit geschossener Stücke sprechen.

Clamator glandarius — Die geringe Zahl von Häherkuckuckbeobachtungen steht in keinem Verhältnis zu der Regelmäßigkeit, mit der man präparierte Stücke zu sehen bekommt, die einem dann in der Regel als „Saker" vorgestellt werden und, mit dem „Greifvogelstatus" versehen, recht hoch bewertet werden. Bei der geringen Scheu des Häherkuckucks bereitet das Erlegen wohl meist auch keine Schwierigkeiten. Deshalb ist auch seine Fortpflanzung, wenn überhaupt, nur sehr lokal zu vermuten, zumal da ja auch die Elster als wichtigster Wirt nur im Norden und Nordosten des Landes und offenbar ebenfalls recht selten vorkommt.

Die beiden Sichtbeobachtungen betreffen Durchzügler. Ein solcher zeigte sich bereits am 24. II. 83 nahe Deir Hajar. Er nutzte das reichliche Raupenangebot in der nach ergiebigen Niederschlägen grünenden Wüstensteppe. Das trotz kühlem Wetter im Vergleich zu *Cuculus canorus* viel frühere Eintreffen ist auch aus anderen Gebieten des Mittelmeerraumes belegt (s. GLUTZ VON BOLTZHEIM & BAUER 1980). Die zweite Beobachtung bezieht sich auf einen Durchzügler nahe Tall Mardikh am 9. IV. 82.

Cuculus canorus – Nach HÜE & ETCHECOPAR (1970) und KUMERLOEVE (1972a) pflanzt sich der Kuckuck im Norden und Nordwesten Syriens fort.

Am 13. V. 83 rief ein Kuckuck beständig in den Obstgartenkomplexen oberhalb von Bloudan in den Südwestausläufern des Antilibanon in 1650–1700 m Höhe. Dieses von der Struktur her für den Kuckuck geeignet erscheinende, äußerst vogelreiche Gebiet könnte eine Fortpflanzungslokalität an der Südgrenze des Verbreitungsgebietes sein (es könnte sich allerdings auch noch um einen verweilenden Durchzügler gehandelt haben). Ob das auch für die im April und Anfang Juni festgestellten Kuckucke gilt, muß offen bleiben: HÜE & ETCHECOPAR (1966) 1 Ex. am 21. IV. bei Palmyra und 1 Ex. am 23. IV. bei Slenfe, eigene Beobachtungen am 20. IV. 83 2 Ex. (einer davon zur rotbraunen Phase gehörend) am Euphrat bei Raqqa und 1 Ex. am 3. V. 83 bei Halbun. An der syrisch-irakischen Grenze suchte am 1. X. 80 ein Kuckuck vor dem über die Wüste fegenden Sturm in einer Bodensenke Schutz.

Tyto alba – Die Schleiereule ist die wohl verbreitetste Eule Syriens. Sie konnte überall in der offenen Landschaft, selbst in ausgesprochen wüstenartigen Gebieten, wie z. B. am östlichen Wüstenschloß (Qasr al-Hir ash-Sharqi) NE Sukhne am 19. IV. 83, bei Doura Europos am 3. XI. 83 und am Salzsee von Jayrud am 14. X. 83, nachgewiesen werden. Auch Begegnungen von Gewährsleuten mit Eulen in Wüstengebieten ließen sich meist unzweideutig auf die Schleiereule zurückführen, wobei immer wieder herumliegende Igelschalen erste Hinweise auf ihre Anwesenheit lieferten (was anfangs als Indiz für ein Vorkommen des Uhus gewertet wurde, ohne daß sich später hierfür Bestätigungen ergaben).

In der Umgebung von Damaskus brütete die Schleiereule bei Deir Hajar (in der Seitenwandhöhlung eines 20 m tiefen Brunnenloches von 8 m Durchmesser etwa 6 m unterhalb der Oberkante) und Karachta sowie an der Landwirtschaftshochschule von Charabo in der Ghouta, wo 1980 eine Brut von wenigstens vier Jungvögeln am 20. VII. flügge war. Ein bemerkenswerter Brutplatz der Art ist auch das Amphitheater von Bosra, von wo, ebenso wie aus der Umgebung von Damaskus und von Maskane im Euphratgebiet, einiges Gewöllmaterial zusammengetragen werden konnte, das noch der Auswertung harrt. Gehört und gesehen wurden Schleiereulen auch noch bei Gheb Romley im Ghab.

Während HÜE & ETCHECOPAR (1970) einen Teil Syriens, VOOUS (1962) und HEINZEL et al. (1972) ganz Syrien zum Areal der Schleiereule rechnen, hält KUMERLOEVE (1972a) das Brüten der Schleiereule in Syrien nur für möglich. Nunmehr aber kann der Brutvogelstatus als gesichert gelten.

Otus scops – Obwohl das Überwintern von Zwergohreulen in Syrien wie in anderen Mittelmeerländern (GLUTZ VON BLOTZHEIM & BAUER 1980) möglich erscheint, glückten keine entsprechenden Nachweise; als früheste Feststellung ist der Fang eines Ex. am 9. IV. 83 am Dejebel Cassoun bei Damaskus zu nennen, und am 15. IV. 83 rief ein ♂ bei Halbun. HÜE & ETCHECOPAR (1966) hörten Rufe am 23. IV. in Slenfe. Am 8. und 10. sowie am 20. VII. 1981 meldeten sich mehrere ♂♂ aus den Plantagen der Ghouta bei Charabo, wo aber in den folgenden Jahren keine weiteren Nachweise gelangen, und im nordwestlichen Küstengebiet bei Ras-el-Basit rief ein Ex. am 6. VI. 81.

Zwei fast flügge Jungeulen wurden am 26. VI. 80 übergeben, die am Vortage in einem Obstgarten bei Qatana gegriffen worden waren. Damit ist das bisher (von KUMERLOEVE 1972a) nur für möglich gehaltene Brüten in Syrien erstmalig nachgewiesen.

Hinweise auf ein Vorkommen der Streifenohreule (*Otus brucei*), die nach HÜE & ETCHECOPAR (1970), KUMERLOEVE (1972a) und HEINZEL et al. (1972) auch in Syrien Brutvogel ist, ergaben sich dagegen nicht.

Bubo bubo — Obwohl die hin und wieder in Zoogeschäften von Damaskus ausgestellten Uhupräparate ein regelmäßiges Vorkommen dieser Großeule im Lande nahelegten, waren eigene Nachweise nicht zu erbringen, da nächtliche Exkursionen nicht möglich waren. Die mit hoher Wahrscheinlichkeit aus dem Antilibanon-Gebirge in der weiteren Umgebung von Damaskus stammenden Stücke (z. B. 2 Ex. vom 14. II. 83 in einem Jagdgeschäft von Duma ausgestellt) gleichen äußerlich mit ihrem dunklen Gefieder weitgehend dem aus der Heimat bekannten Typ (*Bubo b. bubo* oder *Bubo b. interpositus*). Daneben wurden aber gelegentlich auch kleinere und vor allem hellere Stücke angeboten, die wohl aus dem Landesinneren stammten und dem Pharaonenuhu (*Bubo b. ascalaphus*) zugeordnet werden können oder wenigstens nahestehen dürften. KUMERLOEVE (1968a) gibt nur diese Unterart für Syrien an, HÜE & ETCHECOPAR (1970) nennen dagegen auch *Bubo b. interpositus*. Der recht abrupte Übergang von den hohen, teilweise bewaldeten Gebirgszügen im Westen des Landes zu den ariden Mittelgebirgen und Ebenen im Landesinnern korreliert wohl auch von den Umweltbedingungen her mit einer recht klaren Trennung beider Unterarten.

Athene noctua — Syrien liegt im Areal der Art (VOOUS 1962, HEINZEL et al. 1972). Der infolge seiner Tagesaktivität sehr auffällige Steinkauz konnte, wenn auch unterschiedlich häufig, in fast allen Landesteilen nachgewiesen werden. In Damaskus und seiner Umgebung ist er aber relativ selten, und im intensiv bewirtschafteten Kulturland der Ghouta wurde er nie gesehen. Die Beobachtungen häuften sich aber im Oktober bis Januar am Djebel Cassoun, was auf Ansiedlungsversuche umherstreifender Jungvögel aus dem laufenden oder dem vorangegangenen Jahr zurückgeführt werden könnte, ohne daß sich später Hinweise auf Bruten ergaben. Auf Nistplatzkonkurrenz zur offensichtlich dominanten Schleiereule deutet das Vorkommen des Steinkauzes am ehemaligen Schleiereulenbrutplatz in einem Brunnenloch bei Deir Hajar im Oktober 1983 hin, als hier die Schleiereule ausblieb.

Recht häufig ist der Steinkauz in den fruchtbaren Anbaugebieten zwischen Homs, Hama, Idlep und Aleppo, wo er verlassene, im Verfall begriffene Häuser, Lehmbauten und Ställe besetzt. Mit Vorliebe werden auch antike Ruinenfelder (z. B. Palmyra, Apamé) bezogen. In der Euphrat-Niederung und in der Wüste stellt er sich an Hangabbrüchen und Steinhaufen ein, und besonders in der zweiten Märzhälfte, zur Zeit der Balz und unmittelbaren Paarbildung, wenn die Käuze oft schon am Tage lebhaft rufen, kann man bei Fahrten durch die Wüste oft in Abständen von nur einigen hundert Metern ein Paar sehen.

Während die Käuze im Westen des Landes recht dunkel sind, hellen sie im Osten zunehmend auf, und in der Wüste westlich von Deir-ez-Zoor vorkommende Stücke erwiesen sich als ausgesprochen fahl (*A. n. lilith*?). Ein am Salzsee von Jayrud gefundener Flügel eines relativ dunklen Ex. maß 157 mm.

Strix aluco — In den Abendstunden des 6. VI. 81 und des 29. V. 82 wurde im Wald um das Urlauber-Camp Ras-el-Basit jeweils ein rufender Waldkauz gehört, was auf ein regelmäßiges Vorkommen in diesem von der Landschaftsstruktur her für die Art geeigneten Gebiet spricht. HÜE & ETCHECOPAR (1966) nennen sie für Slenfe, was auf relativ weites Vordringen nach Süden in die Kammlagen des Alloviten-Gebirges deutet. — Hinweise auf die Anwesenheit des Fahlkauzes (*Strix butleri*) gab es dagegen nicht.

Asio flammeus — Sumpfohreulen wurden hin und wieder präpariert in Damaszener Zoohandlungen angeboten, und Berichte über im Winterhalbjahr bis Anfang März sich in Wüstengebieten östlich von Damaskus in Schwärmen bis zu hundert und mehr Vögeln vereinende Eulen dürften sich auf diese Art beziehen (Dr. CHALID SADIK mdl.).

Von der Waldohreule (*Asio otus*), die nach VOOUS (1962) und HEINZEL et al. (1972) im Norden des Landes Brutvogel sein soll (auch KUMERLOEVE 1972a hält das für möglich), gelangte hingegen kein Belegstück zur Kenntnis.

Caprimulgus europaeus — An der Küste von Ras-el-Basit und im angrenzenden waldigen Hügelland wurden 1980 bis 1982 während der Pfingstaufenthalte (Ende Mai/Anfang Juni) jeweils abends Ziegenmelker gehört und auch jagend gesehen (z. B. 6. VI. 81). Der Norden Syriens gehört nach HEINZEL et al. (1972) zum Areal der Art.

Durchzügler wurden im Frühjahr bei Damaskus Ende April/Anfang Mai (29. IV. 82 mehrere Ex. in der Dämmerung über den Häusern der Innenstadt jagend, 4. V. 81 ein rastendes Ex. in einer städtischen Parkanlage) sowie im Herbst den Oktober über (8. X. 1 Ex. und 29. X. 82 4–5 Ex. in den stadtseitigen Hängen des Djebel Cassoun) gesehen. In Slenfe im Alloviten-Gebirge wollten Kinder am 18. IX. 84 einen gefangenen Ziegenmelker verkaufen.

Apus apus — Der Mauersegler ist im gebirgigen Osten nach Süden bis Deraa und Suwayda und im Norden sowie Nordosten (nördlich der Euphratlinie) eine gewöhnliche Erscheinung; er ist zum Brüten an höhlenreiche Felsmassive oder größere Gebäude gebunden und fehlt in ländlichen Gebieten, wo sich nur niedrige Flachbauten der Bauern befinden, über weite Räume. Da die Segler weit umherstreifen, ist ihr Status in den trocken heißen Niederungen des Landesinneren unklar, werden sie hier doch auch an Örtlichkeiten gesehen, an denen ihr Brüten unwahrscheinlich ist. Beobachtungen gegen Mitte April bei Deir-ez-Zoor (14. IV. 1981) könnten zwar schon eine Ansiedlung vermuten lassen, obwohl primär an Durchzügler zu denken ist. Nie wurden dagegen zu diesem Zeitpunkt und später Mauersegler bei Palmyra gesehen, wo die potentiellen Brutplätze allein vom Fahlsegler genutzt werden. Feststellungen werden allerdings dadurch erschwert, daß er hier an der Südgrenze seines Areals, vor den Höchsttemperaturen in der Tagesmitte ausweichend, erst am kühleren Spätnachmittag zurückkehrt.

Über dem Zentrum von Damaskus, wo, bedingt durch das weitgehende Fehlen geeigneter Brutplätze, in einem weiteren Umfeld Tausende Seglerpaare in hoher Dichte zumeist in den Jalousienkästen moderner Hochhäuser brüten, waren von Mitte Juni bis Ende August während der Mittagsstunden Mauersegler nur in geringer Zahl zu sehen, und erst ab 16.00 Uhr strömten sie dann regelrecht, meist aus Richtung der Gebirgslagen kommend, zurück. Neben Brutplätzen in der Stadt waren noch solche an den Felswänden des Baradatales und an den Felsstöcken bei Halbun auszumachen.

Als Gebäudebrüter waren Mauersegler noch in Homs, Hama (hier auch viele Brutpaare an einem relativ niedrigen, höhlenreichen Felsabbruch in der Stadt) und vor allem in Aleppo anzutreffen, wo sie in großer Zahl an der Zitadelle siedeln. Auch über Qamishlye war ihre Zahl am 17. III. 83 groß.

In Damaskus trafen die ersten Mauersegler unabhängig von der Wetterlage in den drei Beobachtungsjahren Ende Februar ein (27. II. 81, 25. II. 82, 23. II. 83). Hervorzuheben ist, daß der Februar 1983 der mit Abstand kühlste war und die sonst einige Tage vor den Mauerseglern zurückkehrenden Rauchschwalben erstmals am 5. III. gesehen wurden. Bis Mitte März nimmt die Zahl der Segler dann ständig zu, und von Ende April (erstmals am 28. IV. 82) bis Ende Mai (besonders intensiv am 20. V. 82) kann man sie dann beim Sammeln und Eintragen von Nistmaterial beobachten.

Die Jungen werden wohl Ende Juli flügge, wofür das sprunghafte Ansteigen der Anzahl der an den abendlichen Flugspielen beteiligten Segler spricht. Im August schwankt die Zahl der Segler dann teilweise beachtlich, was wohl auf einen wechselnden Ab- und Zuzug zurückzuführen ist, und im September wurde bei klaren Zugerscheinungen eine stete Abnahme verzeichnet. Im Oktober sind noch regelmäßig bis zur Monatsmitte einzelne oder kleine Trupps (am 14. X. 81 noch ca. 10 Ex. im Stadtzentrum), in der zweiten Oktoberhälfte (z. B. 23. X. 80) und später (bis 14. XI. 80) aber nur noch in Ausnahmefällen einzelne Vögel zu sehen.

Apus pallidus — Auch für den geübten Beobachter ist die Unterscheidung des Fahlseglers vom Mauersegler nicht immer möglich, und in Damaskus, wo das Verhältnis zwischen Fahl- und Mauersegler wohl bei 1–2:50 lag, waren erstere nach Gefiederfärbung und Flugeigenschaften (mitunter langsamerer Flügelschlag) bisweilen nur schwer auszumachen.

Der Fahlsegler wurde wiederholt beim Anfliegen potentieller Brutplätze an Hochhäusern der Innenstadt beobachtet, so daß sein Brüten hier sehr wahrscheinlich ist. Im Unterschied zum Mauersegler verläßt er auch in den heißen Mittagsstunden die Stadt nicht und ist als wesentlich hitzetolerantere Art unter den dann über der Stadt fliegenden Seglern zu höheren Anteilen (10–20%) vertreten.

Obwohl VOOUS (1962) und HEINZEL et al. (1972) zum Areal der Art den NW Syriens und das Euphrat-Gebiet rechnen, wurde Brüten bisher nur vermutet (KUMERLOEVE 1972a). Der Status als Brutvogel kann nun als praktisch gesichert gelten.

Außer in Damaskus wurden Fahlsegler noch bei Palmyra (vor allem Ruinen des Baals-

Tempels) als wahrscheinliche Brutvögel festgestellt. Zu Beginn der letzten Märzdekade kehren die Fahlsegler aus dem Winterquartier hierher zurück. So flogen ca. 50 Ex. am 20. III. 81 die Ruine des Tempels an. Im kalten Frühjahr 1983 fehlte die Art noch am 18. III., war hier am 2. IV. aber ausgesprochen häufig.

Abgesehen von bereits früheren, nicht ganz sicheren Feststellungen (z. B. 14. III. 82, 15. III. 81) stammen erste sichere Nachweise aus Damaskus von Ende März. Um Mitte April machen diese Segler durch ihre paarweise ausgeführten Flugspiele auf sich aufmerksam, bei denen sie mit relativ langsamen Flügelschlägen hintereinander fliegen und der führende Vogel mit einer V-Stellung der Flügel den anderen zum Folgen auffordert.

Im September, wenn die Zahl der Mauersegler infolge des Abzuges sinkt, bleibt die der Fahlsegler wenigstens gleich, was eine beachtliche relative Zunahme bewirkt. In den letzten Septembertagen überwiegen dann die Fahlsegler, und verweilende Durchzügler führen sogar zu einer absoluten Zunahme. In den ersten Oktobertagen vollzieht sich dann der Abzug, oft in lockerer Gemeinschaft mit dem Alpensegler, und letzte Beobachtungen von Einzelvögeln oder kleineren Trupps stammen vom 5. X. 80, 14. X. 82 (am 1. X. 82 noch ein Trupp von 10 Ex.) und dem 10. X. 83.

Apus melba — Die frühesten zurückkehrenden Alpensegler trafen 1982 und 1983 jeweils am 8. III. über Damaskus ein, in dessen nächster Umgebung die Segler offenbar aber nicht brüten, obwohl im Baradatal und am Djebel Cassoun paarweise oder in kleineren Trupps bruthöhlensuchende Vögel von der zweiten Märzhälfte an mehrfach gesehen wurden. Im April und Mai in wechselnder Zahl über der Stadt und ihrer Umgebung fliegend, bei Kälteeinbrüchen sogar kurzzeitig beachtlich an Zahl zunehmend (Ausweichen aus höheren Gebirgslagen?) verschwinden die Alpensegler gegen Ende Juni zumeist aus dem Bereich der Stadt und tauchen nur hin und wieder in ihrem Umfeld auf.

Brütend wurde der Alpensegler am 10. VI. 83 bei Maalula (Kolonie von ca. 20 Paaren in Felswänden über dem Kloster der Heiligen Thekla) gefunden, und Brutverdacht besteht auch für die Felsstöcke oberhalb von Halbun (21. V. 83 stets anfliegende Vögel, die auch Gänsegeierfedern zum Nestbau sammelten). Sehr zahlreich brütet der Alpensegler ferner in den Ruinen von Palmyra (Baals-Tempel). Somit kann die Art, wie von Kumerloeve (1972a) vermutet, als Brutvogel Syriens gelten.

Ab Mitte August (12. VIII. 80), vor allem aber im September, erschienen Alpensegler wieder über Damaskus und wurden im letzten Septemberdrittel ausgesprochen häufig; dann waren Schwärme bis zu 100 Ex. zu verzeichnen (z. B. 24. IX. 82), die deutliches Zugverhalten zeigten. Infolge eines plötzlichen Kälteeinbruchs kam es am 2. X. 80 zu massierten Zugerscheinungen, indem den ganzen Tag lang in nicht endender Folge Tausende Alpensegler zusammen mit einzelnen Fahl- und Mauerseglern über Damaskus nach Süden zogen. Was in diesem Jahr noch an Alpenseglern zu verzeichnen war, blieb unbedeutend (letzte Beobachtung am 4. X. 80). In den folgenden Jahren gab es ebenfalls noch Oktoberdaten; als spätestes ist der 20. X. 82 (3—4 Ex. über Gheb Romley) im Ghab zu nennen.

Apus affinus — Haussegler wurden nur während des Herbstzuges über Damaskus verzeichnet, und zwar 1980 zweimal Einzelexemplare (25. VIII. und 2. IX.), die mit anderen Seglern mitflogen, 1982 dann mit ziemlicher Regelmäßigkeit zwischen 6. IX. und 21. IX. kleine Trupps (17. IX. ca. 10 Ex. unter anderen Seglern, im Verlaufe des gesamten Tages etwa zwei Dutzend). 1983 gab es wiederum keine Nachweise. — Der Status des Hausseglers für Syrien ist noch unklar (Kumerloeve 1972a). Offenbar ist er nur ein seltener Durchzügler.

Alcedo atthis — Der Eisvogel tritt mit gewisser Regelmäßigkeit als Durchzügler und Wintergast auf. Folgende Nachweise sind, nach Monaten gereiht, zu nennen (stets einzelne Ex.): 17. IX. 83 im Hafen der Insel Arwad im Mittelmeer vor Tartous, 17. X. 83 bei Deir Assafyr in der Ghouta, 13. XI. 81 an Gewässern einer Forellenfarm ca. 25 km südlich Damaskus, 20. XII. 82 im Baradatal oberhalb Damaskus (ein von hier stammendes Ex. wurde am 27. I. 83 in einem Jagdgeschäft ausgestellt), 15. I. 81 am See von Homs, 11. III. 83 am Euphrat bei Raqqa.

Ob es sich bei dem Ex. vom 11. III. um einen ansässigen Vogel gehandelt hat, war nicht überprüfbar. Kumerloeve (1972a) hält Brüten der Art in Syrien für möglich, und Hüe & Etchecopar (1970) zählen den Nordwesten des Landes zum Areal der Art.

Ceryle rudis – An den besuchten Teilen des Euphrat zwischen dem Stausee (hier vor allem ober- und unterhalb der Staumauer) und Abu Kamal wurden die zumindest im Winter recht geselligen Graufischer überall an ruhig fließenden Flußabschnitten, Altwässern und in Einzelfällen sogar an Bewässerungsgräben bis zu 20 km vom Fluß entfernt zu allen Beobachtungsterminen, die zwischen Anfang November (2. XI.) und Mitte April (20. IV.) liegen, regelmäßig angetroffen. Auch am Khabur nahe dem Stadtrand von Hassake hielten sich am 15. III. 83 zwei Graufischer auf, und ein am 12. II. 82 in einem Jagdgeschäft von Damaskus präpariert ausgestellter Graufischer soll kurz zuvor in der Umgebung der Hauptstadt erlegt worden sein, was darauf schließen läßt, daß umherstreifende Ex. auch fern vom Einzugsgebiet des Euphrat auftreten können.

Nach KUMERLOEVE (1972a) ist der Graufischer Brutvogel Nordsyriens, nach HÜE & ETCHECOPAR (1970) und HEINZEL et al. (1972) in weiten Teilen des Landes. Diese Angaben bedürfen insofern der Korrektur, als offenbar nur am Euphrat und an dessen großen Nebenflüssen die erforderlichen Existenzbedingungen und der notwendige Schutz vor menschlichen Nachstellungen gegeben sind.

Halcyon smyrnensis – Der Braunliest wird von KUMERLOEVE (1972a) zu den Brutvögeln gestellt und ist nach HÜE & ETCHECOPAR (1970) und HEINZEL et al. (1972) in fast ganz Syrien verbreitet. Möglicherweise entspricht dies jedoch nicht oder nicht mehr den Tatsachen, denn für das im Vergleich zum Graufischer viel seltenere Auftreten des Braunliests in Syrien spricht, daß nur ein Sichtnachweis, 1 Ex. am 6. XI. 83 an einer sumpfigen Senke bei Derra, zu erbringen war und während des gesamten Aufenthaltes kein einziges präpariertes Stück in Jagdgeschäften ausfindig gemacht werden konnte.

Merops apiaster – HÜE & ETCHECOPAR (1970) und KUMERLOEVE (1972a) stufen den Bienenfresser als Brutvogel ein. Dies stützende Beobachtungen sind jedoch nur von den Berghängen südlich von Kassab im äußersten Nordwesten des Landes zu nennen, wo am 6. VI. 81 und am 30. V. 82 jeweils über Bergwiesen jagende Stücke wiederholt gesehen wurden. Alle weiteren Beobachtungen dieser dann recht zahlreichen und auffälligen Art fallen in die Zugzeit.

Die ersten Rückkehrer wurden im Euphratgebiet am 15. IV. 81 zwischen Deir-ez-Zoor und Hassake und am 19. IV. 83 in der Nähe des Euphratstaudammes nachgewiesen. Aus dem Raum Damaskus stammt demgegenüber die Erstbeobachtung vom 7. V. 82, und bei einer deutlichen Häufung um die Monatsmitte können durchziehende Bienenfresser bei Damaskus vereinzelt noch danach beobachtet werden (letztmalig am 23. V. 83 nahe Bloudan), ohne daß eine einzige Junibeobachtung genannt werden kann. Die von HOLLOM (1959) beim Jabbul-Salzsee beobachteten Bienenfresser befanden sich offenbar auf dem Zuge.

Der Herbstzug beginnt nach der Mitte des September (16. IX. 83 zwei Schwärme am Crak de Chevalier) und erreicht im letzten Septemberdrittel seinen Höhepunkt (ständig Überflüge bis zu 50 Ex. umfassender Schwärme; mit gewisser Regelmäßigkeit können auch nachts ziehende Schwärme durch ihr Rufen ausgemacht werden). Im Oktober klingt der Zug dann schnell ab. Für den Raum Damaskus sind die letzten Nachweise vom 6. X. 82 (10 ziehende Ex. über der Stadt) und 8. X. 81 (2 Ex. nahe Takiye) zu nennen.

Merops superciliosus – Während präparierte Bienenfresser in den Auslagen der Zoogeschäfte eine dominierende Erscheinung sind, konnten insgesamt (im Juli 1982 und 1983) nur je ein Blauwangenspint ermittelt werden, die beide, wie glaubwürdig versichert wurde, aus dem Raum von Raqqa stammten. Im gebirgigen Osten des Landes treten diese Spinte wohl nur selten auf. HOLLOM (1959) registrierte beim Jabbul-See 4 Ex. am 19. IV. 55 und 11 Ex. am 4. V. 56. Das Brutvorkommen der Art ist offenbar auf das Euphrat-Gebiet beschränkt (KUMERLOEVE 1968a), während HÜE & ETCHECOPAR (1970) auch südlichere Gebiete in das Areal der Art mit aufgenommen haben. An eigenen Feststellungen kann neben einer unsicheren Beobachtung eines Ex. am 1. XI. 83 bei Palmyra nur die von 4 Ex. am 3. XI. 83 im Euphrattal unweit von Doura Europos genannt werden, was auf einen im Vergleich zum Bienenfresser wesentlich späteren Abzug hinweist.

Coracias garrulus – Die Blauracke gilt zwar als Brutvogel Syriens, aber sichere Nachweise für ihr Brüten gelangen nicht. Wegen ihres schmucken Gefieders und der Beliebtheit präparierter Stücke als Zimmerschmuck ist die Art starken menschlichen Nachstellungen ausgesetzt.

Ein am 29. V. 81 in den Auwiesen der Damaszener Ghouta bei Chabaro sich über Stunden auf engerem Raum aufhaltendes Ex. könnte ebenso wie ein am 5. VI. 82 in der Ghouta bei Hadjira balzfliegendes Ex. auf Ansiedlungsversuche hindeuten. Eine Ansiedlung dürfte jedoch wegen der erwähnten Nachstellungen selten von Dauer sein. Trotzdem ist die Umgebung von Damaskus als potentielles Brutgebiet zu werten.

Drei sich von Anfang Juni bis zum 26. VI. 83 nahe der Staatsfarm Deir Hajar aufhaltende Blauracken zeigten dagegen nie Balzverhalten und flogen den Baumbestand nur zum Übernachten an, während sie tagsüber im nahen Steppengelände Nahrung suchten. Hier dürfte es sich um Übersommerer gehandelt haben. In gleicher Weise ist wohl ein sich am 20. VI. 83 bei Jabbul am gleichnamigen Salzsee E Aleppo aufhaltendes Ex. einzuordnen.

Auf dem Frühjahrszug ist die Blauracke eine regelmäßige Erscheinung. Als Erstbeobachtung ist die eines Ex. vom 10. IV. 81 bei Deraa zu nennen. Bis zum 16. IV. 81 wurden bei Fahrten durch Wüstengebiete im Landesinnern immer wieder Einzelvögel und kleinere Trupps (bis 8 Ex. gemeinsam) gesehen. Im etwas kühleren Frühjahr 1982 traten bei Damaskus die ersten Racken am 23. IV. auf, und bis zum Monatsende verlief der Durchzug ziemlich gerafft. 1983 wurde das erste Ex. am 20. IV. nahe Palmyra gesehen. Maibeobachtungen ziehender Blauracken liegen aus keinem Jahr vor.

Die ersten Herbstdurchzügler wurden ab 10. IX. notiert, und im letzten Monatsdrittel ist die Blauracke in der Umgebung von Damaskus regelmäßig anzutreffen. Oktoberbeobachtungen sind dann schon wieder seltener (11. X. 82 und 12. X. 83 jeweils Einzelvögel an der Straße von Damaskus zum Flughafen).

Upupa epops — Das Areal der Art erstreckt sich auch über Syrien (VOOUS 1962, HEINZEL et al. 1972). Obwohl der Wiedehopf, im Arabischen ‚Hod-hod' genannt, durch seine Erwähnung im Koran (27. Sure) als Vermittler der Beziehungen zwischen König Salomo und der Königin von Saba ein breiten Volksschichten bekannter Vogel ist, schützt ihn das gegenwärtig nicht vor Nachstellungen. Wegen des auffälligen Gefieders sind Wiedehopfpräparate gefragt.

Dementsprechend glückten Beobachtungen, aus denen auf eine mögliche Ansiedlung oder ein Brüten geschlossen werden könnte, nur vereinzelt und sehr lokal, vornehmlich im Nordwesten des Landes (Jabbul E Aleppo 9. IV. 82 2 Ex., 19. VI. 83 4 Ex.; Jisr esh Shughur 20. VI. 83 2 Ex.; S Tartous 22. VI. 83 3 Ex.); S Homs zeigte sich am 10. V. 80 ein Wiedehopf ebenfalls offenbar reviergebunden.

Auch bei im Euphrat-Einzugsgebiet (östl. Deir-ez-Zoor 18. III. 83 und 18. IV. 81 sowie zwischen Deir-ez-Zoor und Hassake am 15. III. 83 wiederholt mehrere) und in den Ruinenfeldern von Palmyra (20. III. 81 3 Ex., 18. III. 83 2 Ex., 3. IV. 83 mehrere Ex.) festgestellten Wiedehopfen mag es sich wohl vor allem um etwas länger verweilende Durchzügler gehandelt haben, die später weitergezogen sind (oder abgeschossen wurden). Auch in der Umgebung von Damaskus (25. III. 82 1 Ex. Ghouta-Rinderfarm, 30. III. 82 1 Ex. Deir Hajar) zeigten sich solche wohl ansiedlungsbereite Vögel, die aber im April, vielleicht auch infolge zunehmender Erwärmung, abwanderten. Für die letztere Annahme spricht das Vorkommen im über 1600 m hoch gelegenen und wesentlich kühleren Felsmassiv um Halbun, wo am 21. V. 83 regelmäßig zwei futtersuchende Altvögel gesehen wurden.

Auf dem Frühjahrszug erscheinen bei Damaskus die ersten Wiedehopfe Ende Februar (27. II. 82), und offensichtliche Durchzügler wurden bis Mitte März verzeichnet. Im Herbst wurden die ersten ziehenden Wiedehopfe Anfang September (7. IX. 80 1 Ex. über Damaskus) registriert, und bis in den Oktober hinein (7. X. 81 1 Ex. Bosra, 13. X. 82 1 Ex. Deir Hajar) sind noch mit gewisser Regelmäßigkeit Durchzügler zu sehen.

Dendrocopus syriacus — Der Blutspecht ist Brutvogel in Syrien (VOOUS 1962, HÜE & ETCHECOPAR 1970, KUMERLOEVE 1972a, HEINZEL et al. 1972). Er ist in den Obstplantagen und Gehölzen der Ghouta von Damaskus ganzjährig eine regelmäßige Erscheinung, wobei sich Anfang März (verstärkte Balz und Abgrenzung der Brutreviere) und um Mitte September (verstärktes Umherstreifen juveniler Stücke) zwei auffällige Aktivitätsgipfel abzeichnen, die auf den Specht aufmerksam machen. Im Westen des Landes ist er bis hinaus nach Jisr esh Shugur (28. III. 83) in der baumdurchsetzten Kulturlandschaft eine vertraute Erscheinung. Bei Halbun wurde er bis in eine Höhenlage von 1600 m (22. VII. 83) angetroffen.

Dendrocopus medius, *D. leucotos* und *D. minor*, deren Status im Lande noch ungewiß ist (KUMERLOEVE 1972a), waren nicht nachzuweisen.

Anschriften der Verfasser: Dr. WOLFGANG BAUMGART, DDR-1100 Berlin, Grumkowstr. 2a, und Doz. Dr. BURKHARD STEPHAN, Museum für Naturkunde der Humboldt-Universität, DDR-1040 Berlin, Invalidenstr. 43

Mitt. Zool. Mus. Berl. 62 (1986) Suppl.: Ann. Orn. 10, 111–116 8. 8. 1986

Ein Steinschmätzer (*Oenanthe*) auf einem Mosaik von Pergamon (ca. 150 v. u. Z.)

A Wheatear (*Oenanthe*) Figure on a Pergamon Mosaic (about 150 B.C.)

GOTTFRIED MAUERSBERGER

Mit 1 Abbildung im Text und 5 auf Tafeln XV–XVII

Abstract. One of the birds pictured as mosaics on a tesselated pavement in a royal palace in Pergamon (cca 150 B.C.) is clearly a male *Oenanthe*, most probably of *Oe, hispanica* (*Oe. finschii* cannot be absolutely excluded). The possible reasons why just this bird has been elected for copy and why it has not been equally stylized as are the surrounding plant ornaments are discussed with the result that the wheatear was (similar to the Grey Bulbul, *Pycnonotus barbatus*, and a Rose-ringed Parakeet, *Psittacula krameri*, figured in the same pavement) a favourite cage bird (rather than a preferred game and/or dainty). In any case, the mosaic appears to be the oldest known illustration of an *Oenanthe* species.

Key words: *Oenanthe hispanica*, *Oe. finschii*, antique picture, Pergamon, Asia Minor.

Vor einer Reihe von Jahren war mir beim Betrachten des berühmten, von Millionen Menschen besichtigten Pergamon-Altars in Berlin in einem Fußbodenmosaik die bemerkenswert genaue Wiedergabe eines Steinschmätzers aufgefallen (s. Abb. 2, Tafel XV). Dem starken Reiz, den das späthellenistische Bild in diesem eindrucksvollen antiken Rahmen auf den heutigen Ornithologen ausübt, konnte ich erst viel später nachgeben – und nachdem ich mich überzeugt hatte, daß niemand vor mir den Versuch einer Determination nach über zweitausend Jahren gewagt hat.

In dem von KAWERAU & WIEGAND (1930) publizierten Teil der mehrbändigen Monographie über das ganze antike Kunstwerk ist dieser Vogel – im Kapitel „Zum Mosaik des Kleinen Gemachs (Altargemach) im Palast V" (p. 61), das auf dem von RICHARD BOHNS 1886 erstatteten originalen Grabungsbericht beruht – als „ein Sperlingsvogel, etwa eine Grasmückenart" bezeichnet.

Der eingangs jenes Kapitels gegebene Hinweis auf den fachlichen Beistand von Dr. LUDWIG HECK, von 1888 bis 1932 Direktor des Berliner Zoologischen Gartens, und Dr. ANTON REICHENOW, 1880–1921 Kustos der Ornithologischen Abteilung des Zoologischen Museums Berlin, bezieht sich zwar nur auf die Determination eines Sittichs („*Palaeornis torquatus*" = *Psittacula krameri*), könnte aber fälschlich auch auf diese Fehldiagnose – die gewiß keinem von beiden unterlaufen wäre – übertragen werden.

Der Mosaikboden, den das Bild des Steinschmätzers und die einiger weiterer Vögel zieren, stammt nicht vom großen, unter EUMENES II. 180–159 v. u. Z. errichteten Marmoraltar, dem er heute eingefügt ist, sondern aus dem „Altargemach" des nur wenige Jahre jüngeren, um 150 entstandenen Palastes von ATTALOS II. Auf dem Bild ist der Schmätzer, von Schnabel- bis Schwanzspitze, 15,7 cm lang dargestellt, also in natürlicher Größe (Flügelmaß 84 mm, gegenüber einer Variationsbreite – bei ähnlich geringer

Streckung — an Bälgen der in Betracht kommenden Arten von etwa 83—95 mm). Die Farben der je etwa 1,5 bis über 4 mm messenden, ungenau rechteckigen oder fast quadratischen Mosaiksteinchen sind weißlich bis ockerweißlich, schwarz und (in die schwarzen Partien eingesprengt) dunkelbraun. Andere wiedererkennbare Elemente des Mosaiks belegen, daß sich die (sicherlich mineralischen) Farben in den mehr als 2100 Jahren nicht grundlegend verändert haben[1].

Das Mosaikbild ist, der dem Verfahren innewohnenden relativen Grobheit zum Trotz, so präzise und kenntlich, auch ohne ornamentale Abwandlung gefertigt, daß nicht nur die Gattung *Oenanthe* zweifelsfrei zu ersehen ist, sondern daß auch die meisten der ca. 20 Arten dieser in Asien und Afrika weitverbreiteten Gattung mit Gewißheit außer Betracht stehen, denn alle weißkehligen Formen scheiden ebenso wie alle schwarzrückigen aus, desgleichen *Oe. deserti* (des Schwanzmusters und auch der meist tiefer ockerbräunlichen Körperfärbung wegen). Damit bleiben nur das ad. ♂ einer schwarzkehligen Morphe von *Oe. hispanica melanoleuca* und das von *Oe. finschii*. Beide zeichnet im frischen Herbstgefieder ein ocker-isabellfarbener Ton vor allem auf dem Rücken aus. Er ist auf dem pergamenischen Bild deutlich wiedergegeben. Darauf, daß dies auch in der Absicht des Künstlers lag, weist die Verwendung selbst heute noch fast reinweißer Mosaikelemente an anderer Stelle des Bodens.

Es ist nicht ganz müßig, den Einbau hellerer (dunkelbrauner) und heller Steinchen in die schwarzen Gefiederpartien (s. Abb. 3, Taf. XVI) zu erörtern, auch wenn die Fundumstände gewisse Umlagerungen bei der Restaurierung in Berlin möglich erscheinen lassen. Vielleicht weist nämlich gerade diese eigenwillige Aufhellung, besonders auf dem Flügel, auf den Hang des Künstlers zu Präzision: hatte er ein frisch vermausertes Männchen im Herbst vor sich (wofür auch eben jene Ockertöne sprechen), dann fand er die Flügelfärbung so vor, wie sie HARTERT (1910, p. 685 für *Oe. h. hispanica*) beschreibt: „♂ ad. im Herbstkleide ... Schwingen bräunlich schwarz ... Handschwingen, Handdecken und kleine Oberflügeldecken schmal weißlich ockergelb gesäumt, Armschwingen und große Oberflügeldecken breiter und mehr fahl ockerfarben gesäumt". Daß der Künstler die Breite der Säume übertrieb, kann nicht Gegenstand heutiger Kritik sein.

Gegen *Oe. hispanica* als Vorlage spricht das Ausmaß des schwarzen Kehlflecks (vgl. Abb. 1 mit Taf. XVI), gegen *finschii* der weiße Streif zwischen Halsseiten und Flügelbug, der das für den Höhlenschmätzer bezeichnende schwarze Seitenband trennt, das Schwanzmuster und dazu die (heutige) Verbreitung.

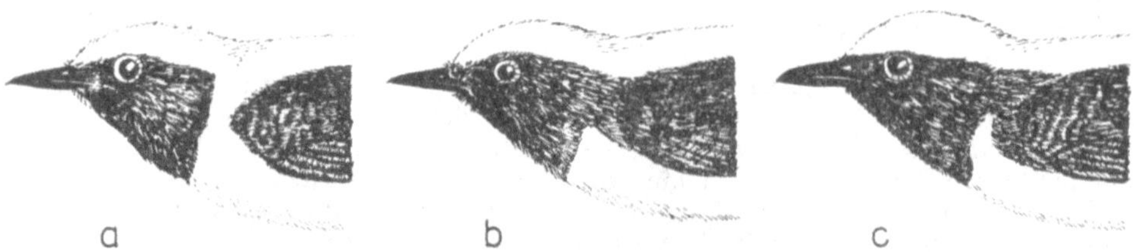

Abb. 1. Vorderkörper von *Oenanthe*-♂♂ (a und b *Oe. hispanica melanoleuca*, c *Oe. finschii*) zum Vergleich des Schwarzweißmusters mit dem des pergamenischen Bildes. — Zeichnung (a und b nach PORTENKO 1954): V. HEINRICH

[1] Für ihr lebhaftes Interesse und ihre Hilfsbereitschaft habe ich der zuständigen Kustodin der Antikensammlung des Pergamon-Museums Berlin, Frau IRMGARD KRISELEIT, sehr herzlich zu danken.

Zieht man die Präzision der Wiedergabe im ganzen in Betracht, die ja nicht den leisesten Zweifel an der Gattungszugehörigkeit zuläßt, so möchte man auch das Kehlmuster als realistisch (und nicht als künstlerische Übertreibung des Musters der betreffenden Morphe) ansehen. Genau hier aber liegt die Schwierigkeit, sich für eine der beiden Arten zu entscheiden: hat der fast wie ein Illustrator unseres Jahrhunderts arbeitende Künstler den schwarzen Kehlbereich in ungenauer Erinnerung oder aus heutzutage nicht abzuschätzenden künstlerischen Gründen bis an die Grenze des Bauches ausgeweitet, hat er, dem groben Material gemäß, die vordere Flügelkontur überbetont (wofür allerdings eine Steinreihe ausgereicht hätte), hat er zwei in Anatolien weitverbreitete Arten (deren Nomenklatur überdies noch bis in unser Jahrhundert hinein strittig war[1]) vermengt oder hat er gar eine heute unbekannte Variante der — vgl. PORTENKOS Abb. 85 (1954) — polymorphen Art *Oenanthe hispanica* vor sich gehabt? Ein anderes die beiden Arten trennendes Merkmal, die Schwarz-Weiß-Verteilung auf den Steuerfedern, scheint mit den dunklen Außenkanten für *hispanica* zu sprechen, doch könnte auch hier der Wunsch, die Kontur hervorzuheben (hier aber mit nur einer Steinreihe) den Ausschlag gegeben haben. So bleiben endlich die Körperproportionen als Bestimmungshilfe. Im Vergleich mit anderen Abbildungen wirkt der Schwanz recht lang. Der Schwanz-Flügel-Index des pergamenischen Vogels beträgt aber — natürlich nur näherungsweise — doch nur 70%, der von 10 ♂♂ von *Oe. h. melanoleuca* 65,6 bis 70,3 und der von 10 ♂♂ von *Oe. finschii* 64,0—71,7. Auch danach ist also keine sichere Entscheidung zu treffen. Wie gut dem Künstler Proportionen, Muster und Körperhaltung gelungen sind, erweist der Vergleich mit viel späteren Darstellungen, nämlich aus dem 16., 18. und 20. Jahrhundert (s. Taf. XVI und XVII).

Diese Präzision in der Wiedergabe des Vogels steht in schroffem Gegensatz zu KELLERS Erfahrung (1913, p. 72): „Für das Auseinanderhalten der Spezies, ja selbst der Familien und Stämme der aucellae [= „Vögelchen, Kleinvögel"] hatten Griechen und Römer verzweifelt wenig Sinn". Als Beispiel führt KELLER an: „die gemalten Wände der pompejanischen Säle sind voll von kleinen Vögeln, die meistens ohne Rücksicht auf Naturwahrheit phantastisch bunte Kleider tragen" und meint daher: „Unter den Abbildungen sind eigentlich bloß die wenigen Mosaiken zu brauchen". Die Mosaikbilder von Pergamon kannte er gleichwohl nicht, ja er fand bis dahin überhaupt keinen als *Oenanthe* deutbaren Vogel festgehalten, und auch die ähnlich kontrastreich gefiederten „ficedulae" auf einem von ihm schwarzweiß wiedergegebenen pompejanischen Mosaik (seine Fig. 30), das Brandgans (*Tadorna tadorna*) und Krickerpel (*Anas crecca*) deutlich erkennbar abbildet, lassen keine solche Diagnose zu (wogegen ein Kleinvogel daneben — ohne Kenntnis der Farben — als Stelze, wohl *Motacilla flava*, gelten mag).

Noch schwieriger als die genaue Identität des pergamenischen *Oenanthe* ist der Grund zu erkennen, warum er an diesem geographischen und künstlerischen Ort dargestellt worden ist. Stellt das Bild *hispanica* dar, so steht das heutige Arealbild (s. VON VIETINGHOFF-SCHEEL & PORTENKO 1967) einem damaligen Vorkommen in der Gegend von Pergamon nicht entgegen. Handelte es sich aber um *finschii*, so ergäben sich weitere Fragen, denn die Westgrenze seines rezenten Brutgebietes verläuft (s. PORTENKO &

[1] HARTERT hatte zunächst (1910) GÜLDENSTÄDTS *Muscicapa melanoleuca* von 1775 (vgl. hier Abb. 4, Taf. XVI) auf *Oe. finschii* (Heuglin, 1890) bezogen, folgte aber 1922 (p. 2162) SUSCHKINS Einwand (1914, p. 3) und wies den Namen nunmehr den östlichen Mittelmeerschmätzern zu, die ihn noch heute tragen. Es ist übrigens nicht korrekt, daß PORTENKO in Abb. 85 einer zu *hispanica* s. str. gehörigen Morphe mit durchgehend schwarzen Körperseiten GÜLDENSTÄDTS Namen für ein anders gezeichnetes Taxon beilegt.

von Vietinghoff-Scheel 1971) gut 300 km östlich von Pergamon, nämlich etwa durch die Orte Polatli (SW Ankara) und Bolvadin. Zunächst könnte man vermuten, daß diese Art damals weiter westwärts verbreitet war; Arealwandel größeren Ausmaßes in weit kürzerer Frist als 300 km in reichlich 2000 Jahren sind dem Ornithologen wohlvertraut. Denkbar ist aber auch, daß der Künstler einfach weiter östlich ansässig war oder daß der Höhlenschmätzer als Käfigvogel nach der so bedeutenden Hauptstadt des Reiches gelangt ist[1]. In diesem Falle aber stellt sich besonders dringend die Frage danach, was gerade eine *Oenanthe*-Art als so bedeutend erscheinen lassen konnte, daß ihr Bild Eingang in das ornamentale Beiwerk des antiken Königspalastes fand. Anders als vielleicht für den Bülbül liegen solcher Vorliebe besondere stimmliche Vorzüge wohl nicht zugrunde: in der sowjetischen Literatur (Portenko 1954, Gawrilow 1970) wird der Gesang des Höhlenschmätzers als nicht unangenehm, aber von dem des Isabellschmätzers (*Oe. isabellina*) weit übertroffen bezeichnet, und der des Mittelmeerschmätzers enthält, neben Imitationen anderer Vogellaute, vollklingende, rollende oder pfeifende Töne. Daß die Wahl des Künstlers oder seines Auftraggebers auf diese Vögel fiel, kann aber auch noch andere Gründe gehabt haben. Das Urteil darüber fiele leichter, wenn die (sichtlich nicht wenigen) anderen Mosaikbilder noch erhalten wären.

Gleichgültig, ob eine einzelne der beiden *Oenanthe*-Arten gemeint war (und welche), muß man sich nach dem ästhetischen oder kulturellen Wert des Vogels fragen. Dabei sind zwei Aspekte zu berücksichtigen. Der eine liegt in der künstlerischen Technik: so mancher farbenfrohe Vogel eignet sich wenig oder gar nicht als Vorlage für ein Mosaik dieser Größe, weil sein Farbmuster zu kleinflächig ist (manche Enten und Singvögel). Freilich wissen wir nicht, welche anderen Arten auf den nicht erhaltenen Teilen der pergamenischen Mosaikböden dargestellt worden waren. Farblich und/oder stimmlich auffällige, auch jagdlich wichtige Vögel — z. B. verschiedene Anatiden, *Coracias garrulus*, *Alcedo atthis*, beide nach Keller (1913) selten oder nie abgebildet, *Monticola saxatilis*, *Emberiza melanocephala*, *Oriolus oriolus* — hätte man wohl eher erwarten können, und auf den in vielen alten Kulturen im Raum vom Mittelmeer bis nach China religiös verehrten oder als Symbolgestalt bedeutsamen Pfau (*Pavo cristatus*), der in der kultgebundenen Kunst von vier Jahrtausenden so vielfältig dargestellt worden ist (vgl. Brentjes 1966, auch Keller 1913), gibt es keinen Hinweis, ebensowenig auf den Pallas Athene heiligen Steinkauz (*Athene noctua*) oder den als Vertilger von Heuschrecken geschätzten, ja oft ersehnten „Seleukidenvogel" des Altertums (so bei Plinius), den Rosenstar (*Pastor roseus*).

Eine Antwort auf die Frage, ob dieses und die anderen Vogelbilder einen kultischen Bezug haben, kann man, da schriftliche Zeugnisse zu fehlen scheinen, wohl nur im Stilistischen finden. In den meisten Kulturen Eurasiens haben sich unter der Bezeichnung „Tierstil" gefaßte dekorative Mutationen von Tiergestalten herausgebildet, die Brentjes (1982, p. 155) definiert als „sozial begründete und ideologisch determinierte Kunsttendenz neben der Naturmystik Chinas und den verschiedenen Strömungen anthropomorphisierender Kunst in Europa, dem Alten Orient, Indien und Mittel-

[1] All dies muß man auch für einen neben dem Schmätzer abgebildeten Vogel fragen, den Kawerau & Wiegand als Nachtigall (*Luscinia megarhynchos*) führen, der aber mit größerer Wahrscheinlichkeit ein Graubülbül (*Pycnonotus barbatus*) ist; ob bei jener Gleichsetzung der Umstand eine Rolle gespielt hat, daß das lautmalende arabische oder türkische Wort ‚bülbül' üblicherweise, aber ohne Kenntnis des Vogels selbst, mit ‚Nachtigall' übersetzt wird, ist nicht ersichtlich.

amerika — ... eine Kunsttendenz, in der das Tierabbild Probleme bestimmter Gesellschaften der Vergangenheit ausdrückt". Die pergamenischen Mosaikbilder aber haben, da sichtlich nicht stilisiert, deutlich eher den Charakter dokumentativer Illustration; das gilt eben nicht nur für den Schmätzer. Daß es um einen ganz bestimmten Vogel ging, nicht einfach um die Vorlage für ein stilisiertes Tierornament, heben die Taenien und das formalisierte Ranken- und Blütenwerk (s. Abb. 2, Taf. XV) als Umrahmung noch besonders hervor. Im Einklang damit fehlt bei BRENTJES (1982) auch, in der Karte wie im Sachwortregister, jeglicher Verweis auf Pergamon als Ausgrabungsstätte mit Tierstilfunden. Inwieweit hethitische Einflüsse (noch rund 600 Jahre später) nachwirkten, bleibt angesichts der geringen Überlieferungsrate bei Details fraglich. Jedenfalls gilt Pergamon als „die einzige lokale Schule, die sich in der hellenistischen Kunst fassen läßt" (MEYERS Neues Lexikon **6**, 1964, p. 102).

Weiterreichende kulturhistorische Deutungen bleiben vertiefenden Analysen und Vergleichen der synthetischen Archäologie vorbehalten; sie können nicht Gegenstand einer ornithologischen Studie sein.

Damit ist noch immer kein einleuchtender Grund für die Abbildung des Schmätzers gefunden. Man kann nicht ausschließen, daß er (ähnlich wie der Bülbül) als ständiger Nachbar des Menschen, etwa in Weingärten mit Steinmauern, mit Gefiedermuster und Gesang hinlänglich auffiel. Ebensowohl mag er, wie viele andere Kleinvogelarten auch, und einst wie heute noch in manchen Ländern, als besonderer, womöglich sogar gemästeter Leckerbissen geschätzt worden sein. Am meisten hat aber wohl doch die Annahme für sich, daß das Männchen in seinem ansprechenden Farbmuster und vielleicht auch wegen seines Gesanges als Hausgenosse beliebt war. Dafür sprechen zum einen die benachbarten Bilder von Bülbül und Sittich, zum anderen die in der griechischen und römischen Antike verbreitete Vorliebe für Vögel als lebende optische und akustische Umrahmung reicher, zumal fürstlicher Häuser, die KELLER (1913) so beschrieben hat: „Es gehörte zum Ideal eines römischen und hellenischen Landgutes — ein Beispiel ist jene herrliche Villa des HERODES ATTICUS bei Athen —, daß es vom vielstimmigen Konzert der Nachtigallen, Drosseln, Grasmücken und Finken widerhallte".

Zusammenfassung

Einer der auf Bodenmosaiken eines Königspalastes in Pergamon (etwa 150 v. u. Z) dargestellten Vögel ist unverkennbar das ♂ einer *Oenanthe*-Art, am wahrscheinlichsten *Oe. hispanica* (*melanoleuca*), doch kann *Oe. finschii* nicht gänzlich ausgeschlossen werden. Die möglichen Gründe dafür, daß gerade dieser Vogel als Vorlage für die Wiedergabe an dieser Stelle ausgewählt wurde und daß er, anders als die umgebenden pflanzlichen Ornamente, nicht stilisiert dargestellt ist, werden erörtert mit dem Ergebnis, daß der Schmätzer — ähnlich dem Graubülbül (*Pycnonotus barbatus*) und dem Halsbandsittich (*Psittacula krameri*), die auf demselben Mosaikboden abgebildet sind — eher ein beliebter Käfigvogel denn bevorzugte Jagdbeute (oder Leckerbissen) war. In dem sehr gut gelungenen Mosaikbild (in natürlicher Größe) ist anscheinend die älteste bekannte Illustration einer *Oenanthe*-Art zu sehen.

Literatur

BRENTJES, B. (1966): Zur Verbreitung und Rolle des Pfauen im Orient. — Beitr. Vogelkd. **12**, 153—161.

— (1982): Der Tierstil in Eurasien. — Leipzig.

CZARNECKI, Z., K. A. DOBROWOLSKI, B. JABŁOŃSKI, E. NOWAK & W. SIWEK (1982): Ptaki Europy. — Warszawa.

GAWRILOW, E. I. (1970): Gattung Steinschmätzer — *Oenanthe*. In: DOLGUSCHIN, I. A. & M. N. KORELOW (Hrsgb.), Die Vögel Kazachstans. Bd. 3. — Alma-Ata (russ.).

GESNER, K. (1582): Vogelbuch Darinn die art/natur unnd eigenschafft aller vöglen/sampt jrer waaren Contrafactur/angezeigt wird etc. — Zürych.

GUELDENSTAEDT, A. I. (1775): Sex avium descriptiones. — Novi Comment. Acad. Sci. Imp. Petropol. **19**, 463—475.

HARTERT, E. (1910): Die Vögel der paläarktischen Fauna. Bd. 1. — Berlin.

— (1922): Die Vögel der paläarktischen Fauna. Bd. 3. — Berlin.

KAWERAU, G. & T. WIEGAND (1930): Staatliche Museen zu Berlin. — Altertümer von Pergamon. Bd. V, 1. Die Paläste der Hochburg. — Berlin u. Leipzig.

KELLER, O. (1913): Die antike Tierwelt. Bd. 2. — Leipzig.

NISSEN, C. (1936): Schöne Vögelbücher. Ein Überblick der ornithologischen Illustration nebst Bibliographie. — Wien, Leipzig, Zürich.

PORTENKO, L. A. (1954): Die Vögel der UdSSR. Bd. 3. — Moskau u. Leningrad (russ.).

— & E. VON VIETINGHOFF-SCHEEL (1971): *Oenanthe finschii*. — In: STRESEMANN, E., L. A. PORTENKO & G. MAUERSBERGER (Hrsgb.), Atlas der Verbreitung palaearktischer Vögel. 3. Lief. — Berlin.

SUSCHKIN, P. P. (1914): Zur Vogelfauna von Kaukasus. — Orn. Mitt. **5**, 3—43 (russ. u. deutsch).

VON VIETINGHOFF-SCHEEL, E. & L. A. PORTENKO (1967): *Oenanthe hispanica* und *Oenanthe pleschanka*. — In: STRESEMANN, E., L. A. PORTENKO & G. MAUERSBERGER (Hrsgb.), Atlas der Verbreitung palaearktischer Vögel. 2. Lief. — Berlin.

Anschrift des Verfassers: Dr. GOTTFRIED MAUERSBERGER, Museum für Naturkunde, DDR-1040 Berlin, Invalidenstr. 43

Mitt. Zool. Mus. Berl. 62 (1986) Suppl.: Ann. Orn. 10, 117—125 8. 8. 1986

Über die Ursachen der Nachtaktivität von Bergenten *(Aythya marila)* und Reiherenten *(Aythya fuligula)* am Greifswalder Bodden außerhalb der Brutzeit

On Factors Causing Nocturnal Activity of Scaup *(Aythya marila)* and Tufted Ducks *(Aythya fuligula)* on the Greifswald Bay in the Non-Breeding Season

THOMAS LEIPE

Mit 4 Abbildungen im Text und 2 auf Tafel XVIII

Abstract. Observations from the Greifswalder Bodden (G.D.R., southern Baltic) suggest that, under certain meteorological conditions, Scaups and Tufted Ducks switch over to night activity if an energy advantage is to be gained. Favourable microclimate at the day roosting site, and reduced water turbulence (low wind speed) by night at the feeding site seem to have a notable effect on the minimization of energy effort when a rich food source lies in the water at a depth cf about 6 m, i.e., almost near the physical limits of Scaup and Tufted Duck.

Key words: *Aythya marila, Aythya fuligula*, night activity, energy budget, weather.

Vorbemerkungen

Wenn im März das Eis auf den Boddengewässern Nordost-Mecklenburgs abgetaut ist, deutet sich durch steigende Zahlen rastender Tauch- und Meeresenten an geeigneten Plätzen der beginnende Heimzug an (LEIPE & SELLIN 1983). In ganz auffälliger Weise kommt es in dieser Zeit oft zu gewaltigen Konzentrationen von Berg- und Reiherenten auf kleineren Gewässern und geschützten Buchten am Rande der großen Bodden. Dicht gedrängt verbringen tausende Tiere an diesen Plätzen zumeist schlafend oder ruhend den Tag.[1] Gezielte Nachforschungen erbrachten den Beweis für die auf der Hand liegende Vermutung: die Enten sind nachtaktiv. Bei Einbruch der Dunkelheit verlassen sie die Ruheplätze und fliegen hinaus auf die Bodden zur Nahrungssuche, und noch vor Anbruch der Helligkeit kehren sie zu ihren Schlafplätzen zurück.

Nun ist die Nachtaktivität von Tauchenten, verbunden mit regelmäßigen Flügen zwischen Ruhe- und Nahrungsplätzen, durchaus kein unbekanntes oder nur gelegentliches und lokales Phänomen, doch können die wenigen Erklärungsversuche in der Literatur nicht befriedigen.

Daten und Beobachtungen zur Charakterisierung des Rastplatzes

Abflug: Nach Sonnenuntergang, bei einbrechender Dunkelheit, beginnend von der Peripherie des ruhenden Schwarmes in Trupps von 5—20 Tieren, später in Schwärmen bis zu 500 (Abflugrichtungen s. Karte, Abb. 1).

[1] Auch im Herbst kann diese Erscheinung beobachtet werden, nur bleibt die Zahl rastender Enten meist geringer als im Frühjahr, wobei die Bergenten im Frühjahr und die Reiherenten im Herbst dominieren.

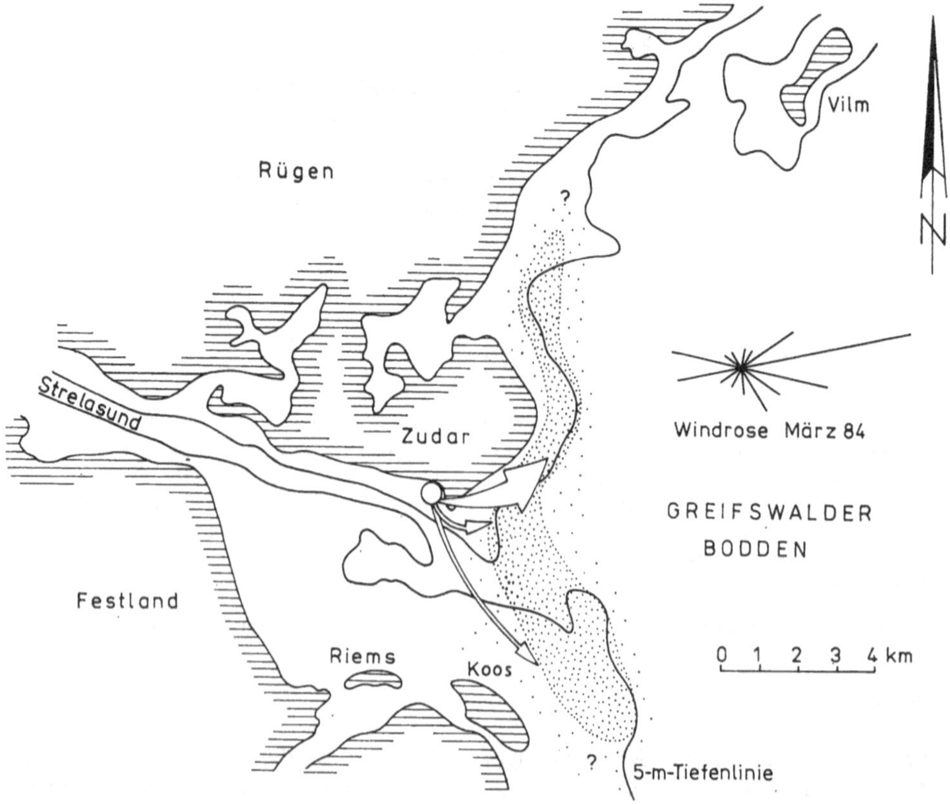

Abb. 1. Skizze des Beobachtungsgebietes am Westrande des Greifswalder Boddens. Die Windrose gibt die Häufigkeitsverteilung der Windrichtungen wieder. Die Pfeile verdeutlichen die beobachteten Abflugrichtungen zu den Nahrungsgründen, und die punktierte Fläche umreißt das nächtliche Nahrungsgebiet (belegt durch Netzfänge von Enten in dort stehenden Fischnetzen).

Anflug: Vor Anbruch der Dämmerung. Ende des Anfluges vor Sonnenaufgang.

Vormittagsstunden: Zeit der größten Ruhe, weniger als 10% der Enten mit Wachsamkeitsverhalten.

Nachmittagsstunden: Wechselnd Ruhe, Gefiederpflege, Wachsamkeit, Elemente der Balz. Einzelne Vögel wechseln fliegend zwischen Ruheplatz und Bodden.

Vergesellschaftungen am Ruheplatz: Schellenten (*Bucephala clangula*), Bleßhühner (*Fulica atra*), Mittelsäger (*Mergus serrator*) und Eisenten (*Clangula hyemalis*), in der Summe etwa 500 Tiere, mit anderer Tagesrhythmik. Ein Trauererpel (*Melanitta nigra*) hatte über 4 Wochen den gleichen Tagesrhythmus wie die Berg- und Reiherenten, obwohl zur gleichen Zeit an anderer Stelle des Greifswalder Boddens größere Trauerententrupps rasteten.

Weitere solche jährlich besetzten Schlafplätze von Berg- und Reiherenten sind uns aus den Randbereichen des Greifswalder Boddens, des Strelasundes und der westrügischen Bodden bekannt. Das markanteste Beispiel stellt der Prohner See nördlich von

Stralsund dar. Auf diesem nur etwa 35 ha großen künstlichen Speichersee, unweit der Prohner Wiek, kam es in den Jahren 1984 und 1985 im März zu Ansammlungen von über 15000 Bergenten (vgl. Abb. 5, Taf. XVIII). Im Herbst rasten hier tagsüber bis zu 10000 Reiherenten.

Die bisherigen Erfahrungen

Im Handbuch der Vögel Mitteleuropas (BAUER & GLUTZ 1969) finden wir für die Bergente unter „Aktivität" den Hinweis „ähnlich Reiherente", wobei an den Küsten der Gezeitenrhythmus einen Einfluß auf die Aktivität ausübe (s. hierzu auch MUDGE & ALLEN 1980 sowie TAMISIER 1979 für andere Entenarten). Für die Reiherente wird eine ausgeprägtere Tagaktivität (im Vergleich zur Tafelente, *Aythya ferina*) genannt, jedoch mit dem Hinweis, daß sie bisweilen selbst in dunklen Neumondnächten dem Nahrungserwerb nachgehe.

STIEFEL (1979) meint, daß sich Bergenten tagsüber „familienweise auf hoher See" aufhalten und sich „zur Übernachtung in geschützten Buchten, wo sie — außer zu schlafen — auch Nahrung ertauchen" sammeln, ohne jedoch eine Quelle für seine Ausführungen zu zitieren (p. 83). Exakte Untersuchungen von KLÍMA (1966) an Tafelenten erwiesen eine Mehrgipfligkeit der täglichen Aktivität mit einem Maximum zwischen Dämmerung und Mitternacht.

MLÍKOVSKÝ & BUŘIČ (1983) widmen in ihrer Monographie der Aktivität der Reiherente ganze 3 Zeilen (vornehmlich tagaktiv, Zug meist nachts), bringen allerdings (p. 18) eine schöne Photographie von A. CHRISTIANSEN mit einem Schwarm schlafender Reiherenten (solche Bilder finden sich auch z. B. bei NILSSON 1973 und 1974).

Für die Meeresenten geben BAUER & GLUTZ (1969) zumeist kurze Hinweise auf sowohl Tag- als auch Nachtaktivität beim Nahrungserwerb. Ob die von HOPE JONES (1979) und MUDGE & ALLEN (1980) beschriebenen nächtlichen Flüge von Meeresenten auf die offene See wirklich zu Schlafplätzen führen, geht nicht beweiskräftig aus diesen Arbeiten hervor. KIRCHHOFF (1981) postuliert gar einen „erheblichen Streß", unter dem die Meeresenten leiden (wenn sie unter den Kurztagbedingungen des Winters ihren Nahrungsbedarf zu decken haben), ohne daß er die Möglichkeit der Nachtaktivität in Betracht zieht.

Über die möglichen Ursachen einer Nachtaktivität finden wir außer Gezeitenrhythmik (Nordsee, Atlantikküste) für Tauchenten erst bei NILSSON (1970) den Hinweis, daß anthropogene Störungen (Bootsverkehr) die Tiere zur Nachtaktivität zwingen. NILSSON vermerkt ergänzend, daß z. B. Eisenten und Schellenten „bessere Flieger" seien als Reiher- und Bergenten und erstere also einer Störung leichter ausweichen können. Er berichtet weiterhin von eigenen Beobachtungen in Holland, wo er für Reiher- und Tafelenten denselben nachtaktiven Zyklus fand wie in Südschweden.

Diese Arbeit von NILSSON enthält auch detaillierte Angaben zu Beziehungen zwischen Nahrungsflügen und Helligkeit sowie zwischen Außentemperatur und Tauchaktivität (Energiebedarf). Der Autor vermerkt dazu, daß die Nachtaktivität im Küstenbereich stärker in Erscheinung trete als im Binnenland (vgl. dazu p. 120 hier unter Kleinzirkulation).

HÖLZINGER (1977) führt den nächtlichen Aktivitätsgipfel der Reiherenten am Öpfinger Donaustausee auf hydrotechnische Maßnahmen (Schwallbetrieb) zurück.

Für Schwimmenten existieren eine Reihe von Untersuchungen zur Tagesrhythmik, auch mit Beobachtungen von Nachtaktivität (PIROT et al. 1984 TAMISIER 1979, THOMAS 1982, CAMPREDON 1981), wobei hier die Nahrungsflüge oft landein gerichtet sind. In diesem Falle steht auch die Frage der anthropogenen Beunruhigung und des Feinddruckes (Greifvögel) stärker im Mittelpunkt als etwa auf See. Auch im Handbuch der Vögel Nordamerikas (PALMER 1976) wird bei verschiedenen Schwimmenten (weniger bei Tauchenten) auf Nachtaktivität verwiesen, wobei Jagddruck und Gezeitenwirkung als Ursachen angesehen werden.

Für unsere weiteren Betrachtungen kann das Problem der Störung am Nahrungsplatz vernachlässigt werden, da im Beobachtungszeitraum nur wenige Fischerboote das Nahrungsrevier der Tauchenten (s. Abb. 1) für kurze Zeit befuhren. Im Gegenteil, häufiger waren Störungen an den Schlafplätzen zu verzeichnen.

Der Nahrungsfaktor

Für die hier behandelten Tauchentenarten kann im wesentlichen animalische Nahrung (besonders Mollusken) angenommen werden (BAUER & GLUTZ 1969, MADSEN 1954, NILSSON 1969). Ausgesprochen tagaktive Arten, wie etwa die Schellente oder gar Säger und Taucher, haben einen hohen Anteil planktischer Nahrung (z. B. Crustaceen) oder erbeuten Fische (s. auch NILSSON 1970). Dabei macht sich eine vorwiegend optische Ortung der Beute erforderlich, was für eine Erklärung der Tagaktivität hinreicht. Des weiteren schließen wir den theoretisch möglichen Fall aus, daß etwa die Futtertiere der Enten nachts besonders aktiv oder leicht erreichbar sind.

Die nachtaktiven Tauchenten sind somit in einigen Metern Wassertiefe, besonders dann, wenn auch noch Mondlicht entfällt, gezwungen, ihre Nahrung taktil zu finden. Dieses Ertasten der Nahrung am Meeresgrund ist zweifellos mit einem viel größeren Unsicherheitsfaktor behaftet als eine optische Ortung und wird nur für den Fall energetisch sinnvoll, daß die Futtertiere in einer so hohen Dichte über große Flächen verteilt vorkommen, daß die Nahrung selbst, auch für eine große Anzahl von Enten, zunächst nicht zum limitierenden Faktor wird, also im „Überfluß" vorhanden ist. Diese Tatsache kann somit umgekehrt geradezu als indirekter Beweis für ein sehr hohes Nahrungsangebot gewertet werden. Dennoch bleibt die zwingende Frage nach dem Grund der Nachtaktivität. Die Enten werden doch nur dann dazu übergehen, wenn sie gegenüber dem Tag daraus einen energetischen Vorteil ziehen können.

Der Faktor Wetter

Dem aufmerksamen Feldbeobachter wird bei einem gewissen „Gefühl" für die Umgebung der Vögel nicht entgehen, daß an den Schlafplätzen ein günstiges Mikroklima herrscht (windgeschützte Lage, ruhiges Wasser, bei Sonneneinstrahlung Erwärmung der Luft), während zur gleichen Zeit an den windexponierten Küstenabschnitten des großen Boddens recht rauhe Verhältnisse herrschen (Schaumkämme auf den Wellen, kalter Ostwind; vgl. die Karte, Abb. 1). In den Abendstunden dagegen flauen die Winde merklich ab, und die See wird ruhiger.

Es handelt sich um die sogenannte Kleinzirkulation. Besonders unter Hochdruckwetterlagen erwärmt die Sonneneinstrahlung das Festland schneller als das Meer.

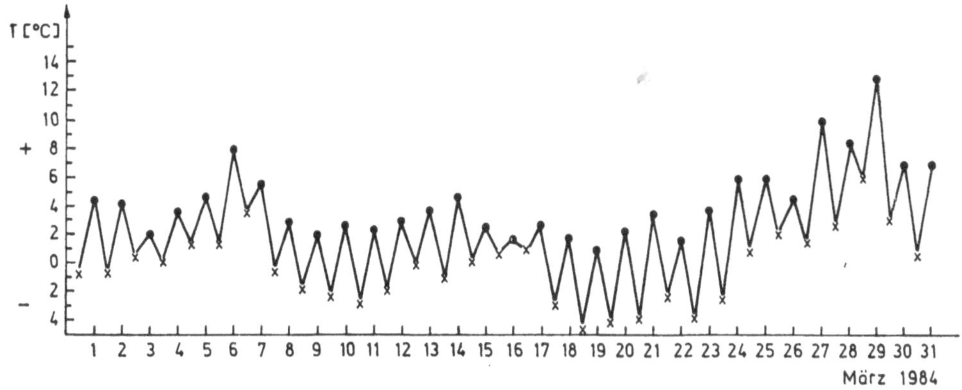

Abb. 2. Vergleich der nächtlichen Minimal- (Kreuze) und täglichen Maximaltemperaturen (Punkte) an der Station Greifswald für März 1984 (Schattentemperatur)

Die erwärmten Luftmassen über dem Land steigen auf und haben in ihrem Sog einen auflandigen Wind zur Folge. Besonders markant tritt diese Erscheinung im Frühjahr auf, wenn das Meerwasser noch kalt und im Mittel der Jahrzehnte eine Hochdruckwetterlage mit vorherrschenden Ostwinden zu verzeichnen ist („Frühjahrshoch der Ostsee"). Die Abb. 2 und 3 verdeutlichen auch ohne statistische Bearbeitung den engen Zusammenhang zwischen Lufttemperatur und Windgeschwindigkeit bei Tag und bei Nacht im Beobachtungsgebiet.

Die Meßdaten wurden freundlicherweise von der Meteorologischen Station Greifswald zur Verfügung gestellt. Der in den Abb. 3 und 4 zum Ausdruck kommende Tag-Nacht-Rhythmus für Temperatur und Windgeschwindigkeit dürfte am Schlaf- wie am Nahrungsplatz der Enten noch stärker in Erscheinung treten, da die Temperatur als Schattentemperatur gemessen wird und die Meßstation Greifswald, im Stadtgebiet liegend, noch ca. 3 km vom Bodden entfernt ist (Beeinträchtigung der Windwerte).

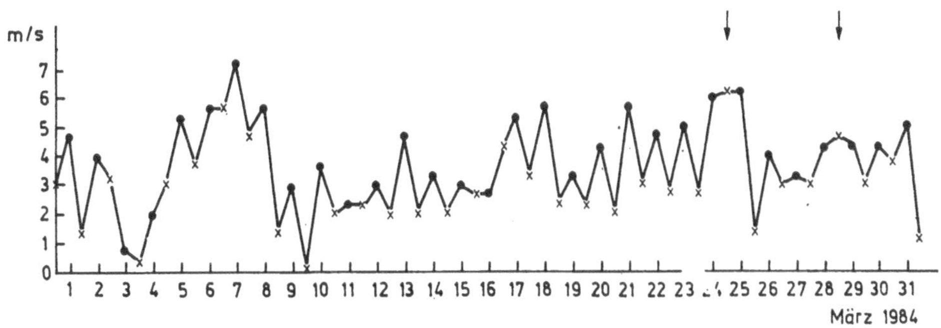

Abb. 3. Vergleich der Windgeschwindigkeiten bei Tag (Punkte) und bei Nacht (Kreuze). Jeder dargestellte Wert stellt den Mittelwert aus je drei Meßdaten (Tag 9, 12, 15 Uhr; Nacht 21, 24, 3 Uhr) dar (Station Greifswald). Die beiden Pfeile markieren die einzigen Ausnahmen von der Regel, daß die durchschnittliche nächtliche Windgeschwindigkeit von mindestens einer benachbarten des Tages übertroffen wird.

Der Zusammenhang

Gerade diese besonderen meteorologischen Verhältnisse sind, in Verbindung mit morphologischen und sedimentologisch-ökologischen Parametern, für ein besonders günstiges Nahrungsangebot in ca. 4—6 m Wassertiefe vor den windexponierten Küstenabschnitten des Greifswalder Boddens verantwortlich (LEIPE 1985). Diese Tauchtiefe von 4—6 m ist für Berg- und Reiherente durchaus erreichbar, liegt aber nahe der Grenze ihres Leistungsvermögens (BAUER & GLUTZ 1969, THIEL 1981). Bedenkt man nun, daß die tagsüber rauhe See und die Turbulenzen des Wasserkörpers (die Wirkungstiefe einer Welle entspricht etwa ihrer Wellenlänge, im Greifswalder Bodden bis etwa 6 m) für die Enten einen erheblichen Mehraufwand an Energie zum Tauchen und Schwimmen bedeuten, so wird verständlich, daß eine nachts ruhigere See günstigere Bedingungen bietet.

Für die in physischer Hinsicht (Tauchtiefe) viel leistungsfähigeren Meeresenten (Eis-, Trauer-, Samt- und Eiderenten) ist dieser Mehraufwand kaum von Bedeutung; sie sind sowohl tag- als auch nachtaktiv und somit (fast) unabhängig von den äußeren Bedingungen.

Die Berg- und die Reiherenten stellen die Nachtaktivität ein, wenn kein energetischer Gewinn mehr daraus gezogen werden kann. Hierfür können zwei Ursachen verantwortlich sein. 1. Die Wirkung der Kleinzirkulation schwächt sich ab oder verschwindet; das geschieht vor allem bei Änderung der Großwetterlage. Dabei können dennoch windgeschützte Ruheplätze tags oder nachts bezogen werden (vgl. auch JOENSEN 1974). — 2. Die Nahrungsgrundlage ändert sich. Besonders im April sind Berg- und Reiherenten in der Lage, den in großen Mengen anfallenden Heringslaich als Nahrung zu nutzen. Dieser wird oft zusammen mit Laichsubstrat (Tang, Seegras) an bestimmten Stellen des Greifswalder Boddens zusammengeschwemmt und ist dann für die Enten viel leichter erreichbar als die Mollusken am Meeresgrund (LEIPE 1985). Nahrungsflächen und Ruheplatz sind dann identisch.

Die Übergänge zwischen den verschiedenen Aktivitätsmustern sind natürlich fließend und werden nicht von einem Tag auf den anderen im gesamten Gebiet von allen Berg- und Reiherenten vollzogen, so daß sich dem flüchtigen Beobachter zeitweilig ein scheinbar wirres Bild bieten kann. Wesentlich ist jedoch, daß sich bei über längere Zeit stabilen Verhältnissen eine typische Aktivität herausbildet.

Energetische Betrachtungen

Über den Ruheumsatz der Vögel sind wir durch Laboruntersuchungen recht gut unterrichtet (z. B. ASCHOFF & POHL 1970). Problematisch ist, in jedem Falle zu entscheiden, wie sich der Umsatz unter Aktivitätsbedingungen verändert. Der Energiehaushalt des Vogels hängt von einer Vielzahl äußerer und innerer Faktoren ab. In der Literatur werden Werte von Aktivitätsumsätzen zwischen dem 2- und 12fachen des Ruheumsatzes genannt (z. B. NILSSON 1980, HARTWIG & HÜPPOP 1982), beim Menschen bis zum 20fachen (HENTSCHEL 1978). Unter natürlichen Bedingungen wird der tägliche Energiebedarf durch einen mehr oder weniger komplizierten Kurvenverlauf zu beschreiben sein, der unter anderem wesentlich vom Aktivitätsmuster des Tieres bestimmt wird (WEATHERS et al. 1984). Erst kontinuierliche Messungen in situ werden eines Tages hierüber exakt Aufschluß geben können. Gute Annäherungswerte scheinen sich nach KING (1974, fide HARTWIG & HÜPPOP 1982) berechnen zu lassen. Wir sind somit gezwungen, im vorliegenden Falle über Analogieschlüsse eine Aussage zu treffen.

Betrachten wir zunächst stark vereinfacht zwei Zustände, Ruhephase und Aktivitätsphase (= Nahrungserwerb), für jeweils zwei Tagesabschnitte (Tag, Nacht) unter den beschriebenen meteorologischen Bedingungen. Wegen des günstigen Mikroklimas am Tagesschlafplatz sollten die Enten in der Lage sein, ihren Ruheumsatz etwa gegenüber der kalten Nacht merklich herabzusetzen.[1] Auch unter Berücksichtigung eines „thermoneutralen Bereiches" (nach FARNER & KING 1974; zit. in Abb. 33 bei SCHILDMACHER 1982) wird der Ruheumsatz bei den niedrigeren Nachttemperaturen (z. T. unter 0 °C) höher liegen (vgl. auch NILSSON 1970, HARTWIG & HÜPPOP 1982, WEATHERS et al. 1984). Der Wind spielt am geschützt liegenden Schlafplatz im Tag-Nacht-Vergleich eine untergeordnete Rolle.

BRODSKY & WEATHERHEAD (1984) beobachteten in Kanada an *Anas rubripes* bestimmte Verhaltensweisen am Rast- und Schlafplatz, die den Wärmeverlust bei niedrigen Temperaturen und starkem Wind offenbar verringern (Verbergen von Schnabel und Füßen im Gefieder, Aufsuchen der windgeschützten und/oder sonnenexponierten Rastplätze). HICKEY & TITMAN (1983) kamen ebenfalls für *A. rubripes* zu dem Ergebnis, daß bei sinkenden Temperaturen und steigender Windgeschwindigkeit die Zeit für die energetisch günstigere Ruhephase vergrößert wird, bei Verkürzung der Aktivitätszeit und Intensivierung der Nahrungsaufnahme.

Am Nahrungsplatz dagegen sind die Windverhältnisse und somit die Wasserbewegungen der entscheidende Faktor. Der Energieaufwand zum Tauchen und Schwimmen wird sich bei ruhiger See nachts verringern. Daß die Turbulenzen des Wasserkörpers bei stärkeren Winden (über die Orbitalbewegung der Wasserteilchen; KOLP 1958) einen beträchtlichen Energiebetrag annehmen können, zeigt z. B. die Tatsache, daß die Sedimente des Greifswalder Boddens bis in 6 m Wassertiefe in Bewegung geraten und transportiert werden können (submarine Abrasions- und Sedimentumlagerungs-Zone des Greifswalder Boddens; GUSEN 1983). Das führt unter anderem auch zu Freilegung und Konzentration der hier stark siedelnden Mollusken und somit zu einem sekundär induzierten hohen Nahrungsaufkommen für Tauchenten (LEIPE 1985).

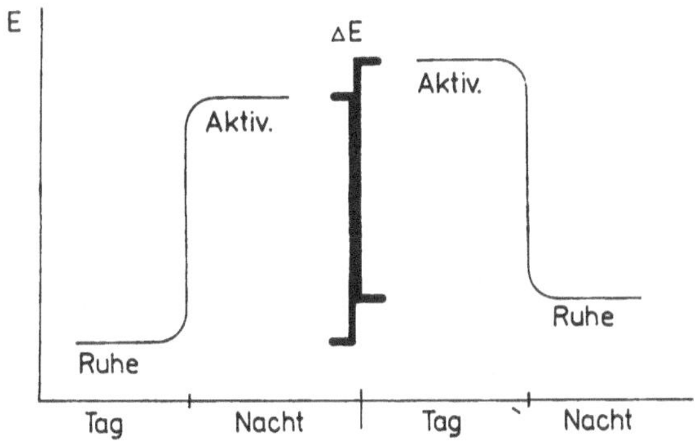

Abb. 4. Vergleich der stark schematisierten Energieverbrauchskurven für die beiden Extremfälle von Tag- oder Nachtaktivität

[1] Da das auch für die Tagaktivität gilt, wären windgeschützte Tagesfutterplätze natürlich ein Idealfall; solche sind (mit genügender Ergiebigkeit) aber nicht verfügbar.

Die Bedeutung der Temperaturdifferenz zwischen Tag und Nacht am Nahrungsplatz wird zurückgedrängt, da die Wassertemperatur praktisch konstant bleibt und im Mittel nachts sogar über der Lufttemperatur liegen kann.

Die Gegenüberstellung der beiden möglichen Fälle (Tag- und Nachtaktivität in Abb. 4) zeigt, daß die Energiedifferenz ΔE, zusammengesetzt aus Aufwandserniedrigung sowohl in der Ruhe- als auch in der Aktivitätsphase, für die Nachtaktivität spricht. Wie groß dieser Gewinn sein mag, ist vorerst unbekannt. Er wird aber vor allem dann ins Gewicht fallen, wenn die Berg- und die Reiherenten bei der Nahrungssuche bis fast an ihre Leistungsgrenze gefordert werden.

Danksagung

Die Herren M. Gorkenant und P. Strunk (Stralsund) stellten mir freundlicherweise Beobachtungsdaten zur Verfügung. Herrn Dr. G. Mauersberger (Berlin) gilt mein besonderer Dank für wertvolle Literaturhinweise und die kritische Durchsicht des Manuskriptes.

Zusammenfassung

In einem Rastgebiet für nordische Berg- und Reiherenten (Greifswalder Bodden, DDR, südliche Ostsee), in dem anthropogene Beunruhigungen und regelmäßige Wasserstandsschwankungen (z. B. Gezeiten) weitgehend ausgeschlossen werden können, werden die Tauchenten nur dann zu der regelmäßig zu beobachtenden Nachtaktivität übergehen, wenn sie einen energetischen Vorteil daraus ziehen können. Im Widerspruchsfeld von physischer Leistungsbegrenzung (Tauchtiefe), reichem Nahrungsangebot und Aufwandsminimierung gehen Berg- und Reiherenten unter bestimmten, typischen meteorologischen Bedingungen mit der Nachtaktivität einen energetisch sinnvollen Kompromiß ein.

Literatur

Aschoff, J. & H. Pohl (1970): Der Ruheumsatz der Vögel als Funktion der Tageszeit und der Körpergröße. — J. Orn. **111**, 38—47.

Bauer, K. M. & U. N. Glutz von Blotzheim (1969): Handbuch der Vögel Mitteleuropas. Bd. 3 (Anseriformes 2. Teil). — Frankfurt a. M.

Brodsky, L. M. & P. J. Weatherhead (1984): Behavioural thermoregulation in wintering Black Ducks: roosting and resting. — Can. J. Zool. **62**, 1223—1226.

Campredon, P. (1981): Hivernage du Canard Siffleur *Anas penelope* L. en Camargue. — Alauda **49**, 272—294.

Farner, D. S. & J. R. King (Hrsg.; 1971—1979): Avian Biology. 5 Bde. — New York, London. — Zit. nach Schildmacher, H. (1982): Einführung in die Ornithologie. — Jena.

Gusen, R. (1983): Der lithologische Bau der Schorre von Neu-Reddevitz (Greifswalder Bodden). — Z. geol. Wiss. **11**, 193—208.

Hartwig, E. & O. Hüppop (1982): Zum Energie- und Nahrungsbedarf einer Kolonie der Lachmöwe (*Larus ridibundus* L.) an der Schlei. — Seevögel, Z. Verein Jordsand, Sonderband, Hamburg.

Hentschel, G. (1978): Das Bioklima des Menschen. — Berlin.

Hickey, T. E. & R. D. Titman (1983): Diurnal activity budgets of Black Ducks during their annual cycle in Prince Edward Island. — Can. J. Zool. **61**, 743—749.

Hölzinger, J. (1977): Der Einfluß von Sulfitzellstoff-Abwässern und Schwermetallen auf das Ökosystem des Öpfinger Donaustausees. — J. Orn. **118**, 329—415.

Hope Jones, P. (1979): Roosting behaviour of Long-Tailed Ducks in relation to possible oil pollution. — Wildfowl **30**, 155—158.

Joensen, A. H. (1974): Waterfowl populations in Denmark 1965—1973. — Dan. Rev. Game Biol. **9**, 1—206.

KIRCHHOFF, K. (1981): Zur Verbreitung der überwinternden Meeresenten auf der offenen Kieler und Lübecker Bucht (westliche Ostsee). — Corax **8**, 197—207.

KLÍMA, M. (1966): A study on diurnal activity rhythm in the European Pochard (*Aythya ferina*) in nature. — Zool. Listy **15**, 217—232.

KING, J. R. (1974): Seasonal allocation of time and energy resources in birds. — In: PAYNTER, R. A. (ed.): Avian Energetics. — Publ. Nuttall Orn. Club **15**, 4—85 (zit. nach HARTWIG & HÜPPOP 1982).

KOLP, O. (1958): Sedimentsortierung und -umlagerung am Meeresboden durch Wellenwirkung. — Petermanns Geogr. Mitt. **102**, 173—178.

LEIPE, T. (1985): Zur Nahrungsökologie der Eisente (*Clangula hyemalis*) im Greifswalder Bodden. — Beitr. Vogelkd. **31**, 121—140.

— & D. SELLIN (1983): Zum Vorkommen von Bergenten (*Aythya marila*) und Eisenten (*Clangula hyemalis*) auf dem Greifswalder Bodden. — Orn. Rundbr. Meckl., N. F. **26**, 34—47.

MADSEN, J. F. (1954): On the food habits of the diving ducks in Denmark. — Dan. Rev. Game Biol. **2**, 157—266.

MLÍKOVSKÝ, J. & K. BUŘIČ (1983): Die Reiherente (*Aythya fuligula*). — Neue Brehm-Büch. **556**. Wittenberg Lutherstadt.

MUDGE, G. P. & D. S. ALLEN (1980): Wintering seaducks in the Moray and Dornoch Firths, Scotland. — Wildfowl **31**, 123—130.

NILSSON, L. (1969): Food consumption of diving ducks wintering at the coast of South Sweden in relation to food resources. — Oikos **20**, 128—135.

— (1970): Food-seeking activity of south Swedish diving ducks in the non-breeding season. — Oikos **21**, 145—154.

— (1973): Internationella sjöfågelinventeringarna i Sverige vintrarna 1970/71 och 1971/72. — Vår Fågelvärld **32**, 269—281.

— (1974): Tio ars midvinterinventeringar av skanska andfåglar. — Anser **13**, 65—70.

— (1980): Wintering diving duck populations and available food resources in the Baltic. — Wildfowl **31**, 131—143.

PALMER, R. S. (ed.; 1976): Handbook of North American Birds. Vols. 2 and 3, Waterfowl. — New Haven, London.

PIROT, J. Y., D. CHESSEL & A. TAMISIER (1984): Exploitation alimentaire des zones humides de Camargue par cinq espèces de canards de surface en hivernage et en transit: Modelisation spatio-temporelle. — Rev. Écol. **39**, 167—192.

STIEFEL, A. (1979): Ruhe und Schlaf bei Vögeln. — Neue Brehm-Büch. **487**. Wittenberg Lutherstadt.

TAMISIER, A. (1979): The functional units of wintering ducks: A spatial integration of their comfort and feeding requirements. — Verh. orn. Ges. Bayern **23**, 229—238.

THIEL, H. (1981): Aviturbation — eine Hypothese oder die Ramsar Konvention von 1971 zum Schutze der menschlichen Umwelt. — Seevögel **2**, 69—74.

THOMAS, G. J. (1982): Autumn and winter feeding ecology of waterfowl at the Ouse Washes, England. — J. Zool., London, **197**, 131—172.

WEATHERS, W. W., W. A. BUTTEMER, A. M. HAYWORTH & K. A. NAGY (1984): An Evaluation of Time-budget Estimates of Daily Energy Expenditure in Birds. — Auk **101**, 459—472.

Anschrift des Verfassers: THOMAS LEIPE, 2200 Greifswald, Fleischmannstraße 1a

Mitt. Zool. Mus. Berl. **62** (1986) Suppl.: Ann. Orn. **10**, 127—136 8. 8. 1986

Über Feldkennzeichen und Balz der Waldbekassine *(Gallinago megala)*

On Field Characters and Courtship Display of Swinhoe's Snipe *(Gallinago megala)*

Ergebnisse der mongolischen Gemeinschaftsreisen von Ornithologen aus der DDR 1979 und 1983. XXXI.

DIETMAR KÖNIGSTEDT

Mit 1 Abbildung im Text und 2 auf Tafeln XIX und XX

Abstract. Field identification and some traits of the display behaviour of Swinhoe's Snipe based on observations in Mongolia are treated.

Key words: *Gallinago megala, G. stenura, G. gallinago,* field identification, aerial and ground display, Mongolia.

Für die etwa 12 Arten der Gattung *Gallinago* sind — mit Ausnahme der Doppelschnepfe (*G. media*), die über keine Flugbalz verfügt — von Instrumentallauten begleitete Balzflüge bezeichnend (vgl. GLUTZ et al. 1977, SUTTON 1981, TUCK 1972). Während das Balzverhalten der eurasiatischen Bekassine (*G. g. gallinago*) gut bearbeitet ist (vgl. REDDIG 1978, 1981), sind unsere Kenntnisse über einige ostpaläarktische Arten vergleichsweise bescheiden. Voraussetzung für derartige Untersuchungen ist dabei eine verläßliche feldornithologische Trennung der in Frage kommenden Arten.

Während zweier Reisen durch die Mongolische Volksrepublik (s. MAUERSBERGER et al. 1982, ROBEL & KÖNIGSTEDT 1984, 1985) konnten mehrfach balzende Waldbekassinen (*G. megala*) beobachtet werden. Die Grundlage für die vorliegende Arbeit bilden vor allem Feldnotizen aus dem Juni 1983, die nicht in allen Einzelheiten mit den spärlichen Angaben des Schrifttums übereinstimmen und so den Anstoß zu dieser Mitteilung gaben.

Am 9. und 10. VI. 79 sowie am 10. und 11. VI. 83 haben wir in der Umgebung von Tereldsh (SW-Chentej; s. die Karte bei MAUERSBERGER 1979) wiederholt Waldbekassinen angetroffen. Zusammen mit H. SCHMIDT glückten dem Verf. am 11. VI. eindrucksvolle Beobachtungen unter günstigen Bedingungen.

Besonderen Dank schulde ich Herrn Dr. K. LIEDEL (Halle/S.), der mir schwer zugängliche Literatur zur Verfügung stellte und mir einige russischsprachige Quellen erschloß. Herr Dr. H. SCHMIDT (Cottbus) war bei den Feldbeobachtungen zugegen. Des weiteren haben mich folgende Herren unterstützt: Dr. M. DORNBUSCH (Steckby), S. MADGE (Fairburn, Knottingley), Dr. H. E. J. MÜLLER (Serrahn), G. OREEL (Amsterdam), A. RANDALL (Cowley, Ashtonbury), E. SCHMIDT (Wendorf), E. SCHWARZE (Roßlau) und P. B. TAYLOR (Nairobi). — Herr Dr. G. MAUERSBERGER (Berlin) ermunterte mich zur Abfassung dieser Arbeit und unterzog außerdem das Manuskript einer kritischen Durchsicht. Ich verdanke ihm weiterhin wichtige inhaltliche Ergänzungen sowie die Übersetzung der Zusammenfassung ins Englische.

Feldkennzeichen

Bei am Boden stehenden Waldbekassinen waren keine Einzelheiten der Gefiederfärbung und -zeichnung zu erkennen, die eine Unterscheidung von anderen *Gallinago*-Arten ermöglicht hätten, selbst auf sehr geringe Entfernung. Sie saßen relativ fest und ließen eine Annäherung bis auf mindestens 5 m zu. Noch vertrauter waren sie während der Bodenbalz.

Fliegende Waldbekassinen unterschieden sich jedoch deutlich von *G. gallinago* (*G. stenura* ist mir aus eigener Anschauung nicht bekannt). Beim Auffliegen stießen sie laute rätschende (oder quäkende) Rufe aus, wie wir sie auch von balzenden Vögeln vernehmen konnten; ein Ex. flog völlig lautlos ab. Immer war aus der Nähe ein helles Fluggeräusch auffällig. Der Flug führte niedrig (manchmal in einem sanften Bogen) und geradlinig über den Boden dahin. Er war schwerfällig (wenn auch nicht so ausgeprägt wie bei *G. media*) und erschien keinesfalls so reißend wie der von *G. gallinago*; die Flügelschläge folgten rasch aufeinander und wurden hin und wieder von kurzen Pausen unterbrochen. Nach 100—150 m fielen die Schnepfen dann wieder ein. Beim Landen und beim Auffliegen konnte etwas Weiß am Schwanzende wahrgenommen werden. Die Art erschien (mindestens) bekassinengroß, aber nicht kleiner, soweit das ohne direkten Vergleich überhaupt eingeschätzt werden kann. Die Oberseite war kräftig längsgestreift, zumal da sich auch die Kopfzeichnung deutlich abhob. Insgesamt wirkten die Vögel recht kontrastreich. Der Hinterrand der Armschwingen war einfarbig dunkel, allenfalls ganz leicht aufgehellt, jedoch ohne auffälligen weißen Saum.

Über die Feldkennzeichen der Waldbekassine (und anderer asiatischer *Gallinago*-Arten) existieren derzeit nur wenige brauchbare Angaben. Die Literatur läßt einen in dieser Hinsicht oft im Stich. Manches ist zudem widersprüchlich und könnte seine Ursache in ungerechtfertigt verallgemeinerten Einzelbefunden haben. MAUERSBERGER (1980) weist zu Recht auf die z. T. gleichsinnige Variation „diagnostisch verwertbar erscheinender Gefiedermerkmale“ hin. Auf der anderen Seite haben verschiedene neuere Erkenntnisse (KITSON 1978, MADGE 1977, TAYLOR 1984) noch keinen Eingang in die Feldführer gefunden. Nach SONOBE (1982) ist *G. megala* im Felde möglicherweise weder von der zierlicheren *G. stenura* noch von *G. gallinago* zu unterscheiden, was KING et al. (1976) unter Ausschluß der Rufe auf die Stiftbekassine begrenzen. FLINT et al. (1984) verweisen auf die Ähnlichkeit zu *G. gallinago*. Ein Hinweis auf Größenunterschiede ist angesichts der geringen Differenz zwischen beiden mit Vorsicht zu betrachten. Nach diesen Autoren ist auch die Stiftbekassine anscheinend nicht abzugrenzen. Auch nach PRATER et al. (1977) ist die Waldbekassine der Bekassine sehr ähnlich, erinnert aber teilweise mehr an *G. stenura* und ist überdies etwas größer. Die Unterflügeldecken sind deutlich schwarz-weiß gebändert. Der weißliche Armschwingenhinterrand ist bei beiden sehr schmal (ca. 1 mm), bei *G. gallinago* dagegen sehr breit. MADGE (1977) fand, daß die Unterschiede zwischen Stiftbekassine und Bekassine auffälliger sind als es nach der Literatur den Anschein hat. Er stellte nach Durchsicht von Bälgen die Prognose, daß *G. megala* vor allem anhand der breiten gelblichen Längsstreifen auf der Oberseite, die mit den dunklen Federpartien kontrastieren, von *G. stenura* unterscheidbar sein müsse, was jedoch nicht bestätigt werden kann. Im Zoologischen Museum Berlin befinden sich neben einigen Stücken mit auffällig breiten strohgelben Rückenstreifen (für die die Beschreibung von MADGE zutrifft) in der Mehrzahl weniger lebhaft gezeichnete Exemplare, die daran kaum von *G. stenura* zu unterscheiden sind (MAUERSBERGER briefl.). KITSON (1978) konnte *G. stenura* feldornithologisch gut von *G. gallinago* trennen, vor allem anhand der weniger spitzen Flügel, der gebänderten Unterflügel und des fehlenden weißen Hinterrandes der Armschwingen. Wichtig sind auch seine Ausführungen zu den Rufen (vgl. KING et al. 1976). Den letzten Stand faßt TAYLOR (1984) zusammen, der neben der Stiftbekassine auch *G. megala* — allerdings ohne bei dieser über eigene Felderfahrungen zu verfügen — breiten Raum widmet (s. Diskussion).

Eigene Beobachtungen zur Balz

An einem Balzplatz südwestlich des Lagers in Tereldsh (s. die Beschreibung bei LIEDEL 1982) setzte die Balz bei Sonnenuntergang gegen 21.00 Uhr Ortszeit ein und dauerte dann unvermindert an. Auch der Einbruch der Dunkelheit beendete das Balzgeschehen nicht, und als wir gegen 22.30 Uhr das Gebiet verließen, war sie noch in vollem Gange. Insgesamt balzten hier mindestens 3 Waldbekassinen. Sie flogen in schätzungsweise 30—40 m Höhe große Kreise und/oder (seltener) bogenförmige Figuren (nur ausnahmsweise einmal über größere Strecken geradlinig) — dabei jedoch stets dieselbe Flughöhe einhaltend — und stießen mehrfach in unregelmäßigen Abständen schwer zu beschreibende rätschende Rufe aus, die an das „Ätsch" oder „Rätsch" unserer Bekassine erinnerten. Ohne erkennbaren Übergang folgte dann plötzlich der Sturzflug. Mit seinem Beginn setzten eigenartige, ständig an Intensität zunehmende „brausende" Laute ein, die von MAUERSBERGER (1980) als „doppeltönig heulendes Surren" und von LIEDEL (1982) als „ein heulender, sich stetig verstärkender Ton" charakterisiert worden sind. Bezeichnend ist dabei die anschwellende Lautstärke („Crescendo") dieses Surrens, das etwa im letzten Drittel des Sturzfluges jäh abbrach. Es schlossen sich daran merkwürdige hohe zwitschernde oder wetzende Laute an, die mich sehr entfernt an das Wetzen eines Auerhahns (*Tetrao urogallus*) erinnerten. Dieses Zwitschern wird bei leicht geöffnetem Schnabel hervorgebracht und ist ohne Zweifel vokalen Ursprungs, während es sich bei dem zu Beginn einsetzenden surrenden Heulton mit großer Sicherheit um Instrumentallaute handelt. Darauf deuteten — im Felde oft sichtbar — die währenddessen gespreizten Schwanzfedern hin. Nach diesem Sturzflug, und zwar immer im Anschluß an das „Zwitschern", kann der Vogel wenige Meter vor Erreichen des Erdbodens erneut aufsteigen, so daß im Extremfall sofort nach dem Erreichen der Flughöhe ein weiterer Absturz folgt. Häufiger landete der Vogel danach jedoch und blieb hochaufgerichtet stehen, wobei die Steuerfedern etwas gespreizt wurden und etwas Weiß aufleuchtete.

Daran schloß sich in wechselndem zeitlichem Abstand (in Abhängigkeit vom jeweiligen Erregungszustand?) die eigentliche Bodenbalz an, die mit in kurzen Abständen ausgestoßenen, oft sogar ineinander übergehenden rätschenden Rufen eingeleitet wurde. Darauf folgten wiederum zwitschernde Laute, die denen aus der letzten Phase des Sturzfluges glichen. Diese Strophe beschloß die Bodenbalz, wonach die Bekassine meist minutenlang ruhig verharrte. Den Auftakt zur Fortsetzung der Balz bildeten dann wieder rätschende Rufe, es folgte ein neuer Start und alles begann von vorn (vgl. NAUMOW 1962). In Phasen hoher Aktivität wiederholte sich das laufend, nur gelegentlich von kurzen Ruhepausen unterbrochen. Nach dem Einfallen blieb die Bodenbalz auch manchmal aus, so daß der Ablauf bei ähnlichem Grundmuster variabel war (Abb. 1).

Diskussion

Im Norden der Mongolei sind 4 Arten der Gattung *Gallinago* Brutvögel; sie sind somit auch im Chentej zu erwarten (KLEINSTÄUBER & SUCCOW 1978, KOZLOWA 1930, LIEDEL 1982, MAUERSBERGER 1980, PIECHOCKI et al. 1981). Neben *G. megala* und *stenura* sind

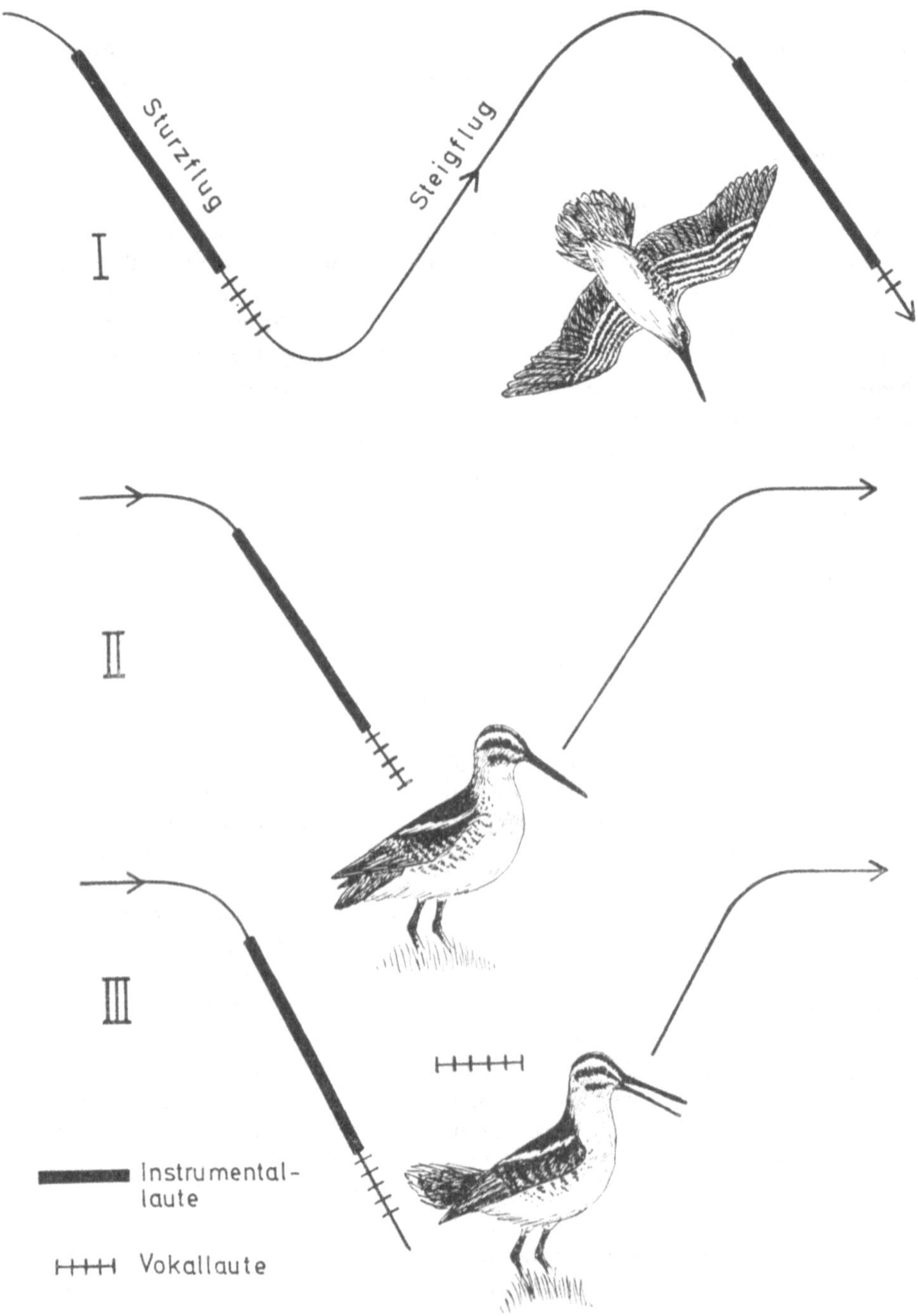

Abb. 1. Varianten des Balzgeschehens von *Gallinago megala*: I. Beim Ausdrucksflug wechseln Sturzflug- und Steigflugphasen einander ab, unmittelbar oder durch einen größeren Abstand getrennt; der Vogel nähert sich dem Boden unterschiedlich weit, ohne aber einzufallen. II. Dem Sturzflug folgt die Landung. Im Gegensatz zu III schließt sich keine Bodenbalz an, während der mit geöffnetem Schnabel zwitschernde Rufe ausgestoßen werden. Der Schwanz wird dabei etwas gefächert, der Körper ist aufgerichtet; manchmal sind rätschende Rufe zu vernehmen. — Nach eigenen Feldnotizen gezeichnet von D. Königstedt.

dies die Bekassine (*G. gallinago*) und die Einsiedlerbekassine (*G. solitaria*). Die insgesamt spärlichen verfügbaren Daten erlauben es derzeit nicht, sich ein genaueres Bild von deren Verbreitung im Lande zu machen (MAUERSBERGER 1980). Die Gründe dafür sind, außer im geringen Durchforschungsgrad, wohl vor allem in Schwierigkeiten bei der feldornithologischen Bestimmung zu suchen, die sich infolge ungenauer Kenntnisse über die Feldkennzeichen bisher nicht nur schwierig gestaltet, sondern häufig ganz unmöglich erscheint.

Die Lautäußerungen während der Balz ausgenommen (s. u.), wurden die Bekassinen bei Tereldsh anhand der hier gegenübergestellten Kennzeichen determiniert (sofern nicht anders vermerkt, beziehe ich mich dabei auf TAYLOR 1984).

Flug. — Nach (fast) einhelliger Meinung im Schrifttum fliegt *G. megala* langsamer und schwerfälliger als *G. gallinago*. Der Flug ist geradlinig ohne jähe „Zick-Zack-Schwenkungen", was mit den eigenen Befunden übereinstimmt. *G. stenura* liegt in etwa dazwischen; der Flug ist einerseits etwas langsamer als der von *G. gallinago* (beim Abfliegen seltener im „Zick-Zack"), aber andererseits nicht so schwerfällig wie bei *G. megala*, soll dabei aber durchaus gut unterscheidbar und somit ein wichtiges Kennzeichen sein (? Verf.). Nach CRAMP (1983) erinnert er sogar an *G. media*. Worauf sich dann die gute Unterscheidbarkeit gründet, muß meines Erachtens dahingestellt bleiben.

Rufe. — Die Waldbekassine fliegt oft lautlos auf oder läßt ein „kehliges Grunzen" hören. KING et al. (1976) beschreiben jedoch einen rätschenden Ruf (ähnlich *G. gallinago*), der dem von uns gehörten gleicht. Dagegen sollen die Rufe von *G. stenura* an solche von Knäkerpel (*Anas querquedula*) und Wachtelkönig (*Crex crex*) erinnern und sich deutlich von den Lautäußerungen von *G. gallinago* (und damit auch den von uns vernommenen) unterscheiden (MAUERSBERGER 1980). Nach KING et al. (l. c.) und KITSON (1978) ruft die Stiftbekassine kurz, kratzend und nasal „squok". Im Gegensatz dazu gibt CRAMP (1983) allerdings Ähnlichkeit mit *G. gallinago* an.

Schwanz. — *G. megala* hat nach TAYLOR mehr Weiß im Schwanz, das meist auch im Fluge zu sehen sein soll. Mir fiel das vor allem bei einfallenden oder abstreichenden Vögeln auf. Bei fliegenden *G. stenura* ist das gewöhnlich nicht der Fall. Vergleicht man jedoch die Abb. 27 u. 28 bei TUCK (1972), die in etwas schematisierter Darstellung die Steuerfedern beider Arten zeigen, wird deutlich, daß diese Unterschiede — wenn überhaupt stets vorhanden — nur sehr geringfügig sein können. Im Text heißt es sogar, daß die Waldbekassine im Gegensatz zu *G. stenura* keinerlei Weiß im Schwanz habe, was wiederum in Widerspruch zur TAYLORschen Beschreibung steht. Sofern hier keine Verwechslung vorliegt, ist das als Ausdruck der beträchtlichen Variationsbreite zu werten, denn nach MAUERSBERGER (briefl.) „haben manche *stenura* kaum weniger breite weiße Säume als *megala*".

Gefieder. — Zeichnung und Färbung ähneln sich (mit Ausnahme von *G. solitaria*) zu sehr, um für die Diagnose von Wert zu sein. Abb. 2 (Taf. XIX) zeigt eine Waldbekassine (fide RANDALL), die freilich allein anhand des Fotos wohl nicht zu bestimmen ist. Es ist lediglich zu erkennen, daß es sich um einen sehr kontrastreich gezeichneten Vertreter der Gattung mit breiter heller Oberseiten- und Kopfstreifung handelt. Hals und Brust sind hell und (soweit auf dem Foto erkennbar) nur wenig gezeichnet. Bei *G. stenura* sind Hals und Brust (meist?) dunkler (vgl. die Abb. 70, 71 u. 75 bei TAYLOR). Das Foto entstand jedoch an einem Balzplatz in Sibirien, so daß die Artdiagnose gesichert erscheint. Sehr charakteristisch sind die Unterflügel von *G. megala* und *stenura* mit ihrer auffälligen hell-dunklen Bänderung. Diese Zeichnung fehlt den anderen beiden Arten.

Größe und Proportionen. — *G. megala* ist etwa 10% größer als *G. stenura*, während *G. gallinago* von den Maßen her eine Mittelstellung einnimmt. Das findet auch in den Flügellängen seinen Niederschlag. Demnach „taugt die Körpergröße nicht zur feldornithologischen Trennung" (MAUERSBERGER 1980). *G. gallinago* hat dabei den relativ längeren Schnabel, und *G. megala* wirkt vom Gesamteindruck her plumper. Im Fluge überragen bei der Waldbekassine die Füße den Schwanz nicht. Die Stiftbekassine ist kurzschwänzig, und unter günstigen Bedingungen ist erkennbar, daß die Füße ein wenig über den Schwanz hinausragen (vgl. Abb. 65 bei TAYLOR).

Trotz der geringen morphologischen Differenzen dieser Arten ergeben sich daraus doch einige Hinweise für die Determination, die über viele Beschreibungen in der Literatur hinausgehen und auch fernab von den Balzplätzen von Nutzen sein dürften. Bei der Interpretation subtiler Kennzeichen, besonders nach Vögeln in den Winterquartieren, sollte man sich stets vor Augen halten, daß manche Angabe nicht unbedingt das Ergebnis einer gesicherten Bestimmung (z. B. in der Hand) und damit ebenfalls nicht zwangsläufig zweifelsfrei ist (z. B. ABDULALI 1970, GIBSON-HILL 1949, VINEY 1982). Klammert man die größere und überhaupt etwas aus dem Rahmen fallende Einsiedlerbekassine (*solitaria*) aus, so folgen daraus für den Feldornithologen einige „Denkansätze", die eine Überprüfung rechtfertigen. Bei einer in reißendem „Zick-Zack-Flug" abgehenden, laut rätschenden mittelgroßen Sumpfschnepfe dieser Gattung mit deutlich kenntlichem weißem Armschwingenhinterrand handelt es sich mit größter Wahrscheinlichkeit um *G. gallinago*. Fehlt dieser Saum und sind zudem die Unterflügel auffällig gebändert, kann diese Spezies mit Sicherheit ausgeschlossen werden; dann kommen nur *megala* und *stenura* in Betracht (vgl. die Abb. 261 u. 263 bei KING et al. 1976). Bei diesen wiederum muß dann auf das Flugbild (*G. stenura* ist kurzschwänziger und die Füße überragen den Schwanz) und auf Lautäußerungen geachtet werden (rätschend ähnlich *G. gallinago*: *G. megala* — Ruf kurz und kratzend, anders als bei *G. gallinago*: *G. stenura*).

Daß die Bestimmung in der Hand keine Schwierigkeiten bereitet, ist hinreichend bekannt (s. die Abb. bei MADGE 1977 und TUCK 1972). Auch eine Rupfung, die H. E. J. MÜLLER am 1. X. 82 im Gobischen Altai (Jolyn-am) sammelte, konnte von ihm und mir — obwohl die charakteristischen äußeren fehlten — dank der Zeichnung der übrigen Steuerfedern *G. megala* zugeordnet werden (s. Abb. 3, Tafel XX). Kennzeichnend ist vor allem die 1. Steuerfeder, bei der auf das breite hellbraune Band proximad keine hellen Flecke folgen (bei *G. stenura* befindet sich dort sowohl auf der Außen- als auch auf der Innenfahne je ein hellbrauner Keilfleck, der den Federrand erreicht; vgl. Abb. 56 bei KOZLOWA 1962). Auf den darauf folgenden Federn der Waldbekassine ist ein solcher keilförmiger Fleck nur auf der Innenfahne erkennbar, bei *G. stenura* dagegen in gleicher Höhe auf Innen- und Außenfahne (zumindest oft bis zur 5. Steuerfeder). Alle abgebildeten Federn sind nur ganz schmal und verwaschen weißlich gesäumt. Sonst ähneln sich die Muster sehr.

Auch die Balz von *G. megala* und *stenura* weist in mancherlei Hinsicht weitgehende Gemeinsamkeiten auf. Beide Arten verfügen über Ausdrucksflüge, die durch den regelmäßigen Wechsel von Steig- und Sturzflugphasen gekennzeichnet sind. Während des Sturzfluges werden Instrumentallaute mit Vokallauten kombiniert. Ähnlich soll darüber hinaus auch der Ausdrucksflug von *G. solitaria* sein, nur fliegt die Einsiedlerbekassine höher und ruft lauter (DEMENTJEW & GLADKOW 1951). Diese Übereinstimmungen finden in den Beschreibungen verschiedener Autoren ihren Niederschlag. Sie können vielfach ebensogut für die eine wie auch für die andere Art gelten. Im Zusammenhang mit Unstimmigkeiten hinsichtlich der Feldkennzeichen sind sie dazu angetan, eher Zweifel als Sicherheit zu hinterlassen. Das betrifft sowohl die Flugweise (Flughöhe, Durchmesser der kreisförmigen Figuren usw.) und das Sozialverhalten (Gemeinschafts- oder Einzelbalz) als auch die Lautäußerungen während des Ausdrucksfluges. Einige Beispiele mögen das verdeutlichen. DEMENTJEW & GLADKOW vergleichen jene Lautäußerungen der Waldbekassine, die wir für Instrumentallaute halten, mit Artilleriefeuer und FLINT et al. (1984) mit dem Geräusch eines fernen Düsenflugzeuges. TUGARINOW (fide GROTE 1939) erinnern sie an das „Knattern einer Rakete", SCHULPIN (fide GROTE) an „summendes Motorengeknatter", KOZLOWA (fide GROTE und 1962) an einen „sich wie rasend drehenden Metallgegenstand", STEGMANN (fide GROTE) an das „Sausen einer Feldgranate", und DOLGUSCHIN (1962) beschreibt sie schließlich als ein immer intensiver werdendes schwirrendes Sausen (vgl. auch die Beschreibungen von MAUERSBERGER 1980 und LIEDEL 1982). Weitere Vergleiche beziehen sich sogar auf Fluggeräusche großer Käfer, auf das Trillern von Kröten oder auf das Plätschern eines entfernten Wasserfalles (fide TUCK 1972).

Die zwitschernden Laute vokalen Ursprungs werden unter anderem mit „tschtsch-wi, tschtsch-wi, tschtsch-wi" (jede Silbe getrennt, nicht zu einem Triller zusammenfließend; TUGARINOW), „tschrlati-ti, tschrla-ti-ti" (die einzelnen Silben scheinen ineinanderzufließen; SCHULPIN), „tschiki tschiki tschiki tschiki" (KOZLOWA), „schi-ke-schi, schi-ke-schi" (FLINT et al. 1984), „tschi-ka-tschi" (NAUMOW 1962) oder mit „zschiwitschiwit ..." umschrieben (LIEDEL l. c.).

Die entsprechenden Instrumentallaute der Stiftbekassine hat STEGMANN (fide GROTE 1939) als jenen Geräuschen ähnlich empfunden, die beim Sensendengeln entstehen. Andere Autoren wieder vernahmen ein eigenartig „dröhnendes Surren" (GLADKOW & USPENSKIJ 1959), ein sehr lautes, sehr scharf pfeifendes „Meckern mit Tonklang" (KLEINSTÄUBER & SUCCOW 1982) oder summende Laute, die höher als bei *G. megala* sind (FLINT et al.). Am Ausgang des Sturzfluges ist ein „schnatterndes Schwatzen" (KLEINSTÄUBER & SUCCOW) zu hören. Diese Vokallaute sind weicher und höher als die von *G. megala* (DEMENTJEW & GLADKOW) und werden ebenfalls mit der Endphase des Gesanges von *Tetrao urogallus* verglichen (CRAMP 1983).

Damit soll diese Aufzählung, die sich durchaus fortsetzen ließe, abgebrochen werden. Sie dokumentiert das „Durcheinander", das hierzu in der Literatur herrscht. Wie subjektiv die verbale, silbenmäßige Umschreibung solcher Höreindrücke ist (ganz abgesehen von manchen bildhaften Vergleichen), ist zur Genüge bekannt.

Problematisch wird das alles für die akustische Diagnostik, wollte man sich allein auf die vorstehenden Beschreibungen verlassen. Eine wirkliche, objektive Hilfe stellen allein die wenigen Plattenaufnahmen dar. Mir standen nur zwei Tonbelege von *G. megala* (NAUMOW o. J., VEPRINTSEV 1982) und einer von *G. stenura* (VEPRINTSEV) zur Verfügung, deren Auswertung ohne technische Hilfsmittel zwangsläufig ebenfalls mit subjektiven Mängeln behaftet ist. Ein Vergleich der Lautäußerungen balzender Vögel ergab folgendes.

G. megala. Die Instrumentallaute sind deutlich lauter, härter und tiefer. Die Vergleiche von DEMENTJEW & GLADKOW (1951), TUGARINOW, SCHULPIN und KOZLOWA (fide GROTE 1939) sind durchaus nicht unzutreffend. Besonders charakteristisch ist das ausgeprägte „Crescendo" (ob auch die Tonhöhe etwas ansteigt, kann nicht entschieden werden). Außerdem dauert die Phase, in der dieses heulende Surren erzeugt wird, wesentlich länger als bei *G. stenura*, was auf einen längeren Sturzflug zurückzuführen sein könnte. Die zwitschernden Vokallaute unterscheiden sich ebenfalls (s. u.).

G. stenura. Die Instrumentallaute sind höher und weicher, die Lautstärke steigt am Ende des Sturzfluges nicht so stark an. Verschieden sind die Vokallaute, die schärfer und vor allem zischend klingen. Sie beginnen langsam (silbenmäßig getrennt) und werden immer schneller (wie eine anfahrende Dampflokomotive, um einen weiteren bildhaften Vergleich anzuschließen). Soweit auf der Platte auszumachen, werden sie manchmal außerdem auch vor oder zu Beginn des Sturzfluges ausgestoßen (?). Einige zwischendurch zu vernehmende Einzelrufe sind kurz, rauh und kratzend.

Diese Hinweise müssen mangels exakter klanganalytischer Untersuchungen unter Vorbehalt gewertet werden, dürften jedoch — günstige Beobachtungsbedingungen vorausgesetzt — im Felde durchaus hilfreich sein.

Bei allen unterschiedlichen Deutungsversuchen darf jedoch nicht übersehen werden, wie lange es selbst bei der heimischen Bekassine gedauert hat, bis manche Einzelheit aus dem Balzgeschehen geklärt werden konnte. Besonders die Frage „Vokal- oder Instrumentallaut?" wurde über 100 Jahre diskutiert (REDDIG 1981). REDDIG warnt auch mit vollem Recht davor, Einzelbeobachtungen voreilig zu verallgemeinern. Diese Gefahr ist verständlicherweise bei den hier behandelten weniger intensiv bearbeiteten östlichen Formen besonders groß. So erschien einigen Beobachtern (den Verf. einbegriffen) eine wesentliche Beteiligung der sich während des Sturzfluges bewegenden Flügel an der Lautentstehung sehr wahrscheinlich, was REDDIG aber, gestützt auf seine experimentellen Untersuchungen im Windkanal, für *G. gallinago* bestreitet. Daß es sich bei dem „doppeltönig heulenden Surren" der Waldbekassine um Instrumentallaute handelt, die mit den Schwanzfedern erzeugt werden, steht unserer Meinung nach außer Zweifel.

Abschließend muß nochmals betont werden, daß einige der angeschnittenen Probleme noch einer endgültigen Klärung bedürfen. So ist es erforderlich, die hier diskutierten Kennzeichen einschließlich der Lautäußerungen anhand von umfangreichem Balgmaterial und weiteren Tonaufnahmen auf ihre Relevanz für den Feldornithologen zu überprüfen.

Zusammenfassung

Die feldornithologische Abgrenzung der Waldbekassine (*Gallinago megala*) von der Bekassine (*G. gallinago*) und besonders der Stiftbekassine (*G. stenura*) gilt als sehr problematisch oder ganz unmöglich. Verschiedene Merkmale (Färbung, Größe und Proportionen) sind unter Feldbedingungen nicht verläßlich. Am ehesten können fliegende Vögel angesprochen werden. *G. gallinago* zeigt im reißenden Zick-Zack-Flug oberseits einen deutlichen weißen Armschwingenhinterrand, der den beiden anderen Arten fehlt. Bei diesen dagegen sind die Unterflügel schwarz-weiß gebändert. Verschieden sind die Lautäußerungen: rätschende Rufe (ähnlich *G. gallinago*) sprechen für die Waldbekassine. Sind die Rufe kurz und kratzend, kommt die Stiftbekassine in Frage. Diese ist außerdem kurzschwänziger, und die Füße überragen den Schwanz.

Während der Balz zeigt *G. megala* auffällige Ausdrucksflüge mit regelmäßigem Wechsel von Sturz- und Steigflugphasen. Während des Sturzfluges werden mit den Schwanzfedern eigentümliche heulende oder brausende Instrumentallaute erzeugt, die ständig an Intensität zunehmen. An diese schließen sich zwitschernde Vokallaute an, wie sie auch während der Bodenbalz ausgestoßen werden. — Ausdrucksflüge und Instrumentallaute von *G. stenura* sind ähnlich. Die Unterscheidung ist sowohl mit Hilfe der Instrumentallaute (sie sind bei dieser höher und weicher) als auch der deutlich schärferen und zischend klingenden Laute vokalen Ursprungs möglich.

Summary

In the field, the discrimination of Swinhoe's Snipe (*Gallinago megala*) from Common (*G. gallinago*) and Pintail Snipes (*G. stenura*) is very difficult and often appears virtually impossible. Several characters such as plumage pattern, colour details, size, and proportions proved to be mostly unreliable under field conditions. Flying birds may be identified with a little more ease. Common Snipe shows, from above, in its typical rapid zig-zag flight a distinct white rear edge to secondaries which is absent in the other two species in which, on the other hand, the wings are barred black and white beneath. Their vocalizations differ: hoarse, grating notes reminiscent of those characteristic of Common indicate Swinhoe's whereas Pintail utters short rasping or crackling calls. Moreover, Pintail has shorter tail, and in flight the legs slightly project beyond it.

During courtship, *megala* shows conspicuous display flights with (more or less regular) changes of diving and climbing phases. The steep descent is accompanied by a peculiar howling buzz of ever increasing intensity, certainly of instrumental origin, followed by chirping vocal notes that are likewise to be heard during ground display. Aerial display and instrumental sound of *stenura* have been described as similar. Field identification appears possible, however, by means of the "buzz" (which is higher pitched and less harsh) and the vocal notes (of distinctly more piercing or hissing quality).

Literatur

ABDULALI, H. (1970): On the occurence of Swinhoe's Snipe *Capella megala* (Swinhoe) near Bombay and note on its identification. — J. Bombay Nat. Hist. Soc. **67**, 108—109.

CRAMP, S. (Hrsgb.; 1983): Handbook of the Birds of Europe, the Middle East and North Africa. The Birds of the Western Palearctic. Vol. 3. Waders to Gulls. — Oxford, London, New York.

DEMENTJEW, G. P. & N. A. GLADKOW (1951): Die Vögel der Sowjetunion. Bd. 3. — Moskau (russ.).

DOLGUSCHIN, I. A. (Hrsgb.; 1962): Die Vögel Kazachstans. Bd. 2. — Alma-Ata (russ.).

FLINT, V. E., R. L. BOEHME, Y. V. KOSTIN & A. A. KUZNETSOV (1984): A Field Guide to Birds of the USSR. — Princeton.

GIBSON-HILL, C. A. (1949): Orn. Notes No. 4. A note on the distribution of the immigrant Snipe of the Genus "*Capella*" wintering in the Malay Peninsula and surrounding areas. — Bull. Raffles Mus. Singapore **19**, 105—119.

GLADKOV, N. A. & S. M. USPENSKIJ (1959): Die Stiftbekassine, *Capella stenura* Bp., in Europa. — J. Orn. **100**, 241.

GLUTZ VON BLOTZHEIM, U. N., K. M. BAUER & E. BEZZEL (1977): Handbuch der Vögel Mitteleuropas. Bd. 7. Charadriiformes (2. Teil). — Wiesbaden.

GROTE, H. (1939): Beiträge zur Biologie einiger Limikolenarten. — Beitr. Fortpfl.biol. Vögel **15**, 106—115.

KING, B. F., E. C. DICKINSON & M. W. WOODCOCK (1976): A Field Guide to the Birds of South-East Asia. — London.

KITSON, A. R. (1978): Identification of Long-toed Stint, Pintail Snipe and Asiatic Dowitcher. — Brit. Birds **71**, 558—562.

KLEINSTÄUBER, G. & M. SUCCOW (1978): Zur Avifauna der Nordmongolei (Westliche Chentej-Ausläufer und Vorland). — Ann. Orn. **2**, 3—34.

KOZLOWA, E. W. (1930): Die Vögel des südwestlichen Transbaikalien, der nördlichen Mongolei und der zentralen Gobi. — Leningrad (russ.).

— (1962): Regenpfeifervögel, Unterordnung Limikolen. — Fauna UdSSR. Vögel, Bd. 2, Heft 1, Teil 2. — Moskau und Leningrad (russ.).

Liedel, K. (1982): [Charadriiformes] in Mauersberger, G., S. Wagner, D. Wallschläger & R. Warthold, Neue Daten zur Avifauna mongolica. — Mitt. Zool. Mus. Berl. **58**, 27—36.

Madge, S. C. (1977): Field identification of Pintail Snipe. — Brit. Birds **70**, 146—152.

Mauersberger, G. (1979): Ökofaunistische und biologische Beiträge zur Avifauna mongolica. I. Allgemeiner Teil und Podicipediformes bis Galliformes. — Ann. Orn. **3**, 99—126.

— (1980): Ökofaunistische und biologische Beiträge zur Avifauna mongolica. II. Gruiformes bis Passeriformes. — Ann. Orn. **4**, 77—164.

—, S. Wagner, D. Wallschläger & R. Warthold (1982): Neue Daten zur Avifauna mongolica. — Mitt. Zool. Mus. Berl. **58**, 11—74.

Naumow, R. L. (1962): Zur Biologie der Waldbekassine in Mittelsibirien. — Ornitologija **4**, 160—168 (russ.).

— (o. J.): Voices of Birds in the Nature. Part 4: Birds of Siberia. — (Schallplatte) Leningrad.

Piechocki, R., M. Stubbe, K. Uhlenhaut & D. Sumjaa (1981): Beiträge zur Avifauna der Mongolei. Teil III. Non-Passeriformes. — Ann. Orn. **5**, 71—128.

Prater, T., J. Marchant & J. Vuorinen (1977): Guide to the Identification and Ageing of Holarctic Waders. — Tring.

Reddig, E. (1978): Der Ausdrucksflug der Bekassine (*Capella gallinago gallinago*). — J. Orn. **119**, 357—387.

— (1981): Die Bekassine (*Capella gallinago*). — Neue Brehm-Bücherei **533**. Wittenberg Lutherstadt.

Robel, D. & D. Königstedt (1984): Ornithologische Eindrücke von einer Touristenreise in die Mongolische Volksrepublik (30. 5.—16. 6. 1983). Teil 1. — Falke **31**, 381—383.

— & — (1985): Ornithologische Eindrücke von einer Touristenreise in die Mongolische Volksrepublik (30. 5.—16. 6. 1983). Teil 2. — Falke **32**, 57—61 u. 69.

Sonobe, K. (Hrsgb.; 1982): A Field Guide to the Birds of Japan. — Tokio.

Sutton, G. M. (1981): On aerial and ground displays of the world's Snipes. — Wilson Bull. **93**, 457—609.

Taylor, P. B. (1984): Field identification of Pintail Snipe and recent records in Kenya. — Dutch Birding **6**, 77—90.

Tuck, L. M. (1972): The Snipes: a Study of the Genus *Capella*. — Can. Wildlife Service Monograph Series No. 5. Ottawa.

Veprintsev, B. (1982): Birds of the Soviet Union. A Sound Guide. Waders. — (Schallplatte) Leningrad.

Viney, C. A. (1982): Field identification of Snipes in Hong Kong. — Hong Kong Bird Rep., 47—51.

Anschrift des Verfassers: Dr. Dietmar Königstedt, DDR - 2200 Greifswald, Erich-Weinert-Str. 9

Mitt. Zool. Mus. Berl. 62 (1986) Suppl.: Ann. Orn. 10, 137—142 8. 8. 1986

Notizen über Typen der Vogelsammlung des Zoologischen Museums Berlin. II.[1]

Notes on Type Specimens of Birds in the Berlin Zoological Museum. II.

GOTTFRIED MAUERSBERGER und JOACHIM NEUMANN

Abstract. The syntypes of *Falco carbonarius* Lichtenstein, 1842 — a junior synonym of *Melierax gabar* (Daudin, 1800) — from Caffraria are missing (probably sold in 1842 or subsequently, unless destroyed during World War II) whereas a Senegal bird, leg. DELBRÜCK, then apparently considered a potential type, is still present in Berlin.

The holotype of *Accipiter melanoleucus* Smith, 1830 is — contrary to STRESEMANN's (1954) statement — not in the Berlin museum but in the British Museum (Nat. Hist.) and, hence, not a syntype as stated by WARREN (1966). The holotype of *Astur apoxypterus* Schlegel, 1862 and one of the syntypes of *Astur hypoxanthus* Schlegel, 1862 (the other one being in the Leiden museum), however, are in the Berlin collection. Both names (ex LICHTENSTEIN MS) are synonymous with *Accipiter melanoleucus* Smith.

The holotype of *Buteogallus anthracinus* (Lichtenstein, 1830) — unless (Deppe, 1830)! — has been purchased in 1830 (from DEPPE) by the Vienna museum while a paratypoid remained in Berlin. The type locality has to be restricted to (or altered into) Tecolutla, province of Veracruz (México).

Key words: type specimens; *Falco carbonarius, Melierax gabar; Accipiter melanoleucus, Astur apoxypterus, A. hypoxanthus; Buteogallus anthracinus.*

Über die Typen von *Falco carbonarius* Lichtenstein, 1842

Die Beschreibung zu diesem Namen publizierte LICHTENSTEIN im Verkaufskatalog von 1842. Sie ist einem zum Verkauf angebotenen Vogel beigeordnet. Der Katalog nennt gesondert ein zweites Stück unter demselben Namen. Als Terra typica hat „Kaffernland" zu gelten und als Sammler kommt wohl nur KREBS in Betracht. Nach FFOLLIOTT & LIVERSIDGE (1971) enthielt die 15. Sendung von KREBS vom 20. III. 1839 (angekommen in Berlin im Februar 1840) ein Stück mit dieser Bezeichnung, gesammelt zwischen März und November 1838 am Oranje River. Möglicherweise ist dies das vor der Diagnose genannte Stück; wäre es anhand der Daten noch identifizierbar, so stellte es den Holotypus dar.

Die Suche nach diesem und dem zweiten erwähnten Exemplar im Berliner Zoologischen Museum verlief ergebnislos. Vorhanden ist nur ein Stück gleichen Namens aus dem Senegal (leg. DELBRÜCK; Kat.-Nr. 861), durch Sternchen auf dem alten Etikett als Typus bezeichnet. Dieser Vogel ist auch als einziger in den alten handgeschriebenen Katalogen LICHTENSTEINS 1822 oder 1823 als *Falco carbonarius* (ohne weitere Hinweise) eingetragen. Auch der „Nomenclator" (1854) führt nur ihn an. Im 1857 begonnenen

[1] Notizen ... I. s. Ann. Orn. 9, 145—149.

Eingangskatalog ist er mit „N" verzeichnet und damit als „Neuentdeckung" LICHTENSTEINS kenntlich gemacht. Zweifellos lag er bei der Beschreibung ebenfalls vor, doch kommt ihm kein Status als Namensträger zu.

REICHENOW (1900—1901) bezieht *F. carbonarius* Lichtenstein, 1842 aus dem Kaffernland — und „*Accipiter carbonarius* Strickland" (hierbei handelt es sich um nichts weiter als eine Wiederbeschreibung von LICHTENSTEINS *carbonarius* nach etwas anders gezeichneten Exemplaren aus Kordofan — auf *Micronisus niger* (Vieillot, 1823), eine melanistische Mutante von *Melierax gabar* (Daudin, 1800), nennt jedoch kein Material aus dem Kaffernland, führt dagegen (normal gefärbte) *Falco gabar* von KREBS aus diesem Gebiet unter *Micronisus gabar*. Die beiden fraglichen *F. carbonarius* werden nirgends mehr genannt. Dies läßt nur den Schluß zu, daß die beiden Syntypen (darunter der mögliche Holotypus) entweder am Ende des Zweiten Weltkrieges verloren gegangen sind oder tatsächlich einen Käufer gefunden haben; für uns ist heute nicht mehr erkennbar, wer sie wann erworben hat. Damit müssen die Syntypen von *Falco carbonarius* Lichtenstein vorderhand als verschollen gelten. Wegen der festgelegten Terra typica „Kaffernland" und des von FFOLLIOTT & LIVERSIDGE (1971) genannten Fundortes (= locus typicus) „Orange River" kann das Berliner Stück aus dem Senegal nicht in den Rang eines Neotypus erhoben werden, was freilich, da der Name jüngeres Synonym von *Falco gabar* Daudin, 1800 ist, auch nicht sinnvoll wäre.

Literatur

Catalogus Generalis Musei Zoologici Berolinensis, Aves II (Nr. 1—12910 für die Jahre 1857 bis 1859). — Unveröff.

FFOLLIOTT, P. & R. LIVERSIDGE (1971): LUDWIG KREBS: Cape Naturalist to the King of Prussia 1792—1844. — South African Biographical & Historical Studies **9** (304 pp.).

LICHTENSTEIN, H. (1842): Verzeichniß einer Sammlung von Säugethieren und Vögeln aus dem Kaffernlande, nebst einer Käfersammlung ... — Berlin (24 pp.).

— (1854): Nomenclator Avium Musei Zoologici Berolinensis. — Berlin.

REICHENOW, A. (1900—1901): Die Vögel Afrikas. Bd. 1. — Berlin.

STRICKLAND, H. E. (1850): List of Birds procured in Kordofan by Mr. I. PETHERICK. — Proc. Zool. Soc. London **18**, 214—221.

Über *Accipiter melanoleucus* Smith, 1830

STRESEMANN (1954) behauptet, ein von L. KREBS gesammelter Habicht (Nr. 820 der XII. Lieferung) sei — wegen der Notiz in SMITHS Originalbeschreibung — „zum Typus der im Jahre 1830 beschriebenen Species *Accipiter melanoleucus* Smith geworden". Der betreffende Passus (p. 82) lautet: „Als KREBS sich 1828 einige Monate lang in Kapstadt aufhielt, besuchte er Dr. ANDREW SMITH. Offenbar hat er diesem erfahrenen Ornithologen damals einige Vögel gezeigt, die er mit der XII. Sendung an LICHTENSTEIN zu schicken plante. Darunter waren 4 Exemplare von *Accipiter rufiventris* (XII, 801 bis 804), ein Exemplar von *Gymnogenys typicus* (XII, 819) und ein adultes, unten schwarzes Weibchen von *Accipiter melanoleucus*. Auf dieses Stück (von LICHTENSTEIN in MS ‚*Falco apoxypterus*' benannt) bezieht sich gewiß die Bemerkung in SMITH's Originalbeschreibung: 'The only specimen of this species which I have seen exhibiting the mature plumage was shot on the Baviaans River'." WARREN schreibt jedoch (1966, p. 183), das British Museum besitze einen Syntypus in Gestalt eines ♀ ad. vom

Baviaan-Rivier, Kap-Kolonie, das von SMITH selbst gesammelt (und von SHARPE 1874, p. 157, als Typus aufgeführt) worden sei.

Diese offensichtlichen Unstimmigkeiten empfahlen eine Prüfung des gesamten umgebenden Schriftgutes. Danach zu urteilen, hätte SMITH entgegen STRESEMANNS Vermutung das Exemplar XII/820 nicht gesehen; es ist in Berlin und also mit dem im British Museum nicht identisch. SMITH behauptet nicht, den Vogel selbst geschossen zu haben, und der Fundort weist sehr deutlich auf KREBS als Erleger hin (seine am 27. XI. 1829 aus Grahamstown abgeschickte Sendung XII mit 836 Bälgen stammt zu beträchtlichen Teilen dorther; STRESEMANN 1954). Es gibt keinen zwingenden Grund anzunehmen, daß KREBS bei dem Besuch 1828 seinem Gastfreund SMITH nicht auch ein solches Stück verkauft oder geschenkt haben sollte, zumal da er in einem Briefe an LICHTENSTEIN über ihn sagt (fide STRESEMANN 1954): „Er ist der Superintendent des Museums, welches indess noch sehr in seiner Kindheit ist und wohl auch bleiben wird, solange nicht ein Gouverneur kömmt, der einiges Interesse für Naturgeschichte hat; auch ist noch nichts recht geordnet, der Fond ist zu geringe, und man verlässt sich meistens auf Geschenke."

Damit scheinen zwei Aussagen nicht zuzutreffen, nämlich die von SHARPE (1874), SMITH sei der Sammler des Typus, und die von STRESEMANN, das Berliner Stück habe SMITH für seine Beschreibung vorgelegen. Dieser Zweifel wird durch SMITHS Originalbeschreibung (1830) erhärtet, in der er eindeutig sagt, daß er nur ein ad. gesehen habe (und geneigt sei "to view it as a female"; allerdings ist auch das Berliner Ex. ein ♀ ad.). In der Publikation von 1839 bezeichnet er den auf Tafel XVIII abgebildeten Altvogel kommentarlos als ♀.

Anders verhält es sich mit den Namen *Falco apoxypterus* und *F. hypoxanthus*, die beide auf *Accipiter melanoleucus* zu beziehen sind. Diese von LICHTENSTEIN (1854, p. 4) veröffentlichten Namen sind in dieser Form nomina nuda. Nun hat aber SCHLEGEL (1862, p. 15, 16) in einer *Astur melanoleucus* Smith betreffenden Fußnote Beschreibungen gegeben, und zwar zunächst anhand des Berliner Stückes für *Astur apoxypterus* und dann nach drei Stücken des Berliner und einem des Leipziger Museums für *Astur hypoxanthus*. Er fügt hinzu, daß die Berliner Exemplare, die er 1850 dort untersucht hat, von KREBS an den Ufern des Zondags-rivier gesammelt worden seien. Dies ist nicht ganz korrekt, denn Sammler waren laut Eingangskatalog die beiden vor KREBS in Südafrika tätigen MUND und MAIRE.

SCHLEGEL hat, offenbar als erster revidierender Autor, bei der Beschreibung des Alterskleides von *Astur melanoleucus* darauf hingewiesen, dies sei LICHTENSTEINS *apoxypterus*, und beim Jugendkleid die Identifikation mit *hypoxanthus* vollzogen. Damit hat er nicht etwa nomina nuda in die Synonymie aufgenommen, sondern mit den Gleichsetzungen den Anforderungen der Artikel 11 und 12 der Nomenklaturregeln entsprochen, womit die Namen gemäß Artikel 10 verfügbar wurden; sie bleiben — laut Artikel 17 (1) — auch verfügbar, wenn sie sofort jüngere Synonyme geworden sind (vgl. den Kommentar von MAYR 1975, p. 293, Abschnitt 18). Sie gehören also in die Synonymie, denn sie können nicht mehr als nomina nuda gelten (als die sie REICHENOW 1901 aber bereits eingefügt hatte).

Auf diese Namen sind die hier aufgeführten Stücke zu beziehen.

Auf *Astur apoxypterus*:

♀ ad., Boschberge (Baviaan-Rivier), leg. KREBS 1830 oder früher (eingegangen 21. VII. 1830), im Berliner Museum unter Nr. 769 vorhanden — Holotypus.

Auf *Astur hypoxanthus*: SCHLEGEL hat mindestens vier auf *hypoxanthus* zu beziehende Exemplare gesehen, von denen zwei erhalten sind.

1. ♂, Zondagsrivier, leg. MUND & MAIRE (wie die beiden folgenden Exemplare spätestens 1827 im Berliner Museum eingetroffen), unter Nr. 770 registriert — verschollen.
2. ♀ derselben Herkunft, Nr. 771, in Berlin vorhanden — Syntypus.
3. ♂ (laut Etikett ♀ iuv.!) derselben Herkunft, Nr. 772. — 1863 nach Leiden abgegeben (SCHLEGEL 1873, p. 74), im dortigen Rijksmuseum van Natuurlijke Historie noch vorhanden — Syntypus (Herrn Dr. G. F. MEES, Leiden, danken wir für die briefliche Auskunft).
4. Leipzig. — Zu diesem Stück waren keine Angaben zu erhalten. Bei der Übernahme der Leipziger Sammlung durch das Museum für Tierkunde, Dresden, befand es sich nicht mehr in der Kollektion und war auch im Katalog nicht zu ermitteln (nach einer dankenswerterweise von Herrn S. ECK, Dresden, brieflich erteilten Auskunft).

Literatur

LICHTENSTEIN, H. (1854): Nomenclator Avium Musei Zoologici Berolinensis. — Berlin.
MAYR, E. (1975): Grundlagen der zoologischen Systematik. — Hamburg, Berlin.
REICHENOW, A. (1900—1901): Die Vögel Afrikas. Bd. 1. — Berlin.
SCHLEGEL, H. (1862): Astures (= Monographie 4; 57 pp.) — Muséum d'Histoire naturelle des Pays-Bas. II. — Leiden.
— (1873): Revue de la collection des oiseaux de proie faisant partie du Musée des Pays-Bas (= Monographie 36: Oiseaux de proie. Accipitres, p. 32—138). Muséum d'Histoire naturelle des Pays-Bas. II — Leiden.
SHARPE, R. B. (1874): Catalogue of the Accipitres or Diurnal Birds of Prey in the Collection of the British Museum. — Catalogue of the Birds in the British Museum. I. — London.
SMITH, A. (1830): A Description of the Birds Inhabiting the South of Africa. — South Afric. Quart. J. **1**, 225—241.
— (1839): Illustrations of the Zoology of South Africa. [Teil 2, Taf. 18—39] — London.
STRESEMANN, E. (1954): Über die von LUDWIG KREBS 1820—1838 in Süd-Afrika gesammelten Vögel. — Ann. Mus. Congo Tervuren, Zool. **1**, 77—82.
WARREN, R. L. M. (1966): Type-Specimens of Birds in the British Museum (Natural History). Vol. I. Non-Passeres. — London.

Über Autor und Typus von *Falco anthracinus*, 1830

PETERS hat 1931 (p. 244) als Erstbeschreibung von *Buteogallus anthracinus* zitiert „Lichtenstein, Preis-Verz. Mex. Vögel, 1830, p. 3" mit der terra typica Mexico. In der überarbeiteten Neuauflage dieses Bandes (1979, p. 357) aber geben STRESEMANN & AMADON als Autor (WILHELM) DEPPE an, mit dem eigenartig abgekürzten Zitat „Deppe, 1830, Preis-Verzeichniss Säugethiere Vögel Deppe Schiede Mexico Gesammelt, p. 3 — Veracruz".

Zwar hatte NITZSCH (1840, p. 83—84), der die erste genaue Beschreibung lieferte, den Namen LICHTENSTEIN zugeschrieben und auch CABANIS 1863 beim Nachdruck des seltenen (und anscheinend nirgends auffindbaren) Verzeichnisses von 1830 nicht W. DEPPE, der es am Ende eines Nachsatzes unterzeichnet hat, sondern ebenfalls LICHTENSTEIN als Verfasser angegeben. STRESEMANN aber hat 1954 W. DEPPE zum Autor erhoben, was den Artikeln 50 und 51c der Nomenklaturregeln nicht entspricht, zumal nicht in der Auslegung MAYRS (1975, p. 309); diese und andere Fragen werden gesondert erörtert werden müssen (MAUERSBERGER i. Dr.).

In der Berliner Sammlung ist ein Ex. mit ‚N' als Typus bezeichnet (und vielleicht so auch einmal in der Literatur angeführt). Dieser Rang gebührt ihm jedenfalls nicht, denn es gehört zu den drei Stücken (Nr. 447—449), die das Museum zwischen 1827 und 1830 aus der Ausbeute von GUSTAV HAEBERLIN († 1826) erhalten hatte, und zwar aus „Carthagena" (recte Cartagena) in Columbien; gleichnamige Orte in Chile und in der mexikanischen Provinz Jalisco (SW Colotlán) kommen nicht in Betracht, da HAEBERLIN nach bisheriger Kenntnis (s. STRESEMANN 1922) nur in Columbien gesammelt hat. Im alten Eingangskatalog, der übrigens wohl von W. DEPPE geführt worden ist, findet sich kein ad. Exemplar aus Mexico verzeichnet.

Ebensowenig wie das Stück aus Cartagena kann ein ♀ iuv. (Nr. 446), das F. DEPPE bei Tecolutla (ca. 200 km N Veracruz), also möglicherweise am locus typicus, gesammelt hat, der Holotypus sein, denn die Beschreibung „Schwarzbraun mit einer weissen Binde in der Mitte des Schwanzes" trifft nur auf Adulte zu.

PELZELN & LORENZ (1886) führen ein von DEPPE und SCHIEDE in Mexico gesammeltes ♂ an, das das Wiener Naturhistorische Museum vom Berliner Museum erworben habe. Wie uns Herr Dr. H. SCHIFTER dankenswerterweise brieflich mitteilte, ist dieses Exemplar nicht vom Berliner Museum, sondern direkt von W. DEPPE (dem Bruder des Sammlers) gekommen und am 27. V. 1830 in Wien inventarisiert worden. Da im „Preis-Verzeichniss" von 1830 vermerkt ist, wenn mehr als ein Stück einer Art angeboten wurde (so in der Form „Mas et fem."), darf man annehmen, daß DEPPE und SCHIEDE nur das (nicht ausgebotene) ♀ iuv. und eben jenes ♂ ad. gesammelt haben; dieses Stück (und nicht jenes aus Columbien), nunmehr in Wien, ist somit der Holotypus. Über ihn hat STRESEMANN (1954, p. 91) nichts Näheres angemerkt, während er doch sonst bei Stücken, die gleichfalls nie im Besitz des Berliner Museums waren und als potentielle Doubletten veräußert wurden, angibt „Type sold. Cotype ...".

Im „Nomenclator" von 1854 gibt LICHTENSTEIN („stiller" Co-Autor war J. CABANIS) 5 Ex. aus Columbien (die drei von HAEBERLIN) und aus „Guiana" (Kat.-Nr. 450, von SCHOMBURGK stammend und dann frühestens 1840 gesammelt; heute nicht mehr nachweisbar), jedoch keines aus Mexico an, obwohl jenes ♀ juv. im Katalog von 1857 durchaus verzeichnet war (und wohl doch jenes fünfte Ex. war).

Zu der Zeit, da das die erste gültige Beschreibung von *Buteogallus anthracinus* enthaltende Verzeichnis von 1830 verfaßt wurde, existierten von dieser Art die hier aufgeführten Belege:

1. ein ♂ ad. von Tecolutla[1], Jan. 1829 leg. DEPPE und SCHIEDE, heute unter Nr. 44.188 im Naturhistorischen Museum Wien — Holotypus;
2. ein ♀ iuv. derselben Herkunft (Erlegungszeit aber fraglich), unter Kat.-Nr. 446 im Zoologischen Museum Berlin (es darf als Paratypoid gelten);
3. ein ♂ iuv. von Cartagena, Columbien, leg. HAEBERLIN, unter Nr. 447 ebenda;
4. ein ♀ ad. derselben Herkunft, unter Nr. 448 ebenda, früher auf dem Etikett fälschlich als Typus bezeichnet (s. o.) und
5. ein ♀ ad. derselben Herkunft, unter Nr. 449 ebenda.

[1] Dieser Fundort ist auf den Etiketten offenbar stets fälschlich mit ‚Tecoluta' wiedergegeben.

Danach ist 1. die Angabe bei HELLMAYR & CONOVER (1949, p. 188) „type in Berlin Museum" richtigzustellen, 2. der locus typicus von „Veracruz" auf „Tecolutla, Provinz Veracruz" zu ändern oder einzuengen und 3. als Autor des Namens *Falco anthracinus* wieder LICHTENSTEIN einzusetzen.

Literatur

DEPPE, W. (1830): Preiss-Verzeichniss der Säugethiere, Vögel, Amphibien, Fische und Krebse, welche von den Herren DEPPE und SCHIEDE in Mexico gesammelt worden, und in Berlin gegen baare Zahlung in Preuss. Courant zu erhalten sind. 3 Quartseiten. — Berlin. — Nachdruck durch CABANIS, J. (Hrsg.; 1863) unter dem Titel „LICHTENSTEIN's Preiss-Verzeichniss ...". — J. Orn. **11**, 54—60.

HELLMAYR, C. E. & B. CONOVER (1949): Catalogue of Birds of the Americas and the Adjacent Islands. — Field. Mus. Nat. Hist. Publ., Zool. Ser., vol. **13**, pt. 1, No. 4.

LICHTENSTEIN, H. (1854): Nomenclator Avium Musei Zoologici Berolinensis. — Berlin.

MAUERSBERGER, G. (i. Dr.): Über LICHTENSTEINsche Vogelnamen und ihre Typen. — Ann. Orn. **11**.

MAYR, E. (1975): Grundlagen der zoologischen Systematik. — Hamburg, Berlin.

NITZSCH, C. L. (1840): System der Pterylographie. — Halle.

PELZELN, A. VON & L. VON LORENZ (1886): Typen der ornithologischen Sammlung des k. k. naturhistorischen Hofmuseums. I. Theil. — Ann. Naturhist. Hofmus. I, 249—270 (Separatabdruck).

PETERS, J. L. (1931): Check-list of Birds of the World. Vol. 1, 1st ed. — Cambridge.

STRESEMANN, E. (1922): Die Entwicklung der Vogelsammlung des Berliner Museums unter ILLIGER und LICHTENSTEIN. — J. Orn. **70**, 498—503.

— (1954): Ferdinand Deppe's Travels in Mexico, 1824—1829. — Condor **56**, 86—92.

— & D. AMADON (1979): Falconiformes. — In: MAYR, E. & G. W. COTTRELL (ed.), Check-list of Birds of the World. Vol. 1, 2nd ed., p. 271—425. — Cambridge.

Anschriften der Verfasser: Dr. GOTTFRIED MAUERSBERGER, Museum für Naturkunde DDR - 1040 Berlin, Invalidenstr. 43, und JOACHIM NEUMANN, DDR - 2000 Neubrandenburg Erich-Zastrow-Str. 19

Mitt. Zool. Mus. Berl. **62** (1986) Suppl.: Ann. Orn. **10**, 143–152

Schriftenschau

Audubon, J. J. (1984): The Birds of America. Eine Auswahl von 10 Tafeln als Faksimile in 9–12 farbigem Lichtdruck. Herausgegeben und kommentiert von GOTTFRIED MAUERSBERGER. — Leipzig (Edition).

Mit diesen Tafeln brachten Verlag und Herausgeber die dritte Auswahl aus AUDUBONS weltberühmtem Werk heraus (in einer Auflage von 750 Exemplaren). Entgegen den vorherigen Ausgaben von 1972 und 1973 (in japanischer Blockheftung) liegen die Tafeln lose zwischen starken Pappdeckeln, womit das Ganze nicht mehr dem Charakter eines Buches entspricht.

Die Kunst AUDUBONS ist zur Genüge gerühmt und auch kritisch gewürdigt worden, so daß auf weitere Ausführungen dazu verzichtet werden konnte. An Stelle eines Vorwortes zitiert der Herausgeber daher zwei aus Werken AUDUBONS sorgsam ausgewählte Textstellen, in denen sich der Autor über Triebfeder und Art seines Schaffens äußert. Der Text zum Wildputer wurde BENTS "Life Histories" entnommen, die anderen Artkapitel stammen vom Herausgeber; sie geben in wenigen Worten einen treffenden Einblick in Habitatansprüche, Verhalten, Brutökologie, Nahrung usw. Der Kommentar ist (auf 16 Seiten in Deutsch und Englisch) in einem andersformatigen Beiheft enthalten. Die Tafeln sind, im Originalformat (Doppel-Elefantfolio), durchweg sehr gut wiedergegeben. Sie lassen das Herz des Kenners höher schlagen, auch wenn sie nur einen kleinen Ausschnitt aus dem teuersten Vogelbuch Amerikas bieten.

J. NEUMANN

Bielfeld, H. (1984): Einheimische Singvögel. Schutz, Pflege und Zucht. — Stuttgart (Eugen Ulmer); 128 S., 85 Abb.; DM 14,80. — ISBN 0-8001-6259-8.

Vielfältig sind die im Geleitwort von J. STEINBACHER und im Vorwort des Autors genannten Gründe für die Herausgabe des vorliegenden Taschenbuches: Vogelpflege trägt zum Arten- und Umweltschutz bei. Angeregt wird eine in diesem Sinne ausgerichtete vertrauensvolle Zusammenarbeit zwischen Vogelzüchtern, Naturschutzbeauftragten und Vogelschützern. Die Pflege von Vögeln soll helfen, der Naturentfremdung entgegenzuwirken. Auch soll der Band dazu beitragen, die Grundlagen für eine ausgewogene Gesetzgebung zu den in Rede stehenden Problemen zu schaffen. So beginnt das 1. Kapitel „Grundsätzliches zur Haltung einheimischer Vögel" mit dem Abschnitt „Die Vogelwelt und die Umweltzerstörung". In einem anderen Abschnitt wird auf die in der BRD geltenden gesetzlichen Bestimmungen eingegangen, in einem weiteren auf die „Vogelhaltung im Interesse der Arterhaltung".

Das 2. Kapitel befaßt sich mit Nisthilfen für freilebende Vögel, mit erster Hilfe für verletzte Vögel und der Winterfütterung. Im 3. Kapitel werden Erfahrungen aus der Haltung einheimischer Vögel mitgeteilt. Im 4. Kapitel sind dann 17 einheimische Singvogelarten beschrieben, und es werden Hinweise zu ihrer Haltung und Zucht gegeben.

Dieses ansprechende Taschenbuch ist ein wertvoller Beitrag in die richtige Richtung, insbesondere hinsichtlich der Anerziehung eines Umweltbewußtseins, auch wenn damit — selbst bei rascher Umsetzung der gegebenen Anregungen — noch keine prinzipielle Lösung der anstehenden Umweltprobleme möglich wird.

B. Stephan

Bielfeld, H. (1985): Gouldamadinen. Haltung, Zucht und Farbspielarten. — Stuttgart (Eugen Ulmer); 110 S., 42 Abb.; DM 28,—. — ISBN 3-8001-7145-7.

Mit diesem ansprechenden Buch wird für die Haltung von Gouldamadinen und für die eingehende Beschäftigung mit diesen Prachtfinken geworben und zugleich eine Anleitung für deren richtige Pflege und erfolgreiche Zucht gegeben. Das Buch ist sicher auch geeignet, bei den Nutzern Einsichten im Umgang mit Tieren und der lebenden Natur überhaupt zu wecken, die erst über die Haltung von Gouldamadinen mit solchen Fragen in Berührung kommen. Ausführlich dargestellt sind Lebensraum, Nahrung, Fortpflanzungsbiologie und Krankheiten der Gouldamadinen. Große Aufmerksamkeit ist ihrer richtigen Haltung in Käfig und Voliere sowie den Zuchtbedingungen geschenkt. — Hoffentlich stimmt der Inhalt der abschließenden Betrachtungen hinsichtlich der Zucht von Mutanten (S. 105) recht viele Züchter nachdenklich.

B. Stephan

Danilow, N. N., W. N. Ryshanowskij & W. K. Rjabicew (1984): Pticy Jamala (Die Vögel der Halbinsel Jamal). — Moskau (Nauka); 334 S., 54 Abb., 4 Tab., 3,10 R.

Die Monographie beginnt mit einer kurzen Erforschungsgeschichte der Avifauna und der Gebietsbeschreibung. Von den auf Jamal festgestellten 186 Arten brüten 103 regelmäßig und 18 unregelmäßig. Die übrigen 65 Arten sind in unterschiedlicher Häufigkeit Gäste. Unregelmäßiges Brüten ist oft mit Fluktuationen der Arealgrenze oder dem wechselnden Nahrungsangebot verbunden. Der ausführliche systematische Teil enthält Angaben über Verbreitung, Häufigkeit, Zug, Brut, Verhalten und Nahrung der Arten. Zoogeographische Analyse, Geschichte der Avifauna und die Betrachtung der Häufigkeitsdynamik der Arten im Gebiet runden das Bild über die Avifauna von Jamal ab. Das Schlußkapitel ist dem Schutz der Vögel auf Jamal und der Bedeutung der Halbinsel als Brutgebiet vieler Tundravögel, die andernorts bereits sehr selten geworden sind, gewidmet. Fotos zeigen Gelege, Jungvögel oder brütende Altvögel, eindrucksvolle Strichzeichnungen halten Verhaltensweisen mehrerer Arten fest. — Ein insgesamt recht inhaltsreicher Band, der die Reihe von Avifaunen der UdSSR weiter vervollständigt.

B. Stephan

Gavrilov, E. I. & A. P. Gistsov (1985): Seasonal Bird Migration in Foothills of the Western Tien-Shan. — Alma-Ata (Verlag Nauka der Kasach. SSR); 224 S., 7 Abb., 31 Tab.; russ.

Die Monographie bietet einen ausgezeichneten Überblick über das Zuggeschehen in den Vorbergen des Westlichen Tien-Schan. Zugrunde liegt eine umfangreiche Beobachtungs- und Beringungstätigkeit seit 1966. Nach der Gebietsbeschreibung und der Darstellung der Methoden sind Zugdaten zu 266 Arten aufgeführt, wobei neben den Zugzeiten vor allem der Dynamik des Zuges und der Häufigkeit der Arten sowie den Unterschieden zwischen Altersgruppen einerseits und den Geschlechtern andererseits Beachtung geschenkt ist. Die Übersicht ist eine gute Grundlage sowohl für die weitere Forschung in Kasachstan als auch für die Synthese mit Handbuchcharakter nicht für nur Mittelasien, sondern für die gesamte Sowjetunion.

B. Stephan

Kurochkin, E. N. (1985): Birds of the Central Asia in Pliocene. — The Joint Soviet-Mongolian Paleontological Expedition (Transactions, vol. 26). — Moskau (Verlag Nauka); 120 S., 65 Abb., 10 Tab.; russ.

Dieser Band ist das Ergebnis mehrjähriger Untersuchungen an früh-, mittel- und spätpliozänen Vögeln aus der Mongolei (11 Fundpunkte), aus dem Transbaikal-Gebiet (2 Fundpunkte) und aus dem westlichen Kasachstan (2 Fundpunkte). Beschrieben sind 56 fossile Formen aus 23 Familien, 32 Arten erstmals. Der systematischen, ökologischen, zoogeographischen und stratigraphischen Analyse schließt sich der Versuch an, die Verbindung zur rezenten Avifauna der betreffenden Gebiete sowie Europas, Nordamerikas und Südasiens herzustellen. Auf morphofunktionelle Besonderheiten einiger Arten wird speziell aufmerksam gemacht. Diese gehaltvolle Monographie ist eine bedeutende Bereicherung unserer Kenntnis über die Vögel des Pliozäns.

B. Stephan

Low, R. (1983): Das Papageienbuch. — Stuttgart (Eugen Ulmer); 379 S., 213 Farbfotos und 8 Zeichnungen; DM 98.—. — ISBN 3-8001-7090-6.

Der Titel des großformatigen Bandes ist insofern irreführend, als man ohne den einschränkenden Zusatz „für Halter und Liebhaber" viel mehr dahinter vermuten darf; es gibt ja einen Personenkreis, der sich für Papageien auch außerhalb der Voliere interessiert, etwa als ein faszinierendes Musterbeispiel für die adaptive Radiation innerhalb einer morphologisch gut abgrenzbaren, leicht erkennbaren und dabei artenreichen Gruppe. So aber findet man weder einen Einblick in die allgemeinen Züge von Morphologie, Ethologie, Ökologie und Brutbiologie noch in das Freileben der einzelnen Arten, und die wenigen biologischen Details sind nur ausnahmsweise dokumentiert. Das „Sprechenlernen", auf das die Verf. selbst wenig Wert legt, ist im allgemeinen Teil mehr nebenher erwähnt, ohne einen Hinweis auf ethologische und soziologische Zusammenhänge oder auf die (auch für Liebhaber ganz gewiß interessanten) Spitzenleistungen einzelner Individuen, die freilich in der von Low kaum benutzten deutschsprachigen Literatur publiziert sind; bei *Melopsittacus undulatus*, von dem Staunenswertes bekannt wurde (s. Wallschläger 1981, Ann. Orn. 5), heißt es nur, „er lernt sogar Worte nachzuahmen".

Die Chance, zu gezielten Gefangenschaftsbeobachtungen an den vielen Arten anzuregen, über deren Bewegungs- und Verhaltensweisen im Freileben kaum je etwas zu erfahren ist, läßt das Buch leider ungenutzt. Auch das Literaturverzeichnis hilft wenig weiter: ältere Standardwerke (z. B. Finsch, Reichenow) sind nicht zitiert, die Titel von Zeitschriftenartikeln nicht angeführt, so daß niemand ersehen kann, was die so genannte Arbeit überhaupt enthält. Am Platz lag es nicht, denn halbe Seiten bleiben leer. Ein Verlag sollte das vom Autor nicht hinnehmen (oder umgekehrt).

Die für den Ornithologen nutzbaren Vorzüge des Werkes liegen in erster Linie in den guten bis ausgezeichneten Farbfotos, zwar nicht von allen Arten, aber doch auch von vielen seltenen (und selten gezeigten); öfters sind Sexualdimorphismus und auffälligere geographische Variation bildlich dokumentiert. Naturgemäß stammen die allermeisten Aufnahmen aus Gefangenschaft; eine Ausnahme bildet vielleicht *Pezoporus wallicus*. Willkommen sind vielen gewiß die knappen Angaben zu Verbreitung und Aussehen sowie das Verzeichnis der englischen Trivialnamen, denen die wissenschaftlichen und die deutschen Bezeichnungen gegenübergestellt sind.

G. M.

Mackrott, H. (1985): Rassetauben. Zucht, Haltung und Flugsport. — Stuttgart (Eugen Ulmer); 177 S., 146 Abb.; DM 42,—. — ISBN 3-8001-7091-4.

Das ansprechend gestaltete Buch soll Interesse für Haltung und Zucht von Rassetauben wecken, Anfängern die erforderlichen theoretischen Grundlagen vermitteln und erfahrenen Züchtern Nachschlagewerk sein. Spürbare stilistische Mängel stehen diesem Anliegen jedoch ebenso entgegen wie sachliche Fehler (besonders viele im Kapitel „Körperbau", aber auch in anderen Abschnitten; sehr mangelhaft ist die Darstellung des Skeletts, z. T. ist sie auch falsch beschriftet). Ungeachtet dessen werden sich die Taubenhalter dieses Buch mit Gewinn anschaffen und vor allem von den Farbfotos begeistert sein. Sie können sich in ihm über Vererbung, Zuchtmethoden, Ernährung, Krankheiten und Verletzungen der Tauben ebenso wie über die Einrichtung von Taubenschlägen, über Haltung, Pflege und Zucht von Tauben, über einzelne Rassetauben, über Vereine, Ausstellungsbedingungen, Flugsport und die wirtschaftliche Taubenhaltung orientieren.

B. Stephan

Matjakubow, S. D. (1984): Die Vögel der Baum- und Buschanpflanzungen der Taschkenter Oase. — Taschkent (Verlag „Fan"); 168 S., viele Tab.; russ.

Faunistische Bearbeitungen ökologisch, nicht administrativ determinierter Gebiete bilden nach wie vor die Ausnahme. Die hier behandelten Landschaftsausschnitte — Gehölzanpflanzungen in den Grünzonen der Stadt und umliegender Siedlungen — haben, über die gebräuchliche Benennung des Raumes um die Großstadt Taschkent hinaus, in der von Steppe und Gebirge geprägten Umgebung gewiß auch eine Oasenwirkung nicht nur zur Zugzeit und im Winter.

Den größten Teil des Buches (98 pp.) nehmen die Artkapitel ein. Das Datenmaterial, auf dem sie beruhen, ist für den, dem an Fragen der Urbanisation oder der Ökologie dumetikoler Vögel gelegen ist, freilich vielfach nicht genau genug wiedergegeben; für vergleichend analytische Studien reicht die Angabe, *Rhodospiza obsoleta* (beispielsweise) halte sich in allen Gärten und Parks, oft auch an Ufern auf, suche Körnernahrung zumeist am Boden, manchmal auch in Baumkronen oder auf Büschen, einfach nicht aus, auch wenn sie durch eine kurze Nahrungstabelle ergänzt wird. Insgesamt bilden die Tabellen zu Nahrungsarten, zur relativen Häufigkeit der Brutvögel und zur Phänologie jedoch einen wichtigen und sicher willkommenen Anteil. Er wäre noch mehr zu begrüßen, wenn der Verf. dem Beispiel mehrerer neuerer Autoren gefolgt wäre, den russischen Namen von Pflanzen und Beutetieren, von denen viele selbst in großen Wörterbüchern nicht (oder ungenau, wenn nicht falsch wiedergegeben) zu finden sind, in einem Glossar die wissenschaftlichen Namen beizugeben. Das Literaturverzeichnis (mit 245 Titeln) vermittelt trotz wenig sorgfältiger Zitierweise einen eindrucksvollen Überblick über das (dem Ausländer allerdings nur zum kleinsten Teil nutzbar zugängliche) Schrifttum.

Zweifel erregen auch hier wieder mehrere (fast ausgefallen wirkende) faunistische Angaben, die auf N. A. Zarudnyj († 1919) zurückgehen, auf dessen Konto überhaupt ungewöhnlich viele sehr seltene oder gar bis heute einmalige Meldungen aus verschiedenen Gebieten Mittelasiens kommen. Ein Verdacht soll da beileibe nicht formuliert werden. Eine unvoreingenommene, auch statistisch untermauerte Revision all dieser Angaben — vergleichbar dem Test jener britischen "Hastings Rarities" — erscheint bei dem faunistischen Gewicht, das den Daten auch jetzt noch sichtbar zukommt, aber endlich geboten.

G. M.

Pagel, T. (1985): Loris. Freileben, Haltung und Zucht der Pinselzungenloris. — Stuttgart (Eugen Ulmer); 208 S., 56 Abb.; DM 46,—. — ISBN 3-8001-7142-2.

Allein die Farbfotos dürften bei vielen den Wunsch wecken oder verstärken, sich einen Lori zu halten. Deshalb ist es zu begrüßen, daß der Interessent gleich zu Beginn des Buches auf seine Verantwortung und die gesetzlichen Bestimmungen (der BRD) hingewiesen wird. Haltung von Loris ist dann berechtigt, „wenn durch eine sachverständige und artgerechte Haltung die Möglichkeit zur Nachzucht gegeben ist. Keinerlei Berechtigung hingegen hat in unserer Zeit das Halten und Sammeln einzelner seltener Exemplare, die nur dem Renommee ihrer Besitzer dienen ... Loris sind zu kostbar und selten, als daß man sie nur gefangen hält" (p. 13).

Nachdem die wichtigsten Hinweise zu Haltung und Zucht gegeben sind, werden die Arten und Unterarten der Pinselzungenloris (Loriinae, Fam. Loriidae) beschrieben. Für viele liegen noch keine Daten über Freileben, Haltung und Zucht vor. Somit ist das Buch nicht nur ein Ratgeber für die Haltung dieser farbenprächtigen Papageien, sondern es regt mit dem Aufzeigen der Kenntnislücken zugleich zu neuen Forschungen an. — Auch in diesem Band der Ulmer-Reihe wird der Standpunkt vertreten, daß die Zucht der hier abgehandelten Vögel zur Arterhaltung beiträgt oder die einzige Möglichkeit ist, die eine oder andere Art überhaupt vor dem Aussterben zu bewahren.

B. STEPHAN

Pinto, A. A. da Rosa (1983): Ornitologia de Angola. Vol. I (Non Passeres). — Lisboa; CXXXVI + 696 S., 48 Farbtaf., 26 Strichzeichn. im Text; port., Einführung port. und engl.

Der portugiesische Ornithologe ROSA PINTO beschäftigt sich seit Ende der vierziger Jahre mit der afrikanischen Vogelwelt. Anfangs in Moçambique tätig, widmete er sich seit dem Jahre 1958 hauptamtlich dem Studium der Vögel Angolas. Während 15 Jahren intensiver Arbeit sammelte er in verschiedenen Landesteilen einschließlich der Exklave Cabinda insgesamt etwa 40000 Bälge, von denen sich der größte Teil (zumindest noch im Jahre 1983) am jetzigen Lehrerbildungsinstitut in Lubango befindet. Mitte der siebziger Jahre verzog ROSA PINTO nach Portugal. Dort vollendete er dieses Buch auf der Basis des von ihm selbst gesammelten Materials, der Sammlung im ehemaligen Diamang-Museum in Dundo, verschiedener Sammlungen in afrikanischen und europäischen Museen und unter Einbezug der Literatur.

Der voluminöse Band erschien etwa 100 Jahre nach dem grundlegenden Werk „Ornithologie d'Angola" von J. V. BARBOZA DU BOCAGE (1881) und darf mit gutem Recht als das derzeitige Standardwerk über angolanische Vögel bezeichnet werden. BOCAGE gab für Angola 698 Arten an und unterschied noch keine Unterarten; ROSA PINTO kennt ca. 900 Spezies in über 1130 Formen, von denen im vorliegenden Band die Non-Passeriformes abgehandelt werden. Bedingt durch Größe, Oberflächengestalt und geographische Lage des Landes und damit das Vorhandensein der unterschiedlichsten Habitate (vom tropischen Regenwald bis zur Wüste und von der Meeresküste bis zum Hochgebirge) besitzt Angola eine der artenreichsten Avifaunen der Welt. ROSA PINTO stellt in seinem Buch bis auf wenige Ausnahmen nur solche Arten und Unterarten vor, die innerhalb der Grenzen des Landes gesammelt worden sind. Er hatte sich offensichtlich mit seinen einheimischen Helfern vorwiegend auf den Fang und das Schießen von Vögeln konzentriert, denn er erwähnt relativ wenige eigene Beobachtungsnachweise.

Das Buch beginnt mit einer 118 Seiten langen zweisprachigen Einführung, die die Kapitel enthält: General, Historical Notes on Ornithological Research in Angola, Geographical Sketch of Angola. The Main Habitat and Its Relationship to the Distribution of Birds in Angola. Der Leser findet hier wertvolle Angaben zur Erforschungsgeschichte der angolanischen Avifauna, aber auch schon originale Befunde zu Ökologie und Verbreitung mancher Arten.

Im Speziellen Teil, nur in portugiesischer Sprache abgefaßt, werden alle bisher in Angola bekannten Non-Passeriformes nach einheitlichem Schema vorgestellt. Den Namen (wissenschaftlich, portugiesisch und in einer oder mehreren der Landessprachen) folgt die Beschreibung (Färbung, Zeichnung und Maße nach Geschlechtern und Alter getrennt). Die eigenen Daten sind vorwiegend an Balgmaterial gewonnen und deshalb für feldornithologische Zwecke nur bedingt brauchbar. Unter Verbreitung findet man das Gesamtareal, doch auch grobe Angaben für Angola. Die Literatur zu diesem Punkt ist nicht immer kritisch genug gesichtet; so ist z. B. für mehrere Arten (*Sarkidiornis melanotus*, *Ardea cinerea*, *Phoenicopterus ruber* und verschiedene Limicolen) São Tomé ins Verbreitungsgebiet einbezogen, obwohl diese Spezies dort bisher nur als Irrgäste nachgewiesen worden sind. Der Abschnitt „Habitos" umfaßt Angaben zu Ökologie, Erforschungsgeschichte und Ethologie sowie detailliertere Verbreitungshinweise. Den Abschluß bilden Notizen über das Fortpflanzungsverhalten.

Bei den Angaben zu den einzelnen Arten hat es der Autor leider versäumt, immer sauber zwischen eigenen Befunden und solchen, die er aus der Literatur übernommen hat, zu trennen, so daß das Buch etwas an Originalität einbüßt. Wiederholt werden Extrem- und Mittelwerte bestimmter Maße und Gewichte mitgeteilt, ohne daß die Materialbasis oder der Autor angegeben werden. Ähnliches trifft auch auf die Beschreibung des Verhaltens und der Verbreitung zu. Unangebracht für die heutige Zeit erscheint dem Ref. die wiederholt benutzte Bezeichnung „Portugal continental" und überflüssig die dazu gemachten Bemerkungen.

Am Ende des Buches findet man Indices der wissenschaftlichen Namen sowie der portugiesischen Vulgärbezeichnungen. Ein Literaturverzeichnis fehlt hier. Zitate erscheinen als Fußnoten oder direkt im laufenden Text, sind aber leider nicht immer vollständig. Dadurch wird die Lektüre erschwert, und es bleibt zu hoffen, daß der den Passeriformes gewidmete Band bald erscheint und eine vollständige Bibliographie enthält. Wahrscheinlich aus Kostengründen konnte nur eine begrenzte Zahl von Abbildungen aufgenommen werden, durchweg eigens für dieses Buch angefertigte Originale des Malers ALFREDO.

Die kritischen Bemerkungen sollten den Wert des Buches von ROSA PINTO nur wenig schmälern. Das Werk stellt einen bedeutenden Meilenstein in der Erforschung und der Dokumentation der gegenwärtigen Kenntnisse über die südwestafrikanische und insbesondere die angolanische Vogelwelt dar und wird mit Sicherheit von all denen dankbar begrüßt werden, die sich mit den in Südwestafrika heimischen, durchziehenden oder überwinternden Arten beschäftigen. Sein Wert ist um so höher einzuschätzen, als gegenwärtig und in absehbarer Zukunft sicher kein anderer Autor in der Lage sein wird, ein ähnlich gut mit eigenen Befunden gestütztes Buch über die angolanische Avifauna zu verfassen.

R. GÜNTHER

Sokolov, W. E. (1984): A dictionary of animal names in five languages — Mammals. — Moscow („Russky yazyk"); 352 S.

Im ersten Band der auf insgesamt sechs Titel geplanten Reihe fünfsprachiger Wörterbücher (Latein, Russisch, Englisch, Deutsch, Französisch) sind die Säugetiere in insgesamt 5391 Stichwörtern bearbeitet. Die weiteren Bände sollen Wirbellose, Insekten, Fische, Amphibien und Reptilien sowie Vögel erfassen. Dabei wird angestrebt, nur die wichtigsten Bezeichnungen aller wildlebenden Arten der Erde aufzuführen. Der systematisch aufgebaute Hauptteil enthält auf der Grundlage der Artenlisten von SOKOLOV (1973/79), CORBETT & STILL (1980) und HONACKI, KINMAN & KOEPPE (1982) die wissenschaftlichen Artnamen (im russischen Begleittext fälschlicherweise als lateinische bezeichnet) und dazu jeweils die gebräuchlichsten Benennungen in den anderen Sprachen. Die Kategorien Ordnung, Familie, Gattung und Art werden durch unterschiedliche Schrifttypen hervorgehoben. Alle Bezeichnungen sind unabhängig von ihrem Rang durchgehend numeriert. Damit wird zwar die Nutzung der alphabetisch aufgebauten Glossarien in den einzelnen Sprachen erleichtert, die Übersichtlichkeit des Hauptteils jedoch stark eingeschränkt. Ebenso ist die Sprachangabe in Ziffern vorgenommen, was zu weiterer Verwirrung beitragen kann. Bei einer Durchsicht der deutschsprachigen Bezeichnungen gibt es bei heimischen Säugetieren kaum Probleme, selbst weniger gebräuchliche Namen sind angeführt. Bei anderen Arten fehlen hingegen im Schrifttum eingebürgerte Bezeichnungen ganz oder sind durch wenig verwendete ersetzt. Trotz diesen kritischen Bemerkungen, die vielleicht in den nächsten Bänden berücksichtigt werden sollten, ist dieses Wörterbuch auch für den Ornithologen von großem Wert. Besonders bei vergleichend faunistisch oder nahrungsbiologisch orientierten Literaturrecherchen wird es zukünftig ein unentbehrliches Hilfsmittel darstellen.

D. WALLSCHLÄGER

Viksne, Ja. A. & H. A. Mihelsons (Hrsgb.; 1985): Migrations of Birds of Eastern Europe and Northern Asia. — Gruiformes, Charadriiformes. — Moscow (Verlag Nauka); 304 S., 170 Abb., 46 Tab.; russ.

In diesem Band der von W. D. ILJITSCHEW herausgegebenen Reihe (s. Ann. Orn. **4**, 1980, 165, **5**, 1981, 138, und **8**, 1984, 160) sind die Wiederfunddaten von 4 Rallen, vom Kranich und von 26 Limikolen ausgewertet. Die Analyse wurde entweder länderweise oder nach Unterarten getrennt vorgenommen. Der Band enthält eine Ergänzung zu den Greifvögeln: *Circus pygargus* (p. 279ff.). Auch er hat nur eine geringe Auflage, nämlich 2000 Ex., was die weitere Arbeit auf dem Gebiet der Vogelzugforschung und vor allem der Beringung mit Hilfe eines breiten Beringernetzes nicht gerade fördert.

B. STEPHAN

Võ Quý (1983): Katalog der Vögel Vietnams. — In: MEDWEDEW, L. N. (Hrsgb.), Fauna und Ökologie der Tiere Vietnams. Moskau (Nauka), pp. 12—43 (russ.).

Nur zwölf Jahre war es her, daß Võ QUÝ in einem Buche, das viele der auffälligeren Vogelarten des Landes vorstellt, eine tabellarische Liste der 675 für nachgewiesen erachteten Formen publiziert hat. Die Zahl dieser Formen ist in der neuen Fassung um nicht weniger als die Hälfte auf 1008 gestiegen; sie repräsentieren 773 Arten (nach Auffassung des Autors) gegenüber 586 in der früheren Liste — was also kaum mehr war als die Brutvögel im heutigen Rahmen (568). Ein Hinweis auf die Quellen so erheblichen Zuwachses ist nicht gegeben. In der Zahl neuer Funde — sie ist übrigens mit nur 14 Arten (wovon 9 für Indochina überhaupt neu sind) bezeichnet — liegt sie um so weniger, als der Verf. mehrere Arten gar nicht erwähnt: *Podiceps nigricollis, Diomedea melanophrys, Larus crassirostris, Calidris acuminata* und *Motacilla citreola*, die W. FISCHER bereits vor langen Jahren feldornithologisch nachgewiesen hatte (s. Beitr. Vogelkd. 7, 1961, 285—317), sind nicht enthalten. Võ QUÝ nennt seine eigene Liste von 1971 nicht einmal; Literaturzitate fehlen überhaupt gänzlich, was die Verwendbarkeit der Liste leider einschränkt. Der Vergleich beider Verzeichnisse macht es gewiß, daß der Formenzuwachs dem erweiterten territorialen Rahmen zuzuschreiben ist; viele Formen sind auf den äußersten Süden des Landes — vor allem das Gebiet der Flüsse Mekong und Saigon, also das einstige ‚Cochinchina' — begrenzt.

Einleitung und Resumé verweisen auf eine neue Art und eine neue Unterart, nennen sie aber nicht. So muß man die Liste schon durchlesen, um auf sie zu stoßen: *Lophura hatinhensis* Võ Qoý et Do Ngoc Quang und *Nectarinia jugularis tamdaoensis* Voquy; neu sind sie freilich nicht mehr, denn der Autor erwähnt sie schon in seinem Buche von 1971.

Die Formenliste ist nach den Landesteilen — nördliches Truóng Son (also etwa das einstige Nord-Annam), westliches und östliches Bǎk Bǒ (früher Tonkin), südliches Truòng Son und Nam Bǒ (etwa Cochinchina) — aufgeschlüsselt und macht damit faunistische Unterschiede zwischen ihnen deutlich.

Die Liste ist eine unerläßliche Vorstufe für eine moderne Bearbeitung; das vierbändige Werk von DELACOUR & JABOUILLE, 1931 erschienen, ist ja nun in vielerlei Hinsicht veraltet. Außer in der Dichte des faunistischen Netzes liegen die dringendsten Aufgaben ohne Frage in der Tiefe biologischer und ökologischer Kenntnis der Arten — bei der Artenfülle (betrachtet man nur die vielen sympatrischen Nectarinien, Muscicapiden oder gar Timalien!) gewiß kein in wenigen Jahren erreichbares Ziel.

Der im Heft folgende Artikel (Võ QUÝ, L. S. STEPANJAN, NGUYEN QU & XUONG VAN LA, Materialien zur Avifauna des Plateaus von Tainguyen, p. 44—61) stellt in der lakonischen Kürze seiner Textaussagen (z. B. für sechs Timaliiden ohne weitere Einzelheiten, als daß sie den Urwald bewohnen) keinen bedeutenden Beitrag dazu dar. Die Schilderung des am Westabhang des Truòng-Son-Gebirges 600—700 m hoch gelegenen Gebietes, in dem die Verff. über mehrere Monate der (winterlichen) Trockenzeit arbeiteten, läßt eigentlich mehr als die 122 erwähnten (zumeist auch gesammelten) Arten und vor allem eine deutlichere ökologische Aufgliederung erwarten. Dies mag dem auch als Tourist anreisenden Ornithologen als Fingerzeig gelten, Notizbuch und Kamera ausgiebig zu nutzen.

G. M.

Zybulin, S. M. (1985): Die Vögel einer diffusen Stadt am Beispiel von Akademgorodok/ Novosibirsk. — Novosibirsk (Nauka); 168 S.; russ.

Untersuchungen zur Einwirkung anthropogener Faktoren auf Bestand und Dynamik der Avifauna sind heute von großer Aktualität. Um so mehr ist es zu begrüßen, daß jetzt erstmals auch für das sibirische Gebiet, das sich zudem im Umbruch befindet, eine monographische Darstellung erschienen ist. Die Entstehung ist dem glücklichen Umstand des gleichzeitigen Wachsens der Stadt der Wissenschaften Akademgorodok seit 1963 und der dortigen biologischen Forschungseinrichtungen zu verdanken.

Der Darstellung von etwa 130 nachgewiesenen Arten und Angaben zu ihrem Status und zur Biologie folgen in weiteren Abschnitten Übersichten zum jahreszeitlichen Aspekt der Besiedlung und zur Frage der Herausbildung von Gesellschaften aus verschiedenen Arten. Dabei wird ständig mit Daten der Bevölkerungsentwicklung, der Nutzung der Parks und Wälder zu Erholungs- und Jagdzwecken verglichen. Die seit 1963 laufenden Erfassungen von Artbestand und Brutdichte zeigten in den ersten Jahren der Urbanisation des Gebiets deutliche Zunahmen bestimmter Arten (Star, Wacholderdrossel, aber auch Trauerschnäpper, Hänfling und Gartenrotschwanz). Beginnend mit dem Jahre 1969 verringerte sich der Artenbestand kontinuierlich, um 1978 einen Tiefpunkt zu erreichen. Besonders stark nahmen Baumpieper, Star und Elster ab; die Wacholderdrossel wurde zur dominierenden Art. In den darauffolgenden Jahren blieb der Gesamtbestand mehr oder weniger konstant. Es kam hingegen fast jährlich zu Veränderungen der dominanten Art: 1980/82 Kohlmeise, 1981 Baumpieper, 1983 Wacholderdrossel. Für die nächsten Jahre werden weitere negative Veränderungen befürchtet, die auf eine gewisse Instabilität der Biozönose zurückgeführt werden. Es werden Vorschläge zur Errichtung von Schutzzonen im Stadtgebiet und zur Einrichtung von Naturschutzgebieten in Stadtnähe unterbreitet.

D. Wallschläger

Neue Schallplatten

Nikolskij, J. (1980): Stimmen seltener Tiere. — Melodija, Moskau (Mono).

Diese Zusammenstellung dient primär (mit einer Auflage von 10000 Stück) einem sehr löblichen Zweck, nämlich Schülern im Zoologieunterricht einige bedrohte und darum besonders schutzwürdige Tiere akustisch näherzubringen. Diese Absicht kommt aber auch den Ornithologen sehr zugute, denn von den zwölf Arten sind drei Großsäuger, die anderen Vögel, und zwar *Haliaeetus albicilla*, *Grus monachus*, *Grus vipio*, *Chettusia gregaria*, *Larus relictus*, *L. brunnicephalus*, *Ninox scutulata*, *Ketupa blakistoni* und *Emberiza tristrami*. Orte und Daten der Aufnahmen (von zwei Vogelarten stammen sie aus dem Moskauer Zoo) sind ziemlich genau vermerkt. Nikolskijs Text erleichtert mit knappen, aber treffenden Erläuterungen das Verständnis der Funktionen der Laute und damit der biologischen Zusammenhänge.

Besonderem Interesse werden die antiphonalen Gesänge des Fischuhus und die Wechselrufe des Falkenkauzes begegnen, ebenso die Rufmuster der beiden Möwenarten, denen Hinweise auf die taxonomische Stellung zu entnehmen sind. Die Möwen sind ja eine der morphologisch und ethologisch am besten und vollständigsten untersuchten Tiergruppen; die kombinierte Wertung der Ergebnisse all dieser Studien hat zu einem begründbar genauen Bild der Verwandtschaftsverhältnisse innerhalb der Gruppe geführt. Die Aufnahme von *L. brunnicephalus* ermöglicht eine willkommene Probe aufs Exempel: nach morphologischen Kriterien sollte die Art zur Gruppe der „Maskenmöwen" um *L. ridibundus* gehören, und wirklich klingen die gurrenden Hauptrufe (call notes) etwa wie tiefe, ja fast wie verlangsamt abgespielte homologe Laute der Lachmöwe. Die erste ethologische Studie über *L. relictus* (s. Zubakin & Flint 1980, Beitr. Vogelkd. **26**, 253—275) hatte die Erwartung bestätigt, daß diese Möwe mit ihrer eigenartigen Entdeckungsgeschichte und wechselnden taxonomischen Bewertung einer anderen Gruppe, den großen weißköpfigen Arten um *L. argentatus* näher steht als den Maskenmöwen. Die der Platte eingefügten Aufnahmen vom ostkazachischen Ala-kol und dem transbaikalischen Barun-Tarej-nor stammen aus dem Juni und geben eher Klangbilder aus den Brutkolonien als einzelne funktionell beziehbare Rufmuster wieder, lassen aber dennoch die Ähnlichkeit der Alarmlaute mit denen der Großmöwengruppe einerseits und die — bei manchen Anklängen — deutliche Verschiedenheit in der Klangqualität von *L. melanocephalus* (als deren Subspecies *relictus* einmal gegolten hatte) erkennen; das Jauchzen (Long Call) aber weist unverkennbar auf die Nähe zu dieser ganzen Verwandtschaftsgruppe hin.

G. M.

Pukinskij, J. & I. Iljinskij (1985): Vogelstimmen der ussurischen Taiga. — Melodija, Moskau (Mono).

Der Leningrader Ornithologe J. B. PUKINSKIJ, der seine eifrigen und so ertragreichen Feldarbeiten am fernöstlichen Bikin-Fluß schon in einem lebendigen und farbenfrohen Bericht vorgestellt hat (vgl. Ann. Orn. **2**, p. 190, und **8**, p. 164), überrascht nun mit dieser kleinen, aber gedrängt vollen Platte mit Lauten von 29 Vogelarten, die er und ILJINSKIJ 1969—1978 an jenem Fluß in der eigenartigen ussurischen Taigaformation aufgezeichnet haben. Die Aufnahmen sind leider nur sehr kurz und oft auch deutlich übersteuert, doch nimmt man das hin, sind doch nicht weniger als zehn Arten erstmals auf (sowjetischen) Platten vertreten, darunter das Sichelhuhn (*Falcinellus falcinellus*) mit Rufen von ♂ und ♀ und das Laufhühnchen *Turnix tanki* mit seinen überraschenden tiefen Klarinettentönen. Mit *Hierococcyx fugax* ist die Reihe der fünf im Fernen Osten lebenden Kuckucke nun vollständig. Die Rufe von *Otus* (*scops*?) *sunia* erlauben und fordern Vergleiche mit der westlichen Zwergohreule, die Strophen der Dachsammer (*Emberiza tristrami*) kommen für vergleichende Klang- und Strukturanalysen der Ammerngesänge sicher gelegen und die Aufnahmen von *Eophona personata* verdeutlichen den gesanglichen Unterschied zu *E. migratoria*.

Mit dieser und der oben besprochenen Platte von NIKOLSKIJ füllt sich die bioakustische Repräsentanz der sowjetischen Artenliste allmählich auf. Mit fünf schon älteren Platten der Kassette "Voices of Birds in the Nature", von denen je eine sibirische und fernöstliche Arten vorstellt, der später (ebenfalls ohne Jahr) nachgelieferten sechsten Folge mit Arten, die in Mittelasien leben (keineswegs aber — s. *Tadorna tadorna, Galerita cristata, Passer montanus* und *Emberiza calandra* — nur mittelasiatische Arten), zwei Langspielplatten „Stimmen des Frühlings" (1977) mit *Tetraogallus himalayensis, Ammomanes deserti, Myophonus caeruleus, Mycerobas carnipes* und anderen Arten desselben Gebietes, vor allem aber mit der 1982 mit drei Platten begonnenen Reihe von B. WEPRINCEW "Birds of the Soviet Union — A Sound Guide" (zunächst Seetaucher und Limikolen) ist ja bereits ein ansehnlicher Überblick beisammen. Nimmt man SVENSSONS Kassette "Soviet Birds" (Stockholm 1984) mit Aufnahmen von 32 Arten aus Kirgisien und Ostsibirien (vgl. Referat in J. Orn. **126**, p. 460) und die Schallplatten aus den angrenzenden Gebieten wie der Mongolei (s. M. SCHUBERTS „Stimmen der Vögel Zentralasiens", besprochen Ann. Orn. **7**, p. 126), Japan und Europa hinzu, so stellt sich die Frage, ob nicht die Zeit reif ist für eine diskographische Dokumentation der sowjetischen Avifauna. Sie würde die Lücken aufdecken, die — sieht man von der Repräsentation spezifischer Lautinventare anstelle einzelner Muster einmal ab — im Hohen Norden, im Kaukasus, im Fernen Osten (und Nordosten) sowie in Mittelasien noch am auffälligsten hervortreten; gerade in Turkmenien und Tadshikistan, wohin so manche südliche Art — *Enicurus scouleri, Irania gutturalis, Garrulax lineatus, Terpsiphone paradisi* und *Parus rufonuchalis* mögen als Beispiele genügen — vorgedrungen ist, scheint noch ein weites Arbeitsfeld brachzuliegen.

G. M.

Nachrichten

Das 85. Lebensjahr vollendete Dr. RUDOLF KUHK am 13. I. 1986, das 75. Prof. Dr. Dr. h. c. HEINRICH DATHE am 7. XI. 1985, Dr. GERHARD CREUTZ am 16. III. 1986 und Dr. HANS LÖHRL am 25. VI. 1986.

Am 25. VII. 1985 verstarb kurz vor seinem 70. Geburtstage Prof. Dr. A. S. MALTSCHEWSKIJ; er war mit fünf monographischen Werken (z. B. über die Vögel des Leningrader Gebietes) hervorgetreten und hatte 20 Jahre lang als Leiter des Lehrstuhls für Wirbeltierzoologie an der Universität Leningrad gewirkt. Ende September 1985 verstarb mit 75 Jahren Dr. K. N. BLAGOSKLONOW, Dozent an der Moskauer Universität; er hatte sich vorwiegend mit Fragen des wissenschaftlich ausgerichteten Naturschutzes und mit urbaner Ökologie befaßt.

Der XIX. Internationale Ornithologen-Kongreß findet vom 22.—29. VI. 1986 in Ottawa (Kanada) statt.

Abb. 5. Typisches Rohrammerhabitat im Frühjahr. Wasser ist vorhanden; Schilfrohr stellt die notwendige vertikale Komponente der unteren Vegetationsschicht, bildet aber keine gleichförmig geschlossene Fläche. Amperaltwasser bei Fürstenfeldbruck.

Abb. 6. Typisches Goldammerhabitat im Frühsommer: Gebüsch und Bäume im Wechsel mit freien Flächen; an die Straßenböschung im Hintergrund schließt freies Feld an. Revier eines beringten Paares. Emmering bei Fürstenfeldbruck, 1949 (Foto: VON MANDELSLOH).

Abb. 2. Blick vom Djebel Cassoun auf Damaskus. Der dicht bebaute Stadtkern, in dem als Brutvögel *Streptopelia senegalensis*, *Passer domesticus*, *Corvus corone cornix*, *Apus apus* und *A. pallidus* vertreten sind, wird vom grünen Gürtel, der Ghouta — im Hintergrund sichtbar — eingeschlossen.

Fotos: W. BAUMGART

Abb. 3. Blick zum Djebel Cassoun, der sich etwa 450 m über Damaskus erhebt und dessen Hänge jetzt mit hohem Kostenaufwand wieder aufgeforstet werden.

Abb. 4. In der Ghouta, dem grünen Gürtel um Damaskus, wird intensive Oasenlandwirtschaft betrieben. Anbauflächen wechseln meist mosaikartig mit Obstplantagen.

Abb. 5. Sumpf bei Deir Assafyr in der Ghouta. Hier sind *Ixobrychus minutus*, *Gallinula chloropus*, *Acrocephalus arundinaceus*, *A. scirpaceus* und *A. melanopogon* sowie möglicherweise auch *Tachybaptus ruficollis* Brutvögel.

Abb. 6. Die Rinderfarm Deir Hajar liegt in einer Oaseninsel ca. 25 km südlich von Damaskus. Mit ihrem Deckung bietenden Baumbestand sowie den ausgedehnten, z. T. bewässerbaren Anbauflächen ist sie Anziehungspunkt für Durchzügler und Wintergäste. Brutvögel sind *Prinia gracilis*, *Sylvia mystacea*, *Cisticola juncidis*, *Hippolais olivetorum* und *Cercotrichas galactotes*, an Gebäuden auch *Hirundo rustica* und *Passer domesticus*.

Abb. 7. Üppige Vegetation in unmittelbarer Nähe des Flüßchens Barada (S. Antilibanon). Brutvögel der Baumbestände sind *Corvus corone cornix*, *Carduelis carduelis*, *C. chloris*, *Parus major* und möglicherweise auch *Falco subbuteo*.

Abb. 8. Felsige Täler in der Umgebung von Halbun. Hier wurden *Aquila chrysaetos*, *Circaetus gallicus*, *Buteo rufinus*, *Neophron percnopterus*, *Gyps fulvus*, *Falco tinnunculus*, *Alectoris chukar*, *Corvus corax*, *Ptyonoprogne rupestris*, *Delichon urbica*, *Sitta neumayer* und *Petronia petronia* angetroffen.

Abb. 9. Hanglagen eines Hochtales bei Halbun. In den Höhen über 1500 m finden sich lokal Gehölze (oft aufgegebene Gärten). Hier leben *Streptopelia turtur*, *Lanius senator*, *Sylvia hortensis*, *Hippolais pallida* und *Emberiza melanocephala*. Möglicherweise brütet hier auch *Lanius collurio*.

Abb. 10. Hochlagen des Antilibanon oberhalb von Bloudan — Lebensraum von *Alectoris chukar*, *Eremophila alpestris*, *Lullula arborea*, *Melanocorypha bimaculata*, *Oenanthe finschii*, *Phoenicurus ochruros* und *Rhodopechys sanguinea*. Mögliche Brutvögel sind *Monticola saxatilis* und *Oenanthe*-Arten.

Abb. 11. See von Takiye, der — eingebettet in die Ausläufer des Antilibanon — vor allem im Herbst von zahlreichen Durchzüglern angeflogen und dann zum lohnenden Beobachtungsplatz wird.

Abb. 12. Felsdurchsetzter Gebüschhang am Burgush. In diesem Gebiet zeigten sich im April 1982 fast überall paarweise auftretende und singende Zederngirlitze (*Serinus syriacus*).

Abb. 13. Wasserfälle im Raum Deraa. In diesem von Menschen stark frequentierten Gebiet wurden *Falco tinnunculus*, *Hirundo rustica*, *Pycnonotus barbatus* und *Corvus corone cornix* angetroffen.

Abb. 14. Homser See. Dieser bereits im Altertum angelegte Stausee ist ein bedeutsamer Rastplatz für durchziehende und überwinternde Wasservögel.

Abb. 15. Am Orontes in der sumpfigen Ghab-Niederung.

Abb. 16. Das längs der Küste verlaufende Alloviten-Gebirge in seinem zentralen Teil von Osten gesehen.

Abb. 17. Zum Mittelmeer hin abfallende buschbestandene Küstenhänge bei Ras el Basit, über denen im Frühjahr regelmäßig Eleonorenfalken (*Falco eleonorae*) zu beobachten waren.

Abb. 18. „Möweninsel" vor der Küste von Ras el Basit, auf der Silbermöwen (*Larus argentatus*) brüteten. Im vegetationsreichen Küstensaum wurden *Pycnonotus barbatus*, *Sylvia melanocephala* und *Emberiza melanocephala* regelmäßig angetroffen.

Abb. 19. Im Raum um Ras el Basit und Kassab weist das Hügelland ausgedehnte Kiefernwälder auf. Hier wurden *Buteo buteo*, *Accipiter gentilis*, *Streptopelia turtur*, *Turdus merula*, *Phylloscopus collybita* und *Fringilla coelebs* angetroffen.

Abb. 20. Wüstenlandschaft mit Gebirgsausläufern (südliches Todmarie-Gebirge) westlich von Palmyra. Auf den Masten der neu gelegten Hochspannungsleitung brüten zunehmend Kolkraben (*Corvus corax*).

Abb. 21. Blick von der Drusenfestung bei Palmyra auf das ,,Tal der Gräber'', Teile des Ruinenfeldes und – im Hintergrund – die Oase mit ihren Palm- und Olivengärten.

Abb. 22. Ruinenfeld von Palmyra. In seinem Besuchern unbegrenzt zugänglichen Teil gibt es infolge menschlicher Nachstellungen mit Ausnahme des Steinkauzes (*Athene noctua*) kaum Brutvögel.

Abb. 23. Trocken-Wadi im Zentralteil der Syrischen Wüste nahe der Bagdad-Straße bei Sabaa Biar. Solche Täler führen nur kurzzeitig in der Regenperiode Wasser, dann aber in beachtlicher Menge.

Abb. 24. Kieswüste bei Al Tenf, wo *Eremophila bilopha* und *Alaemon alaudipes* zu den Charaktervögeln zählen. Auf dem trigonometrischen Punkt befand sich ein Horst von *Corvus corax*.

Abb. 25. Euphrat zwischen Deir-ez-Zoor und Mayadin. Über weite Teile des Flußlaufes schließen sich der Uferzone landwirtschaftliche Nutzflächen unmittelbar an.

Abb. 26. Altwässer am Euphrat zwischen Deir-ez-Zoor und Mayadin, die vor allem als Rast- und Aufenthaltsplatz für Durchzügler und Wintergäste bedeutsam sind.

Abb. 27. Blick von den Ruinen der Festung Qalaat Jabir auf den Südostteil des Euphrat-Stausees. Dieser Binnensee schafft für das Vogelleben in der Region qualitativ neue Voraussetzungen.

Abb. 2. Mosaik aus dem „Altargemach“ im Palast V von Pergamon (Originalgröße des Bildausschnittes 72 × 56 cm). Das Kunstwerk ist heute als Bodenmosaik dem großen Pergamon-Altar eingefügt. Die in einheitlich hellerem Grau erscheinenden Elemente sind zum Ersatz verlorengegangener Mosaiksteinchen eingesetzt worden.

Abb. 3. Ausschnitt aus dem Mosaik (Tafel XV) mit der Darstellung eines männlichen Steinschmätzers (*Oenanthe hispanica melanoleuca* oder *Oe. finschii*) aus der Zeit um 150 v. u. Z.

Abb. 4. Wiedergabe der Originalabbildung des Typus von „*Muscicapa melanoleuca* Gueldenstaedt" (aus GUELDENSTAEDT 1775)

Abb. 5. Wiedergabe der Abbildung „Von dem vogel Oenanthe" aus C. GESNERS Vogelbuch (1582)

Abb. 6. Wiedergabe einer Tafelabbildung aus einem heutigen Feldführer (CZARNECKI et al. 1982); zum Vergleich der Körperhaltung wurde eine nahe verwandte Art (*Oenanthe pleschanka*) gewählt.

Abb. 5. Berg- und Reiherentenschlafplatz Prohner See bei Stralsund. Das Bild zeigt über 2000 von ca. 7000 anwesenden Bergenten. – Foto: Verf. 22. IV. 85

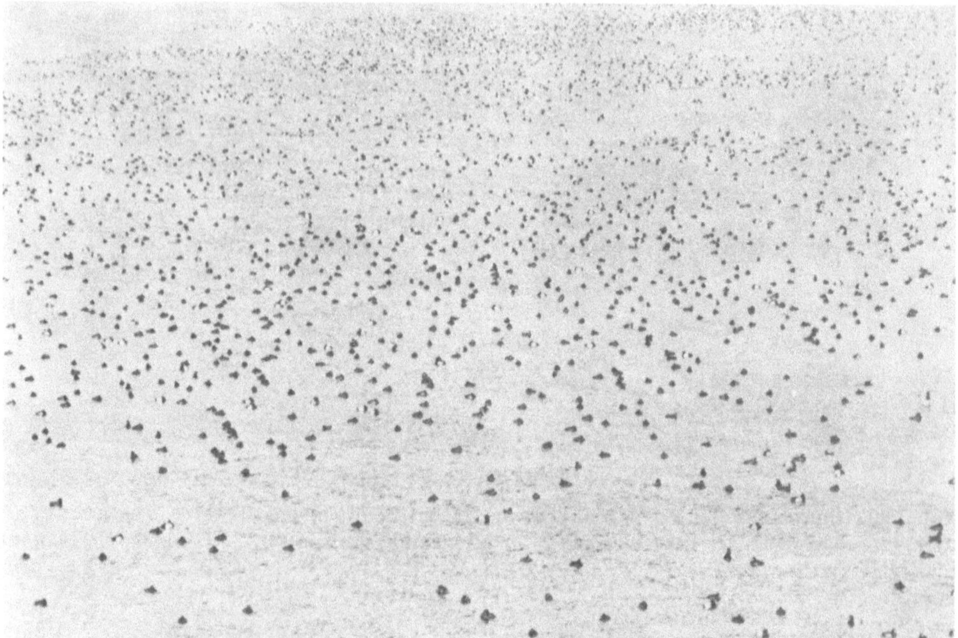

Abb. 6. Ruhende Bergenten (*Aythya marila*) W Palmer Ort (Rügen); von den ca. 8000 Ex. erfaßt das Bild etwa 2500. – Foto: Verf. 24. III. 84

Abb. 2. Waldbekassine (*Gallinago megala*). Obwohl oberseits sehr kontrastreich, mit hellem Hals und schwach gezeichneter Brust, ist dieser Vogel äußerlich nicht von *G. stenura* oder — vielleicht mit Ausnahme des relativ kurzen Schnabels — von *G. gallinago* zu unterscheiden. — Sibirien, Juni 1982. — Foto: A. Randall

Abb. 3. Steuerfedern von *Gallinago megala*. Von links nach rechts 4. (?), 3. und 2. Steuerfeder rechts und 1. und 2. links. – Foto: H. E. J. Müller

Terms of Subscription

Orders for the journal 'Mitteilungen aus dem Zoologischen Museum in Berlin' may be sent

- in the GDR: to the Zeitungsvertriebsamt der Deutschen Post, Abt. Zentralvertrieb Berlin, 1017 Berlin, Straße der Pariser Kommune 3–4, or to the Akademie-Verlag Berlin, DDR-1086 Berlin, Leipziger Str. 3–4;
- in the other socialist countries: to a book-shop for foreign languages literature or to the competent news-distributing agency;
- in the FRG and Berlin (West): to a book-shop or to the wholesale distribution agency Kunst und Wissen, Erich Bieber OHG, Wilhelmstr. 4–6, D-7000 Stuttgart 1;
- from the other Western European countries: to Kunst und Wissen, Erich Bieber GmbH, General Wille-Str. 4, CH-8002 Zürich;
- from all other countries: to the international book- and journal-selling trade, to Buchexport, Volkseigener Außenhandelsbetrieb der DDR, DDR-7010 Leipzig, Postfach 160, or to the Akademie-Verlag Berlin, DDR-1086 Berlin, Leipziger Str. 3–4, Postfach 1233.

Besides for payment, the 'Mitteilungen aus dem Zoologischen Museum in Berlin' are available also in exchange for periodicals of similar scope. If desirable, the supplementary issues titled 'Annalen für Ornithologie' may be received separately. Offers should be addressed to the Library, Zoological Museum, DDR-1040 Berlin, Invalidenstraße 43.

Herausgeber: Zoologisches Museum, Museum für Naturkunde der Humboldt-Universität zu Berlin.

Verlag: Akademie-Verlag Berlin, DDR-1086 Berlin, Leipziger Straße 3–4,
Fernruf: 2236229 und 2236221;
Telex:-Nr.: 114420; Bank: Staatsbank der DDR, Berlin, Kto.-Nr.: 6836-26-20712.

Chefredaktion: Dr. G. Hartwich, Zoologisches Museum der Humboldt-Universität zu Berlin, DDR-1040 Berlin, Invalidenstraße 43, Fernruf: 2897525.

Veröffentlicht unter der Lizenznummer 1530 des Presseamtes beim Vorsitzenden des Ministerrates der Deutschen Demokratischen Republik.

Gesamtherstellung: VEB Druckhaus „Maxim Gorki", DDR-7400 Altenburg.

Erscheinungsweise: Die Zeitschrift „Mitteilungen aus dem Zoologischen Museum in Berlin" erscheint jährlich in einem Band mit 3 Heften (einschließlich Supplementheft „Annalen für Ornithologie"). Bezugspreis je Band 150,– DM (ausschließlich Mehrwertsteuer, Verpackung und Versand). Bezugspreis je Heft 50,– DM. Der gültige Jahresbezugspreis für die DDR ist der Postzeitungsliste zu entnehmen.

Bestellnummer dieses Heftes: 1029/62/S.

Erscheinungsdatum des Heftes: 8. 8. 1986

AN (EDV) 86515 · AN-ZV 1118004030

03500

Mitteilungen aus dem Zoologischen Museum in Berlin

Band 62 1986 Supplementheft: Ann. Orn. 10

Inhalt/Contents

FSC
www.fsc.org
MIX
Papier | Fördert gute Waldnutzung
FSC® C083411

Zeitfracht Medien GmbH
Ferdinand-Jühlke-Straße 7
99095 Erfurt, Deutschland
produktsicherheit@kolibri360.de